物理学と方法

坂田昌一著

論集 1

岩波書店

カット　北川民次

研究室にて（1967年7月4日撮影）

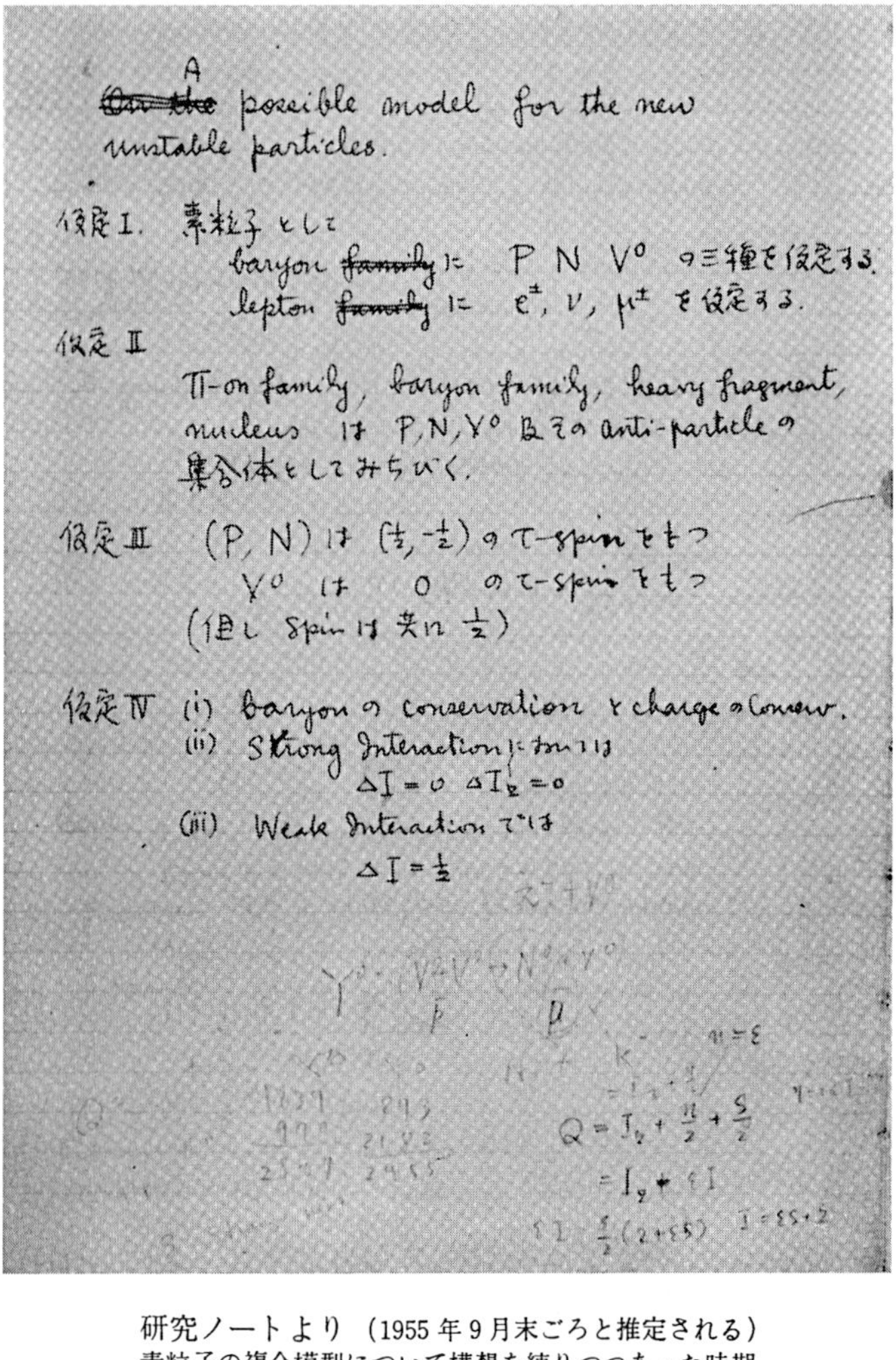

~~On the~~ A possible model for the new unstable particles.

仮定 I. 素粒子として
baryon ~~family~~ に P N V^0 の三種を仮定する.
lepton ~~family~~ に $e^{\pm}$, ν, $\mu^{\pm}$ を仮定する.

仮定 II
π-on family, baryon family, heavy fragment, nucleus は P, N, V^0 及その anti-particle の集合体としてみちびく.

仮定 III (P, N) は $(\frac{1}{2}, -\frac{1}{2})$ の τ-spin をもつ
V^0 は 0 の τ-spin をもつ
(但し spin は共に $\frac{1}{2}$)

仮定 IV (i) baryon の conservation と charge の Conserv.
(ii) Strong Interaction においては
$\Delta I = 0$ $\Delta I_z = 0$
(iii) Weak Interaction では
$\Delta I = \frac{1}{2}$

$Q = I_z + \frac{n}{2} + \frac{S}{2}$
$= I_z + \xi I$

研究ノートより（1955年9月末ごろと推定される）
素粒子の複合模型について構想を練りつつあった時期

目次

I　物理学と方法

II　中間子理論の展開

目　次

I

物理学と方法

物理学における坂田昌一博士の数々の業績は、自然にたいする徹底した唯物論的把握と研究のストラテジーにおける強靱な方法論とに支えられて生み出された。また、博士の哲学的・方法論的観点も素粒子論における新たな達成そのものに基いてたえずより高度のものに鍛え上げられていった。

博士の主要な業績をつらぬいて展開され深められた物質観・方法論に関する諸論文を集めて著書とされたのが『物理学と方法』(一九四七年刊)である。この『論集**1**』は、その書名と内容とをうけつぎ、その後の博士の研究と思索、実践の結晶である諸論文を加えて、新たに編集したものである。

博士は甲南高等学校進学(一九二六年)ののち、先輩であった加藤正と知り合い、若くしてエンゲルスの『自然弁証法』から自然科学と哲学との深い統一性を把握した(本書収録論文**35**)。これが博士の学問の基盤をなしたとともに、武谷博士の三段階論の確固たる評価にみちびく機縁ともなったのである。戦前・戦中の中間子論の建設を通じて唯物弁証法の有効性に深い確信を得た博士は、言論の自由の獲得された戦後、いち早く論文**1**、**2**を発表し、自らの見解を体系的に展開して現代物理学の方法を明らかにした。

論文**3**、**4**は一九五五年の坂田模型にはじまり名古屋模型など素粒子の複合模型の発展のなかで培われた「自然の階層性」の観点にもとづいて書かれたものである。論文**3**では、量子力学の解釈に関するボーアら正統派の理解の内包する弱点を、三段階論の立場から克服することにより、はじめて次の段階の理論に進みうることが指摘され、また論文**4**では複合模型の位置づけと展望が「階層性」にもとづく素粒子概念の分析を通して方法論的に論じられている。

1　理論物理学と自然弁証法

1　理論物理学と自然弁証法

一

この国の理論物理学は湯川秀樹博士の輝かしい業績によって世界的にしられている。封建性の久しく残存した劣悪な社会のなかで何故に素粒子論は自由に発展できたのであろうか。ロンドン大学のバーナル博士は第二次世界大戦の直前に著した書物のなかで、日本の科学について次のような批評と希望をのべている。

「日本人の仕事の大部分はこりすぎており、衒学的で、想像力にとぼしく、しかも不幸にして多くの場合、無批判で、不正確である。しかし、これによって日本の科学者を批難するのは不公平である。「危険思想」がますます苛酷に迫害されつつある国のなかでは、科学における独創性はあまり有利でない。科学が軍事研究の目的と工場労働者の生存に必要な食糧の最小量を発見することのために用いられているところでは、それはもっとも優秀な頭脳にもっともすぐれた仕事をなさしむべく惹きつける力をもたないであろう。最近では、この官僚的・軍事的科学にたいして、地下的ではあるが著しい反抗が起りつつある。若い日本の科学者達は彼等の仕事の社会的意義にめざめはじめている。彼等は神道とか、あるいはそのもっと過激な近代的形態である皇道のごとき、帝国主義的・軍国主義的神話の圏外で思考しはじめた。もしも、西洋と同じく東洋においても起りそうな革命において、日本人が平和と自由を獲得する日があるならば、ここでも科学的研究の質が大いに改善されることを期待できるであろう。*」

* J・D・バーナル著、坂田、星野、竜岡訳『科学の社会的機能』(一九四〇年刊)第八章「国際的科学」(訳書一九五一年刊創元社)

湯川理論の発展はたしかに一つの偶然であり、幸運であろう。人はあるいはいうかも知れない。理論物理学のように思考力が主役を演ずる科学にとっては社会的な制約はあまり大きくないであろうと。しかし、ドイツのナチズムは、現代科学の最深部さえも、迷信とバーバリズムによって冒しうることを示したではないか。もしも神話的な世界観と偏狭な思考方法から意識的に脱却しようとする努力がなされなかったならば、この国の理論物理学もまたみじめな路を歩んだであろう。

近年理論物理学はめまぐるしいくらい急激な発展を経験した。この半世紀間にえられた成果はたしかに過去数世紀にわたる発展をはるかに凌ぐものといえよう。かつては確固不動のごとくみえたニュートンとマックスウェルの物理学的世界は相対性理論と量子力学の出現によってくつがえされてしまった。不変なる元素と不可分なる原子を基礎とした形而上学的物質観は根本的に変革された。まだ大多数の物理学者が新しい理論を充分に消化しきっていない間に、物理学の尖端はさらに原子核の内部へと侵入し、素粒子論の展開がはじまった。宇宙線の本性もまたあきらかにされようとしている。このような未曾有の変革期においては、かつて偉大な仕事をなしとげた科学者でさえ、新しい発展へついてゆくことができない。量子論のいとぐちを見つけだしたプランクも、相対性理論を創ったアインシュタインも、量子力学の基礎を正しく理解することはできなかった。自己の信念の基礎に動揺を感じた物理学者達は哲学的な問題へ関心をしめし、「科学の役割」とか、「外界の実在性」とか、「因果性の問題」とかについて議論しはじめた。彼等は変革期に直面しても確信を失わぬ世界観と自己の研究に有効な方法論を身に着けようと努力している。しかし、それは必ずしも容易な仕事ではない。何故ならば、哲学は党派的であるとさえいわれているごとく、きわめて社会的制約の強い学問であるからだ。ことに、この変革期は物理学の世界のみを襲っているわけではない。今世紀には第一次世界大戦、ロシア革命、経済恐慌、ファシスト国家の勃興、第二次世界大戦等の大変動がしばしば全世界を震駭させた。物理学者はこれらの事件から直接にも多くの影響をこうむったが、社会的不安を反映した哲学、ロシア革命を指導した哲学、ファシスト・イデオロギーを正当化せんとする哲学等からうけた間接的な影響もまた少なくはなかった。

物理学者の哲学的関心が最初につよまったのは、ラジウムとか電子等の発見が古典的理論の土台をはじめてゆすぶった十九世紀末から今世紀のはじめにかけての時代であった。ポアンカレが『科学の価値』のなかでのべているように、「ニュートンの原則」、「マイヤーの原則」、「ラボアジェの原則」、「カルノーの原則」等古い物理学の基礎的法則がすべて崩壊に瀕し、「数学的物理学の危機」が到来した。

古い理論にたいして確信を失った物理学者達はもはや経験的事実のほかにはなにものも信用することができなくなった。彼等のあいだには「科学は客観的自然のなんらかの模写ではなく、人間の意識の産物にすぎない」とか、「科学の役割は経験を忠実に記述することで、自然の本質を説明するものではない」といったような経験主義的、実証主義的傾向が流行した。マッハ、キルヒホッフ、オストワルト、ポアンカレ等がその代表者である。これにたいしてボルツマン、プランクのごとく実在論的見地を固執するものもあらわれ、両者の間にしばしば論争がくりひろげられた。その間にボルツマン、ドルーデの自殺というような悲劇もおこったが、彼等の世界観はいずれも「物理学の危機」の本質をとらえるには充分でなかった。これを正しく分析したのはレーニンであったが、当時の物理学者の間にはこの研究を知るものは殆んどなかった。

物理学のその後の著しい発達は、実証主義者達の期待を裏切って、原子論的物質観を中心として行なわれた。電子やアルファ粒子のごとき目にみえぬ粒子の数をかぞえる「ガイガー計数管」の発明と、その進路を示す「ウイルソン霧箱」の考案は原子の構造についての研究を著しく推進せしめた。一九一一年にはラザフォードにより原子の太陽系的模型がうちたてられた。しかしながら、ここでも古い理論はふたたび危機に直面した。この模型によっては、原子の安定性とスペクトル系列の規則性を説明することができなかった。一九一三年ボーアはプランクの量子概念をとり入れたきわめて冒険的な仮説を導入し、いわゆる前期量子論を提唱した。これは一方においてニュートン、マックスウェルの古典的法則性をみとめながら、他方においてこれと全く相容れない二つの仮定をゆるすという折衷主義的性格をもっていた。この二元的性格の矛盾は複雑な体系を取扱うにしたがいますます激しくなり、ボーアの「対応原理」をもってしてもついに和解の路は見出せなくなった。

その頃おどろくべき事実が発見された。それは光にも物質にも二重性があるということであった。これらはともに「粒子」であると同時に「波動」であることが明らかにされた。これはもはや古典物理学の部分的修正などではとても解決することのできない問題であった。いままでの多くの経験によると電子は一定の電気量と一定の質量をもつ粒子であって、けっして電子の「かけら」というようなものは存在できないことが知られていた。それにもかかわらず、その電子が波動でもあって、一個の電子が結晶の二つ以上の格子を同時に通過して回折現象を起すことが見出されたのである。ニュートン力学でとりあつかう粒子は、常識的な粒子の概念と同じく、ある時刻に空間内のある点を占め、一定の速度をもってある軌道にそい運動するものであるから、全空間にひろがる性質をもった波動の概念とは到底両立することができない。このような矛盾は古い物理学者達には全くたえがたいものであったにちがいない。かつて、電子の理論を研究し、相対性原理の基礎をきずいた老物理学者ローレンツは「今日では人々は昨日話したことと正反対のことを主張している。このようなときは、もはや真理の規準はなく、科学は何であるか分らない。私はこれらの矛盾のなかった五年前に死ななかったことを悔むものだ」と絶望的に語っている。

物理学者はふたたび懐疑的となり、あるものは実証主義へ、あるものは不可知論へ、他のものは神秘主義へとむかっていった。しかし、一九二五年には新しい理論「量子力学」が輝かしく誕生した。それにもかかわらず、物理学者の哲学的混乱はなお量子力学の解釈をめぐってつづけられた。この混乱に拍車をかけたのは、量子力学の創設者達がしばしば、不用意にも、実証主義的見解を露骨に表明しすぎたことであった。例えばハイゼンベルクは次のようにいっている。「物理学者は知覚の関連のみを形式的に記述すべきである」また「現代の物理学は原子の本質や構造をとりあつかうのではなく、われわれが原子を観測するとき知覚する現象をとりあつかうのである」等々。そのため量子力学はその初期においては実証主義や、その近代的形態である操作主義の立場から、解説されることが甚だ多かった。この国においても比較的早く出版された菊池正士博士の著書のごときはその典型的なものといえる。たとえばいう、「自然法則というものは、与えられた実験操作において装置に附随する計器類のよみの間の関係を記述してゆくものであると考えてよい。現象を通じてその奥にある本体を把握しようというようなものではない」と。

しかし畏友武谷三男氏がしばしばくりかえして注意しているように、物理学そのものと物理学者による物理学の解釈とは厳密に区別しなければならない。自然科学者は、多くの場合、自ら語るところとは異ったことを行なっているのである。菊池博士はその著『物質の構造』のなかで、外界が人間の意識から独立に存在しているという唯物論的見地は常識の世界に住む人間の素朴な立場であって、量子力学のような高度に発達した科学の立場とは縁がないといわれる。ところがその同じ著書のなかで、博士自身が非常にすばらしい業績をあげられた電子回折や中性子の散乱等の説明をされる際には、完全に素朴実在論の立場へかえってしまわれるのである。これは博士が実験室ではつねに素朴実在論の見地に立っておられることを実証している。

一体、科学と世界観の関連という問題は科学の起源とその発達を歴史的にしらべねば分らぬことで、専門の科学者はその狭い視野の中でしばしば独断的な解釈を下すことが多いのである。今しばらく、理論物理学をはなれてこの問題の考察へうつることにしよう。

二

人間が地球上に発生してからは、およそ百万年になるといわれている。現生人類が出現してからでも、数万年はたっているであろう。その間、人間はいろいろな生活資料を生産し、またこれを消費することによって生活をつづけてきた。人間の生活は、動物のそれとことなり、一定の計画をもったいとなみであり、自己の周囲をとりまく自然にはたらきかけて、これをその欲求に適合した形に変革せしめようとするところに特徴をもっている。かかる行為を実践とよぶならば、人間の生活は本来実践的である。ところが実践がなりたつためには、自然(外界)がわれわれの意識から独立に存在しており、これが感覚をとおして意識のなかに映しだされることを認めねばならないであろう。これは人間が日常生活をいとなむときつねに抱く立場であって、その故に素朴実在論と名付けられたのであるが、哲学的には唯物論の立場である。

ところが人間の実践が計画どおりに成功するには、感覚をとおしてうつしだされた外界の像すなわち自然についてのわれわれの知識があやまっていなかった場合にかぎる。人間は実践の成功と失敗をとおして、自己の願望や意志によってはどうすることも出来ない客観的な自然の構造とその法則を発見するのである。科学はかような実践をとおして認識された客観的法則性についての知識の体系として発達したのである。したがって、科学的知識は、人間の実践の有効性を保証するものであり、また認識の真理性はつねに実践によってためされねばならない。科学と実践のあいだのこの密接な関係を考えるならば、科学はつねに「実践の立場」すなわち唯物論を土台とせねばならぬことが分る。そして、科学の発達と実践の成功が唯物論の正当性をたえず証明しつづけているという関係も理解されるであろう。この意味において、唯物論はもはやけっして素朴な見地ではなく、近代科学の全成果によって支えられた科学的世界観であるといわねばならない。そして唯物論を否定するような立場はすべて科学の発達を阻害するものと断定してよいであろう。

近代科学の特徴が実証性にあるとはよくいわれているところである。これは右にのべた科学的認識の真理性の規準が「実践」にあるという関係の一端をあらわしたものとしては正しい。ところが自然科学者はしばしばこの実証性のみを一面的に強調し、その唯物論的前提を忘却するか、もしくは故意に否認しようとしている。さきにのべた実証主義とはこのような見地をさすのである。これは変革期に直面しても、もはや経験以外のなにものにも頼ることのできなくなった科学者の不安を反映したものといえよう。実証主義者は「科学とは自然をあるがままに眺めることだ」といい、また実証主義の新しい形態である操作主義者は「物理的量とはその測定しようとする操作をあらわす記号であって、そのような量は客観的実在と何の関係もない」という。しかし科学者は実験室のなかではいつでも「実践の立場」にたっているのである。それは「実験」が「実践」の一つの形態であるからである。彼等は一方では「物理学は知覚の関連のみを形式的に記述すべきである」といいながら、他方では直接の経験によってはけっしてみることのできない原子の構造を研究し、素粒子の性質をあばきだしている。物理学者が原子を発見し、その構造をあきらかにしたのは、けっして、自然をあるがままに眺めたからではない。人間の認識が、最初は、直接的な経験から出発するにもかかわらず、つねに感覚の限界をこえ、現象の背後によこたわる本質的な関係をあばきだしてゆくことができるのは「実践の立場」にたつからである。今日原子の存在を全人類にみとめさせたのはついには原子エネルギーを解放せずにはおかせなかったところの人間の実践の成功にもとづいているのである。

自然科学と唯物論の間のきりはなすことのできない関係にもかかわらず、なぜ理論物理学者は変革期に直面するたびごとに実証主義や経験論へとむかうのであろうか。前世紀まで永いあいだ自然科学者をとらえていた世界観は世界を個別的な一つ一つ他から切離して考察できる固定した不変な対象からでき上ったものと見なす形而上学的唯物論(機械的唯物論)であった。これはニュートン力学等、自然科学の初期の発達から得られた自然観すなわち

「自然はそれらが存続する限り、それがかつてあったそのままに止まるものであった。遊星およびその衛星はそれらが一度かの神秘的な「最初の衝撃」によって運動し始めた以上永劫に、でなくとも、万物の終焉にいたるまで、その予定された楕円を描いてたえず廻転しつづけるものであった。諸々の恒星は「万有引力」によって相保たれ、永久に固定しかつ不動にそれぞれの星座に静止していた。地球は太古から、でなければ万物創生の日から変化なく同一のままで存していた。今日の「五大洲」は常に存続していたし、常に同じ山嶽、渓谷、河川、同じ気候そして同じ植物および動物区系とを有していた。植物や動物の種類はそれらが発生する際に劃然と確定されており、同一種はつねに同一種を産んだ」

といったような見方を普遍化したものであった。ところが科学が発達すれば唯物論の形態もまた変化しなければならない。そのごの科学の著しい発展は唯物論の変貌を要求した。カント＝ラプラースの太陽系生成に関する仮説を先頭として、自然は存在するのではなく、生成し消滅するのであるという見方が有力となった。科学のあらゆる領域において「進化論」があらわれた。自然全体は永劫の流動と循環のうちに動くものであるというヘラクレイトスの思想が復活し、「弁証法的自然観」が成立した。これにより唯物論もまた弁証法的なものへ脱皮せねばならなかった。しかるにニュートン力学の確固不動性を

確信した物理学者達はなお形而上学的唯物論にとらわれ、形式論理学的に思惟していた。これは近代科学が過度の専門化におちいっていることの弊害ともいえよう。新しい事実の発見がニュートン力学の土台を揺り始めたとき、彼等はようやく自己の世界観の脆弱性に気付き、混乱におちいったのである。彼等には自己の世界の世界観の偏狭性がその「形而上学的性格」にあり、その「唯物論的性格」にあるのではないということが分らなかった。その結果、根本的な諸原則の崩壊をただちに客観的合法則性一般の否定と見あやまり、湯槽から浴水と一緒に赤ん坊まで流したのである。これが変革期の物理学者をしばしば実証主義へとみちびいた径路である。

自然科学者は、世界観がちがっていても、お互いに話が通じ、協力しあうことができるといわれている。これは、一つには、彼等の世界観が多くの場合装飾品にすぎず、実際の研究では必ず「実践の立場」にたっているからであり、二つには、科学の内容が、科学者の解釈とかかわりなく、一応自然の法則性の忠実な反映であるからである。しかし、近代科学の全成果にもとづく最高の立場である「唯物弁証法」をはっきり意識した場合と、無意識的な素朴実在論の立場やあやまった世界観にむすびついている場合とでは、研究の進度が著しくことなるにちがいない。これはあらゆる科学に対していえることであるが、とくに理論物理学のごとく、高度の発達をとげ、しかも基礎的な概念や法則をとりあつかう学問においては、最高の立場にたち、高度の論理学を用いて研究せぬ限り、たえず間違った方向へ逸脱する危険にさらされている。従来の物理学者はもっぱら実証的方法にのみたより、試行錯誤《トライ・エンド・エラー》の方法によって、自然自身から正しい方向を教わりながら進んでおり、これが唯一の正しい方法であるかのごとく盲信していた。しかし、近代科学の偉大な成果がすでに「自然の弁証法」を証明し、またその故に、自然認識も弁証法的過程にしたがって行なわれることをあきらかにしている以上、自己の研究のゆく手を示す羅針盤として、自然弁証法を意識的に適用すべきであろう。

最近では、自然科学者のあいだに、この見地の有効性を意識するものが次第にふえてきた。ソビエトの科学者達が自然弁証法の研究に異常の熱意を示していることは注目すべきことであろうが、他の国々においても、バーナル(イギリスの化学物理学者)、ニーダム(イギリスの生物学者)、ランジュバン(フランスの物理学者)等のごとき一流の科学者が自然弁証法についてすぐれた論文をかいている。また「人工放射能」の発見者ジョリオーキュリー夫妻や、「宇宙線シャワー」の発見者ブラッケット等のごとき、最大級の科学者がこれを支持しており、「原子爆弾」の製作において重要な役割を演じたアメリカ最大の理論物理学者オッペンハイマーもまたこれを研究している由である。この国においては、畏友武谷三男氏が量子力学の解釈につき、またニュートン力学の形成に関し、極めてすぐれた研究を発表され、自然弁証法の新段階(量子力学的段階とでもいうべき)を展開された。* 近頃では、湯川博士も理論物理学の発達の仕方が「弁証法的」であり、その立場は「唯物論的」であるとのべておられる。**

* 武谷三男『弁証法の諸問題』

** 湯川秀樹「科学的思考について」『改造』(一九四六年)一二月号

三

次に近代科学の全成果にもとづく弁証法的自然観から抽出された「自然の論理」、自然弁証法の根本的特徴について簡単にのべよう。それはまず第一に「自然が互いに切りはなされ、互いに孤立し、互いに独立な対象や現象の偶然的な集積ではなく、そこでは対象が互いに関連し、互いに依存し、互いに制約する連結的な全体であり」、「自然は最小なるものから最大なるものに至るまで、永遠の発生と消滅、止むことなき流れ、休止することなき運動と変化のうちにある」ことである。第二には自然の発展と運動にかんする法則が、かつてヘーゲルが思惟の発展法則として見出したものと同じ形式をもつことである。すなわちそれらは、「量から質への転化およびその逆の法則」、「諸対立物の滲透の法則」、「否定の否定の法則」等である。

すこし、具体的に説明しよう。現代の科学は自然のなかに質的にことなったいろいろな「段階」(運動形態)があることを見出している。たとえば素粒子—原子核—原子—分子—物体—天体—星雲といった「段階」である。これらは一般的な物質のいろいろな質的な存在様式を制約する結節点であって、右にのべたような直線的な関係にのみあるのではない。分子—コロイド粒子—細胞—器官—個体—社会といった方向へもつながってゆく。また同じ物体にも固体—液体—気体等の「段階」がある。このありさまは、比喩的にいえば、立体的な網の目のような構造をしているともいえようし、また玉葱のような累層的構造をしているといった方がよいかも知れない。これらの「段階」は、けっして、互いに孤立し、独立したものではなく、互いに関連し、依存し、たえず移行しあっている。たとえば、素粒子から原子が、原子から分子が構成され、分子は原子へ、原子は素粒子へと分解される。このような移行は間断なく起り、新しい質がつくりだされ、また消滅し、休止することなき変化のうちにある。物質のもっとも簡単な、窮極的構成要素である素粒子でさえ、もはやデモクリトスの原子のごとく、永劫に不変な「アトム」としての形而上学的性格をもつものではない。宇宙線が大気中でつくりだす中間子のごときは、一〇〇万分の二秒という短い寿命をもって、電子とニュートリノに転化してしまう。

このような異なった「段階」の間の移行、新しい質の発生と消滅は、「ヘーゲルの法則」にしたがって起る。物理学者はこれに反対していうかも知れない。「原子を構成する法則は量子力学の法則であり、太陽系を成立せしめている法則はニュートン力学の法則である」と。そのとおり、各段階においてはそれぞれに固有な法則が支配している。それゆえにこそ個別科学を必要とするのだ。しかし「量子力学」のなかにも、「ニュートン力学」のなかにも、また「生物の進化の法則」のなかにも、「社会の発展の法則」のなかにも、さらにまた「思惟の発展の法則」のなかにも共通に見出される普遍的な法則が「弁証法」である。したがって、これは「自然の論理」ということができよう。だから、量子力学にしても、ニュートン力学にしても、すべての科学は弁証法の論理をもってしか理解することはできないのだ。量子力学の解釈をめぐってひきおこされた混乱は、物理学者が弁証法の論理をもたなかったことに主な原因があった。この点については、のちにもう一度触れることにしよう。

「一つの「段階」から他の「段階」への飛躍的移行が偶然的にでなく、法則的に到来し、漸次的な量的変化の蓄積の結果としておこる」という「量から質への移行の法則」のごときは、もはや今日の自然科学者にとっては常識となっている。物理学においてはあらゆる変化が量の質への転移である。たとえば、電子対を創生するには一〇〇万電子ボルトのエネルギーが必要であり、中間子を作るには一億電子ボルトのエネルギーが必要である。近年における原子核物理学の発達が、コックロフトおよびワルトンによる八〇万ボルトの高電圧発生装置の完成を契機として行なわれたことはよく知られているとおりである。また、化学が量的組成の変化によって生ずる物体の質的変化に関する科学であることは例をあげて説明するまでもないことであろう。かつてエンゲルスは、皮肉な口調でいった。「かの紳士諸君が、多年の間、量と質と相互に転化せしめていたにかかわらず、自分達が何をやっていたか知らずにいたとするならば、それこそ一生涯散文を語っていたにかかわらず、自分ではそれを一寸も気付かずにいたモリエールのジュルダン氏のことでも考えてあきらめるより仕方がなかろう」と。

弁証法の第二の法則は、すべての「段階」が対立物の統一によりなりたっており、対立物の闘争によって、高次の「段階」へ発展することをのべている。ここでも、素粒子論からの例を一つ引用するだけで止めよう。原子核は中性子と陽子から構成されている。湯川理論はこれらの素粒子から、いかにして原子核が構成されるかという機構をあきらかにした。この理論の核心は、中性子は陽子と陰中間子に転化する性質をもつというところにある。しかし、中性子が陽子と陰中間子へ転化するからといって、前者が後の二者から構成されているとはいえない。何故ならば、この関係は相互的であって、陽子もまた中性子と陽中間子に転化しうるからである。したがって、中性子も、陽子も、ともに「単一的」であると同時に「複合的」であり、「単一性」と「複合性」の対立を統一したものといえる。しかも、この対立は、素粒子から「新しい質」、原子核をつくりだす過程において、原動力として作用しているのである。

自然界においては、いろいろな「段階」の発生と消滅が休みなくおこり、自然の歴史をつくっている。いま宇宙の進化についてのすぐれた叙述をジョージ・ワシントン大学のガモフ博士の名著『太陽の誕生と死』(白井俊明訳)の中から抜萃して見よう。

「話は信じられぬくらい熱く重いガスの充満した空間からはじまる。そこではたぎる湯の中で、卵を料理するくらいの安易さでいろいろの原子核の変換が行なわれている。この宇宙の「前史時代」の料理場で各元素の存在比(即ち鉄や酸素が多くて金や銀が少ないというようなこと)が決ってしまう。この時期にまた今日もなお消滅しきらないで残っている長命な放射性元素がつくられた。

この熱い圧縮ガスのおそろしい大きな圧力のため宇宙は膨脹しはじめて、それから絶えずその密度も温度も下りつづける。膨脹のある段階で連続していたガスは沢山のいろいろの大きさの不規則な形の雲に分かれて、間もなく規則正しい形をした個々の星となる。この星は今日の星などより遥かに大きいが、しかし大して熱いものではない。しかしそれらが重力によって順次収縮して行くと半径は減じ温度は上って行く。しばしば起るこの原始の星の相互の衝突で沢山の惑星系ができる。その衝突の結果の一つが地球を作ったのである。

こうして星の温度が上昇している間に、その惑星は小さくて熱原子核反応を展開させられるに必要な高温を作れないので固体の殻を生ずる。宇宙に充満した「星ガス」は膨脹をつづけ、星と星との距離は今日の値に近付いて行く。

いま一つの膨脹の段階、即ち今日もなお個々の銀河系の中で見られる普通の収縮で、「星ガス」は別々の大きな星雲に分かれる。これらの島宇宙はなお互いに接近しているのでその相互の引力の作用で妙な恰好の渦状の枝を作ったり、ある量の自転角運動量を与えることになる。

その頃までにこれ等互いに遠のく島宇宙を形成している大抵の星はその内部が充分に高温になり、そこで水素やその外の軽い元素間にいろいろの熱原子核反応がひき起されることになる。まず最初が重水素で、次がリシウム、ベリリウム、最後に硼素が燃えて「灰」になってしまう。灰といっても原子核の灰でヘリウムのことである。そして赤色巨星のいろいろな段階をへて、星はその主な最も長期の進化の期間に入る。外に軽い元素が残されていないと星はその水素を火食鳥式の元素、炭素や窒素の触媒作用でヘリウムに変換する。今日太陽はこの段階にある。」

ガモフはさらにわれわれの太陽の今後の運命についてのべている。

宇宙進化のある段階において生れた地球は次第に冷却し、その表面は大気と水圏におおわれるようになる。その中で、地球進化の幾億、幾十億年の間に、炭素、水素、酸素、窒素等の原子からまず簡単な有機物質が合成され、ついで蛋白質その他生物体を構成する物質がつくられる。これらはさらに複雑な組織をもったコアツェルヴェートを形成し、ついに原生生物を発生せしめる。このありさまはソビエトの生化学者オパーリンが『生命の起源』のなかで詳しくのべているところで、生化学や地球化学等の今後の発展によりますますあきらかにされるであろう。ダーウィンの進化論はさらに原生生物から人類にいたる生物の進化を説明し、人類をもってついに本来の歴史の領域へつらなってゆく。これが現代科学のあきらかにした弁証法的自然観の略図である。

ここにのべた自然弁証法の内容は、今世紀における個別科学の著しい発展の結果非常に豊富にされてはいるけれども、本質的にはすでに前世紀の末葉エンゲルスによって語られたものとことなっていない。自然弁証法は、今後も科学の発達によって、たえずその内容を充実してゆくにちがいない。しかし、さきにのべたような根本的特徴は、もはや、けっして、失われることがないであろう。それは「自然の論理」であるからである。

四

話をもう一度理論物理学へもどそう。ニュートン力学は目にみえる大きさをもつ物体すなわち「巨視的世界」を支配する法則であった。したがって物理学の対象が原子や電子のごとき、「巨視的物体」とは量的に劃然と区別される「微視的世界」へ移ったときには、「ニュートン力学」とは質的にことなった「新しい法則性」が見出されても、少しも不思議ではない。それは「量から質への転化の法則」をふたたび証明するだけであろう。また電子が「粒子」であると同時に「波動」であったとしても、けっして絶望的になるには及ばない。それは「粒子性」と「波動性」の対立を統一するもっと本質的な関係が、それらの現象の背後に見出されるであろうことを予言しているにすぎないからである。実際、量子力学の成立はこの関係をあきらかにしたのであった。量子力学の発展には二つの潮流があり、一つはハイゼンベルクを中心としたゲッチンゲン学派の「マトリックス力学」として、他はド・ブロイおよびシュレディンガーにより展開された「波動力学」として成立した。この二つの理論はみかけ上著しく異なっていたにもかかわらず、その後数学的にはまったく同等であることが証明され、現在のごとき合理的な理論へ統一された。量子力学の解釈をめぐっては、いろいろな紆余曲折はあったけれども、「観測問題」のごとくに世界観と深くからみあった問題を除いては、すべての学者が大体一致した見解に到達している。* その際、終始指導的役割を演じたのはボーアの「対応原理」を主な内容とした所謂「コペンハーゲン精神」であったが、ゲッチンゲン学派に支配的であった実証論的傾向と波動力学一派の実在論的傾向との対立もまた特徴的なことであった。

* 天野清「量子論解釈の変遷とその文献」『日本数学物理学会誌』第一〇巻および第一一巻参照

「物理学は直接に観測可能な量のみをもって構成すべきである」という実証主義の原理を指針としたゲッチンゲン学派は原子内における電子の軌道や速度等のごとき量の導入をさけ、原子から放出される光の振動数や強度のみをもって原子現象を記述しようとした。彼等はこの原理とボーアの対応原理とを基幹としてマトリックス力学をつくりあげた。

一方シュレディンガーは、かかる実証主義の認識論とは無関係に、ド・ブロイの「物質波」の着想をもととし、力学と光学の類推から「波動方程式」を導き、波動力学を建設した。彼は最初「物質波」を従来の力学における「粒子像」にかわるべき直観性の要求を満足する実在のごとく考えたが、現在ではこのような素朴な解釈はゆるされないことが明らかにされている。何故ならば、たとえ、電子が水の波のごとき実在的な波であり、シュレディンガーの波動方程式にしたがって全空間へ拡ってゆくものであったとしても、電子の位置を観測した場合には、その粒子性のために必ず空間内のどこかの一点に見出されなくてはならない。これは観測によって波が突然一点に収縮することを意味し、しかもこの変化は不連続的かつ非因果的に起る。したがって、物質波を実在的なものと見做し、これらの連続的因果的変化として量子現象を古典的に解釈しようとすることはどうしてもできないのである。

他方直接観測しうる量だけをもって理論を構成しようとしたゲッチンゲン学派の方法論もまたその偏狭さを暴露せねばならなかった。実際、現在の理論の中には彼等がしりぞけたはずの電子の位置や速度が再び入っており、問題の核心はこれらの量が「直接に」観測できるか否かではなく、「同時に」観測しうるか否かという点にあることが分った。ハイゼンベルクの「不確定性関係」が教えたのは、電子の位置と速度が同時に観測できぬ「相補的」な量であるということであり、かかる相補的量の存在を認識した点に量子力学の特徴があった。その結果、ニュートン力学の場合のごとく、ある瞬間における粒子の位置と速度の値により粒子の状態を記述することができなくなり、ヒルベルト空間のベクトル(波動関数)により表現される新しい状態概念の導入が必要となった。電子が粒子と波動という矛盾した性格を示すのは、これらの現象形態の奥に量子力学的状態という本質的な関係が存在するからであった。しかも、ここに注目すべきことは、かかる重要な意味をもつ波動関数が「直接には」勿論、「原理的にも」観測できぬ量であるという点で、これは現在の量子力学が実証主義の認識論を乗り越えて発展したことを示したものといえよう。

従来しばしば量子力学の発達はマッハ主義的方法論の成功であるかのごとくいわれてきた。しかしながら、ゲッチンゲン学派の方法論が果した真に積極的な役割は、それが「日常的概念を微視的領域へ無批判的に適用することを禁止した」点に見出される。そして、これは実証主義の認識論によってよりも、「量から質への転化の法則」を意識した自然弁証法により、一層適切に把握されるのである。電子の二重性の発見は巨視的経験によって獲得されたニュートン力学的諸概念がそのままでは微視的領域へ適用できないことを教えた。しかし、巨視的領域と微視的領域とは、けっして「互いに切りはなされ、互いに孤立し、互いに独立な」ものではなく、「互いに関連し、互いに依存し、互いに制約しあう」ものでなくてはならない。したがって、一切の日常概念の転用を禁止しただけでは、けっして新しい理論を構成することはできない。「新しい理論はつねに古典的理論との境界領域において漸近的に一致せねばならぬ」ことを要請したボーアの対応原理はこのことを意識したものといえよう。ハイゼンベルクも結局実証主義を清算し、「すべての科学以前にあらゆる不明確な概念を浄化しようとしても、どの概念が疑いのないものか否かの規準がないので、「経験の強制」をまつ他ない。前もって概念を明晰化してしまおうとするのは、科学の未来の発展を言葉の論理的分析で予定しようとするにひとしい」と語り、また「古典物理学の法則は量子論的法則の作用量子を零とした極限の場合であるから、これらの法則に対応した古典的概念は自然科学の不可欠の要素である」といっている。対応原理が、前期量子論から量子力学にいたるまでの全発展において、未知の法則を探究する指針として、たえず指導的役割を演ずることができたのは、それが自然弁証法を部分的に反映していたからである。そして、ゲッチンゲン学派が誤った世界観に導かれながらも、よくマトリックス力学の建設に成功しえたのは、まったくこの原理の援助があったからといえよう。

しかし、もしも理論物理学者が自然弁証法を意識し、高度の論理学を習得していたならば、彼等は、量子力学の形成において、もっと平坦な路を歩むことができたであろう。そして、ボーアやハイゼンベルクがそのすぐれた直観力と多年にわたる自然とのとりくみによって漸くかちえた方法論にもっと速かに到達できたであろうし、またもっと適切な表現を与えたにちがいない。ボーアやハイゼンベルクの方法が量子力学の建設においては積極的な武器として作用したにもかかわらず最近における原子核理論や素粒子論の発展において、しばしば否定的にはたらいたのは、それが自然弁証法の部分的意識にすぎなかったためといえる。* けだし、誤った方法はこれを信条として徹底するならば、古くから知られた弁証法の法則にしたがって、つねに対立物へ転化しうるからである。

* この点については武谷氏の前掲書および次項〔論文2「原子物理学の発展とその方法」〕参照

量子力学の解釈において、世界観と関連して、もっとも多く誤解が流布されたのは、所謂「観測問題」であった。量子力学では、原子のごとき微視的体系の「状態」は「波動関数」であらわされ、シュレディンガーの波動方程式に従って時々刻々連続的に変化している。これは微分方程式により記述される因果的変化であり、巨視的物体の状態変化と異質的なものではない。ところが、量子力学の特徴は、このような微視的体系に対し観測を行なった際にあらわれ、同一の状態において同じ物理量の測定をしても、その結果は必ずしも一定でなく、ある特定の結果のえられる確率を統計的に予言しうるのみである。しかも、測定の前後においては、体系の状態、すなわち波動関数が不連続的かつ非因果的に変化し、いかなる状態へ転移するかは物理量の測定結果に依存している。さきにのべた「波動の収縮」はその一例である。

「観測問題」の核心は、このような二つの変化、すなわち孤立系の状態の連続的因果的変化とこれを観測する場合に起る不連続的、非因果的変化のあいだの関係を明らかにすることである。そこで観測過程の特徴を考えてみると、観測とは「対象」に「測定装置」をもってはたらきかけ、後者にあらわれた目盛の変化等から前者に関する量を測定することである。ところが、量子力学では二つの系の合成系が全体として一つの純粋な量子力学的状態にある場合でも、そのなかの部分系にのみ着目すると、それはもはや一般に純粋な状態になく、多くの量子力学的状態の統計的混合となっていることが証明される。*これは量子力学に特徴的なことであって、形式論理学では理解のできない部分と全体、偶然と必然の弁証法的関係をあらわしている。孤立系の状態が連続的・因果的に変化するにもかかわらず、観測の際に不連続的・非因果的変化がおこるのは、「対象」と「測定装置」の間の、このような、客観的な「量子力学的合成法則」の結果であって、よくいわれているような「主観の客観におよぼす作用」とは何の関係もない事柄である。従来しばしば量子力学が「外界の客観的実在性」を「否定」したかのようにいわれてきたのは、観測問題に関する誤った理解にもとづくものであり、この点は武谷氏がつとに指摘されたところであった。**

* ノイマン『量子力学の数学的基礎』第五章「観測過程」

** 武谷三男、前掲書

しかし、かかる誤解を一掃するためには、量子力学的観測過程のもう一つの特徴についても注意しておく必要があろう。それには観測の対象が微視的であるのにたいして、測定装置の主な部分は必ず巨視的でなくてはならないことである。換言すれば、対象は量子力学的法則性に支配されているが、測定装置は、その一部に起った微視的過程を、巨視的過程に拡大する仕組みになっていなくてはならないということである。したがって測定装置の中の微視的な部分は対象と密接な関係にあって、どこまでが観測される対象で、どこからが測定装置であるかを定めることはむずかしい。ところが、ノイマンが、右にのべた「合成法則」を用いて証明したように、量子力学は、対象と測定装置の間の切断面の位置に無関係に、つねに、同じ結果を与えるのである。これは量子力学が極めて巧妙につくられていることを示している。ノイマンはこの切断面の位置の任意性を強調するのあまり、対象の側を漸次拡大して、ついに抽象的自我のみを認識主体としてのこすところまで持ってゆけるようにいっているが、これはあきらかに行きすぎである。何故ならば、測定装置の特徴は微視的過程を巨視的過程へ拡大する仕組を含む点にあり、これを対象の側へ押しやることはできない。また、測定装置にあらわれた目盛の変化を、さらに観測者が読むという操作は、観測の結果には何の影響も及ぼさぬ巨視的観測であるから、測定装置の中に認識主観までをふくませるのは意味のないことである。これらのことを考えるならば、量子力学的観測の際あらわれる統計性は、ともに「客観的存在」である「対象」と「測定装置」の間の「物質的な相互作用」の結果であって、主観の客観へ及ぼす作用ではないということが一層明瞭になるであろう。

量子力学が「因果律」を否定したのではないかということもよくいわれることであるが、この問題の正しい解決の方向は、すでにのべた観測過程の分析のなかに、示されている。量子力学では状態の概念が本質的なものであり、これは厳密な因果法則にしたがっている。ところが、物理量の測定値間の関係を問題とする現象面においては統計法則が支配しているのである。しかし、さきにのべたごとく、この統計性はけっして因果性を否定するものではなく、「全体系」の「因果性」により基礎づけられた「部分」の「統計性」であった。この関係は、現象と本質、部分と全体、偶然と必然等の対立を統一する弁証法の論理によって、はじめて把握できるもので、これまで因果性の問題をめぐりいろいろな混乱がおきたのは、量子力学の立体的な構造を平面的な形式論理で理解しようとしたからであった。*

＊ 早川康弌氏はしばしば、唯物論が量子力学において護持されたと党派的に宣言しているけれども、観測過程の分析に基づかない浅薄な議論は、その意図をかえって対立物に転化させ、正統派の物理学者の唯物論にたいする反感をそそった以外には、何の役割も演じていない。量子力学の観念論的解釈の誤解は、量子力学そのものの詳細な研究の中から発見すべきであろう。(早川康弌『初等量子力学』、『理論』第二号その他)

武谷三男氏は、自然弁証法の立場から、量子力学の論理構造と形成過程を詳細に分析され、理論物理学にたいする強力な方法論を展開された。氏の方法論が、この国の素粒子論の発展において、いかに大きな役割を演じたかについては別の機会にのべることにしよう。

(一九四七年)

2　原子物理学の発展とその方法

一

現代の物理学は物質の構造について極めて豊富な知識をもたらした。今世紀の初めにはなお原子の実在を疑う科学者さえ少なくなかったが、今日の物理学者は原子の構造を非常にくわしく知っているばかりか、さらにその中にある原子核の構造ならびにそれを形づくる素粒子の性質にまで研究を進め、遂に原子核内にひそむエネルギーをひき出して実際に利用することにすら成功したのである。

近代物理学のこのような巨大な発展はいかにしてなし遂げられたのであろうか。よく知られているように、原子核の人工破壊や宇宙線の研究等にはサイクロトロンとかウイルソン霧箱、計数管等むずかしい器械が用いられている。しかしわれわれは原子や素粒子などの存在を直接的な感覚によって認識することはできないから、これらを発見しその性質についての知識を獲るには、なによりもまず思惟をはたらかすことが必要であり、これなしにはどんな簡単な実験でも遂行することが出来ないのである。ところが思惟の活動は世界観すなわち思惟方法に規定されるものであり、したがって自然科学が強く成長するためには、正しい世界観に結びつき、正しい思惟方法を用いねばならない。

前世紀まで永いあいだ自然科学者をとらえていた世界観は、世界を個別的な一つ一つ他から切離して考察できる固定した不変な対象より出来上ったものとみなす形而上学的世界観、すなわち十七、十八世紀に成立した機械的唯物論であった。これは科学の初期の発達を普遍化したもので、「対象を複雑な状態において観察する習慣にとらえられている限り自然を認識することは出来ない。宇宙を分析しいわば切断し最も精密に解剖し得ざる限り自然認識の目的は達せられない」というベーコンの分析的方法が極めて有力な方法であったことやニュートン力学が非常に早く完成の域に達したことなどを反映したものであった。ところが産業革命以来あらゆる部門において急速に発達をとげた近代科学はそのぼう大な経験的知識を処理するために、もはや化石化した世界観の中にとどまり硬直した思惟方法を用いているわけには行かなくなった。

エンゲルスはその遺稿『自然弁証法』において、彼がマルクスと共に建設した弁証法的唯物論は哲学の歴史的発展の総決算であり近代科学の一切の成果にもとづく唯一の科学的世界観であり、自然科学はこれを自己のものとすることによりはじめて正しい思惟方法を獲得できるであろうことを説いた。彼は自然科学の提供する新しい材料が古い思惟の枠の中におさまらないことを種々の例を挙げて説明し、媒介を欠いた対立物の中で考え、イエスはイエス、ノーはノーである形而上学的思惟（すなわち形式論理学）は常識の範囲では正しいがその限界をこえるとたちまち偏狭な一面的なものとなり解くべからざる矛盾に迷いこむことを示した。ところがこれに反して事物をその関連、その運動、その成立と消滅において理解する弁証法にとっては、これらはすべてそれ自身の方法の確証であり、近代自然科学はこの証明のために極めて豊富な材料を供給し、自然における事物の経過は結局のところ弁証法的であって形而上学的ではないことを証明したのである。

それ以来半世紀以上経た現在においても、自然科学者の大多数はなおこのような立場にたつことを拒み、弁証法的思惟を習得するに至っていない。彼らはもっぱら実証的方法に頼り自然から新しい思惟方法を教わりながらすすむ路をえらんでいる。自然科学者が古ぼけた世界観や誤った立場にとらわれながらとにかく古い殻を破って大きな進歩をとげることが出来たのは全くこの実証的方法に負う所が多い。しかし正しい世界観を意識していないために少なからぬ徒労をくりかえし、ジッグザッグの路を歩み、ときには後退しながら進んでいる。

筆者は以下において物質構造論を中心とする近代物理学の発展の路を辿り、それが弁証法的思惟を要求し自ら弁証法的唯物論へ導くものであることを具体的に述べてみたいと思うのである。

二

近代科学において原子論が復活したのは十七世紀の中頃であるが、これは古代ギリシアにおけるレウキッポスやデモクリトスの原子論と同じく、全く形而上学的なもので当時の世界観と直接につながったものであった。原子論が真に近代的性格をもってあらわれたのは十九世紀初頭で、ドルトンにより唱えられた。この少し前のラボアジエははじめて科学的な元素概念を確立したが、ドルトンの原子概念はこれにもとづいて形成されたもので、もはや形而上学的なものではなく実証的なものであり、自然認識の一つの段階に対応したもので絶対的な不変性や不可分性を主張するものではなかった。エンゲルスは「近代的原子論の特徴は物質が単に不連続であると主張するのではなく、これらの不連続な部分が種々な段階(原子・物体・天体)であり、一般的な物質の諸々の質的な存在様式を制約するところの結節点であると主張するところにある」とのべたが、元素が不変でなく原子が分割し得るものであることは、その後ただちに実証されたのである。

ラジウムの発見と電子の発見がそれであるが、古い世界観にとらわれた物理学者達はこれにより非常な混乱に陥った。ポアンカレはその著『科学の価値』において「大革命家ラジウム」がエネルギー不滅の法則を崩壊に瀕せしめていること、電子の質量が速度とともに変化する事実が質量不変の法則を瓦解せしめニュートン力学の基礎を揺すぶっていること等をあげ「物理学の危機」の到来したことを注意しているが、当時の物理学者のあいだには物理学の法則はもはや自然のなんらかの模写ではなく、人間の意識の産物にすぎないとか「物質は消滅した」とかいうような懐疑的な観念論的な見解がはびこったのである。

今世紀の初頭、物理学者の陥ったこのような混乱に対しその性格を見事に分析し物理学のすすむべき正しい方向を指し示したのはレーニンである。彼は「原子が破壊されうること、それが汲みつくされ得ないこと、物質とその運動のすべての形態が可変的であることはつねに唯物弁証法の支柱である」と言い、さらに「弁証法的唯物論は、物質の構造やその諸性質に関するあらゆる科学的な理論が近似的相対的性格をもっていること、そして自然には絶対的な境界は存在せず物質の一つの状態から他の一見融和しがたく見えるような状態へ転化しうること等を主張する。それ故常識の見地から見るとこのような転化がいかに不思議であろうと、また力学的な運動法則が自然現象の単なる一領域に限られ、それがさらに深刻な法則に従属するものであることがいかに異常であろうと、それはあまりにも弁証法的唯物論を確証するばかりである」と述べた。しかして「それにもかかわらず物理学が観念論へ迷いこんだのは正に物理学が弁証法を知らなかったからである。彼らは形而上学的唯物論とたたかいそしてその際浴槽から赤ん坊まで流してしまった。物質の今まで知られた性質の不変性を否定しつつ、物質の否定に、すなわち物理的世界の客観的実在性の否定に転落し、最も根本的な法則の絶対的性格を否定しつつ、自然における客観的合法則性の否定に転落した」と結論している(『唯物論と経験批判論』)。自然科学の研究は自然の客観的実在性を確信した見地、すなわち唯物論に立脚しなければ行なうことが出来ない。自然科学者が初期に抱いていた世界観は機械論的な唯物論であったが、自然科学のその後の発達はこの世界観を崩壊せしめた。しかしこの見地の偏狭性はその唯物論的見解にあるのではなく、その形而上学的性格にあり、科学の進歩を包括するためには弁証法的唯物論にまで上昇することが必要であった。

物理学のその後の著しい発展は彼の見透しが正しかったことを完全に証明し、唯物弁証法の有効性が如実に示された。しかしその路はまっすぐではなくジッグザッグに曲り、目標をはっきり意識してではなく盲目的に近づいたのである。

一九〇五年相対性理論が現われ、ニュートン力学は単に物体の速度が光速度にくらべ遙かに小さい領域に限ってなりたつ近似的理論であり、この限界を超えるともっと深刻な法則が支配していることが見出された。また質量はエネルギーの一形態であり他の形態のエネルギーへ転化しうるものであることが認識された。これにより質量不変の法則はエネルギー不滅の法則へ統合され、大革命家ラジウムによりもたらされた物理学の危機は解消し、ラジウムの放出する大きなエネルギーは、質量の転化した形態であることが分った。質量のエネルギーへの転化過程は原子核の研究の発展とともにますます実証され太陽熱の源泉であることが明かにされ、また原子爆弾の根本原理となった。

三

相対性理論に続いて行なわれた大きな発展は原子構造の研究にはじまる量子力学の展開であった。一九一一年ラザフォードは原子の太陽系的模型を提唱し原子は正に帯電しその質量の大部分を保有せる原子核の周囲を原子核の正電荷をうち消すだけの個数の電子が運行しているものであると考えた。ところがこの運動に対しニュートン力学やそれまでに知られていた電磁気学の法則を適用すると経験と全く一致しない非常な困難が生じたのである。一九一三年ボーアはプランクの量子仮説をとり入れて原子の構造を論じ異常な進歩をもたらしたが、この理論は最初から終始一貫性を欠きまた複雑な原子の取扱いにおいて矛盾があらわれたため、もっと本質的な理論の展開が待望されていた。

ちょうどその頃すべての微視的な対象は粒子性と波動性の二重的性格をもっていることが発見された。粒子と波動は常識的には鋭く対立した概念であるが、唯物弁証法の立場では、同一の対象が粒子であり波動であるのはそのいずれもが本質的なものでなく、各々の性格をあらわす現象の背後にもっと本質的な関係が存在することを意味している。一九二五年以来すばらしい発展をなしとげた量子力学の成立はこのような関係を明らかにした。この理論において粒子と波動の対立を媒介したのは相補的量の存在を認識することにより獲得された新しい状態概念の確立であった。ニュートン力学では或る時刻における対象の状態はその系に属する粒子の位置と速度により定まり、状態の時間的変化はニュートンの運動方程式により記述される。ところが量子力学においては状態はヒルベルト空間のベクトルである波動関数によりあらわされ、その時間的変化はシュレディンガーの波動方程式により記述される。いずれの理論においても状態の変化は微分方程式により記述される因果的な変化である。ところが量子力学の特徴は観測の際あらわれ、同じ状態である量の測定を行なっても必ずしも毎回同じ結果が得られるとは限らず、無限に多数回観測を行なった時得られる平均値や、ある特定の測定値を得る確率のような統計的な予言だけしかできないのである。古典的な理論では同一の観測結果を得る状態は互いに同じであると定義するのであるから、日常的な考えではこのような事情はとうてい理解できない。古典的な理論では観測の際に測定装置が対象に及ぼす擾乱はいくらでも小さくすることが出来、理想的な場合には観測により対象の状態が変化をうけることはないと考えていた。常識の範囲で無批判にうけ入れられていたこのような見地が微視的な領域において保持できなくなる所に上にのべたような奇妙な事態があらわれる原因が存在している。この点を明らかにするために観測の過程を細かく考えてみると、観測とは対象と測定装置を一定の時間作用せしめたのち後者の目盛の変化から前者に関する量を知ることである。量子力学によると、二つの系の合成系が全体として一つの純粋な状態にある場合に、その各々の部分系を別々にとり出すと、その個々の系は多くの状態の混合(ゲミッシュ)になっていることが証明される。これは各部分系のあいだにやりとりされる作用の一部が統御できないからである。観測の際に統計的性格があらわれるのは量子力学的系が従うこのような客観的な合成の法則の結果であって、よく言われているように主観の操作などとは何の関係もない事柄である。この点は畏友武谷三男氏によりつとに明らかにされた点であり、量子力学における偶然と必然、現象と本質、部分と全体の見事な弁証法的統一を呈示したものといえよう。観測過程に対する正しい理解をもたない物理学者達は観念論的哲学者と一緒になって、観測の際、測定装置が対象に及ぼす擾乱を認識主観の客体に及ぼす作用であるかのごとく考え、これから物理的量とは単に主観の操作をあらわす記号にすぎないという操作主義的見地へ走る。しかしこれは上述のごとく観測過程についての浅薄なそして誤った理解にもとづくものである。シュレディンガーの猫のたとえや玉木英彦氏があげた原子爆弾のたとえは彼らの解釈の誤りを痛烈につくものである。

彼らはまたシュレディンガーの波動方程式によりあらわされる因果性の新しい形態を数学的因果性とよび、その本質的性格を否定し、ただ現象面だけを眺めて量子力学では「因果性が消滅した」と主張する。たしかにニュートン力学にあらわれたような機械的因果性はなりたたないが、これだけが因果性の唯一の形式ではない。唯物弁証法は諸現象の客観的連結の一般的形式としての因果性の哲学的概念の絶対性と科学の発展により変化するその具体的定式化の相対性を区別せねばならないことを主張する。彼らは機械的因果性の否定から因果性一般の否定に転落したのである。波動関数をもってただちに対象の実在的な像と結びつけるような素朴な見地は量子力学と関係のないものであるが、波動方程式の中に表現された因果性の新しい形態を見失ってはならない。

上に述べたような実証主義的解釈を流行せしめたのは主として量子力学の創設者達であった。したがって彼らは量子力学の必然性は充分に理解しており、ただその立体的な構造を平面的な論理で解釈しようとしたところに困難と混乱が発生したのであった。ところが量子力学の発展の主流の外にいた物理学者の中には、量子力学的記述は不完全であると考える人々(たとえばアインシュタイン)がある。彼らはなお機械的因果性に固執し、統計性の侵入を「隠れた変数」の存在に帰し、「隠れた変数」の発見によって理論が完全になるであろうと盲信している。このような考えのあやまりについてはハイゼンベルクが次のようにのべている。「地の果を見出そうとする試みがコロンブスの大陸発見とマゼランの世界一周により無意味なものとなったごとく、隠れた変数を見つけ出そうとする努力はコンプトンおよびシモンの実験により徒労に帰した」と。

以上により量子力学の解釈をめぐってひき起された哲学的混乱は今世紀初頭の「物理学の危機」とまったく同じ性格をもつこと、ならびにこれから脱け出るには弁証法的唯物論の世界観に立たねばならぬことが分った。

一部の物理学者や哲学者が観念論の泥沼の中で量子力学の解釈に熱中しているあいだに、量子力学は微視的領域を支配する理論として力強い発展をとげた。原子構造の問題を見事に解決したばかりでなく、化学的結合力の問題、金属の電気伝導や強磁性の問題等物質の物理的ならびに化学的性質に関するあらゆる分野において輝かしい成果を収め、近代的物性論の急激な発達をもたらした。

四

原子の構成要素の一つである原子核がそれ自身複雑な内部構造をもっていることは放射能の発見以来知られていた事柄であった。しかし原子核の構造の研究が物理学の核心となったのは一九三〇年代に入りコッククロフトによる高電圧発生装置の完成、ローレンスによるサイクロトロンの発明等が行なわれ高速イオンを用いて原子核の人工破壊がたやすく行なえるようになってからである。その頃の知識では原子核は陽子と電子より構成されていると見なされていたが、原子の構造に対して非常にすばらしい成功を収めた量子力学が、ここでも再び凱歌を奏するか否かが興味の中心となった。

原子核の量子論はまずガモフのアルファ崩壊の理論において見事な成果をあげたが、その後「核内電子」の問題に関連して救いがたい矛盾に陥った。これらの難点としてはスピンや統計の合成規則が成り立たないこと等があげられたが、最も本質的な困難と考えられたのはベーター崩壊の際エネルギー不滅の法則が見掛け上なりたたない点であった。即ちこの現象で核からとび出してくる電子の速度が場合により異った大きさをもつことが分ったことである。

一九三一年ローマで開かれた原子核会議においてボーアが表明した意見は当時の理論物理学者の態度を代表したものである。彼によると核内電子の行動は通常の量子力学の適用範囲外の問題であり、相対性理論を考慮した量子力学においてはじめて取扱うことが出来る。ところがその頃相対性論的量子力学はようやく第一歩をふみ出したばかりで、ディラックの電子論の「負エネルギーの困難」に悩まされている最中であった。したがってかような未知の領域においては従来の理論で理解出来ぬような奇妙な現象が現われても驚くにあたらない。たとえば電子は核内においてそのすべての性質を失ない、スピンや統計の合成規則に全く寄与しないこともありうることであり、またそのような電子が核外へ放出される際、エネルギーの一部があとかたもなく、消えてしまうようなことが起っても不思議ではない。むしろこの困難を解決しようとする努力の中から相対性理論と量子力学を統一したより本質的な理論が生み出されるであろうという意見である。

このような見解はたしかに弁証法の部分的意識である。彼らは今世紀の初頭以来すばらしい勢いで発展した理論物理学の歴史の中から理論の発展の論理を自覚したのである。量子力学の全発展において指導的役割を演じた対応原理はこのような自覚を定式化したものであり、その故に大きな効果を収め得たのである。しかしながら弁証法はそれを完全に意識したときはじめて完全に有効な方法としてはたらくことができる。部分的な意識はそれを信条として徹底せしめられると古くから知られた弁証法の法則により反対物に転化してしまう。量子力学の展開においてきわめて大きな方法論的意義を誇示した上述の見地が、原子核の理論においてはしばしば逆効果をもたらしたのは全くそのためである。

ボーアはこの見解にもとづき「エネルギー不滅の法則」のような基礎的な法則ですら原子核のごとき新たなる領域においては成り立たないであろうと考えた。この限りにおいては彼の議論は全く正当である。しかし彼はもう一歩つき進んで「エネルギー不滅の法則」が何故にこれまでの物理学の全発展においてあのように完璧な発見法的役割を演じて来たかに想いを致すべきであった。

エンゲルスが指摘しているように、この法則は物質のすべての運動形態が相互に転化しうるものであり、そして運動は不滅であって創造も消滅も出来ないものであるという唯物弁証法の基本的な法則をその本質として反映したものである。物質や因果性に関する哲学的概念の絶対性と、物理学の発展のある段階におけるそれらの物理学的概念の相対性とを混同したところに哲学的混乱の発生する原因のあったことは既に見た。レーニンは言った、「物質の構造や食品の構成に関する学説等は日ごとに古びうるものであり、また古びつつある。だが人間が思想を食物としたり、単なるプラトニック・ラヴのみで子供を産んだりすることが出来ぬという真理は古びえない」と。エネルギー不滅の法則の場合にも事情は全く同じである。「運動の不滅」という哲学的命題の絶対性と、物理学の各発展段階におけるそれの反映形態の相対性は、はっきり区別せねばならない。新しい領域にふみこめばいかなる法則といえどもその形態を変化する可能性をもつことは常に考えておく必要があり、その限りにおいて、これは方法論的意義をもつ有効な立場である。ところがこの法則の中に反映され、その本質をなすところの「運動の不滅性」の否定にまで発展した場合には、理論は神秘主義的観念論的方向へ迷いこまざるを得なくなり、正しい発展は阻害される。ボーアも赤ん坊を水と共に流した。そのためパウリが再び赤ん坊をひろい上げるまでは、ベーター崩壊の理論は迷路の中で足踏みをせねばならなかった。

五

原子核理論のそのごの発展はボーアの予想とはまったく別の途をすすんだ。その解決の鍵を与えたのはチャドウィックによる新しい素粒子の発見であった。彼は軽い核の破壊の際には陽子とほとんど同じ質量をもつ中性の素粒子が放出されることを確認し、中性子と名付けた。イワネンコは早速原子核は陽子と中性子よりなるという考えを提出し、それまで原子核にかぶせられていた神秘的なヴェールをはぎとり、すべて困難を合理的に解決する路を示した。ベーター崩壊現象の説明だけがむずかしかったが、この点はハイゼンベルクにより天才的に解決された。彼によると中性子は陽子に転化することが可能であり、その際は電子が放出されるというのであって、ベーター崩壊現象は素粒子の性質に還元されたのである。かくして中性子の発見を契機として原子核理論の本質的な部分は素粒子論へ引渡されたのであった。

素粒子論の第一の課題はベーター崩壊現象の解明にあったが、この問題の解決はフェルミによりなされた。さきにのべたごとくボーアはこの問題においてエネルギー不滅の法則が原理的に否定されると主張した。ところが実験的研究のその後の発達はこの説をきわめて根拠薄弱なものとしてしまった。唯物弁証法は自然に自己の法則を押しつけるドグマティズムではない。実験的材料そのものから出発して理論の不合理性を暴露する力をもっている。これは自然そのものが弁証法的構造をもっているからであり、その故に物理学は自然から強要され、無意識の中に唯物弁証法の見地に到達することが出来るのである。

パウリはベーター崩壊の際にはエネルギーの一部が従来の観測装置では検出できない新しい素粒子により持ち去られるという説を提出し、エネルギーの不滅の法則を救おうとした。この素粒子は中性微子と名付けられ、電気的に中性で、極めて小さな質量をもつ粒子と考えられる。この説はフェルミにより採用され、ハイゼンベルクの思想と結びついて著しい発展をとげた。彼の理論の基礎は、中性子が陽子に転化する際には電子と中性微子が同時に放出されるという仮定である。この理論はベーター崩壊現象の合理的な説明として非常な成功を収めたばかりでなく、ガモフおよびテラーによる新星の理論等においてもその有効性が認められている。

イワネンコおよびハイゼンベルクの原子核構造論において重要なことは、中性子と陽子を結びつけ原子核を形づくる力すなわち核力の性質である。核力に関する知識は重水素核の質量欠損や中性子の水素による散乱の実験等からかなり精しく研究されたが、その本質を解明するにはこれを素粒子自身の性質から導き出さねばならない。タムとイワネンコは核力をフェルミの理論から説明しようと試みたが経験と全く矛盾した弱い力しか得られなかった。この失敗を救わんとする努力は一九三四年湯川博士により企てられ、素粒子論の新しい局面を展開することとなった。博士はフェルミの理論の基礎である素粒子の相互転化の機構を一層詳しく研究し、フェルミの過程を二段に分解した。すなわち中性子が陽子に転化する際には陽子と電子の中間の質量をもつ帯電粒子すなわち中間子が放出され、この中間子は電子と中性微子に転化する性質を有すると仮定するのである。この理論はベーター崩壊現象に関してフェルミの理論が贏《か》ち得たすべての成功をそのまま引きつぎ、しかも核力に対する本質的な理論を確立するものであった。その正当性がその後中間子の発見により一層輝かしく実証されるにおよびさらに大きな活躍の分野が宇宙線の領域に横たわっていることがわかった。

六

素粒子論のもう一つの成功は陽電子の発見に伴うディラックの電子論の発展である。ディラックは一九二九年一個の電子に対する相対論的量子力学の一形式としていわゆるディラックの波動方程式を提出した。この理論は水素スペクトルの微細構造やコンプトン効果に対する「クライン＝仁科の式」等において大きな成功を収めたが「負エネルギーの困難」とよばれる矛盾的結論に逢着した。この困難の原因は相対性理論によると電子のエネルギーが正負の二つの値をもちうることにある。両者のあいだには電子の静止エネルギーの二倍に等しい間隙があるので、エネルギーの不連続的変化を許さぬ古典物理学では正エネルギーの電子が負エネルギーの領域へ移ることはできないが、量子論ではエネルギーの低い負エネルギー状態へどんどん落ちこんでしまうというカタストロフィが起るのである。これに対する解決策としてディラックは「空孔理論」を提唱した。この理論は電子が同じ状態を一個でしか占め得ないという性質(パウリ原理)を利用し、電子の負エネルギー状態はすでにすべて占められていると考えるのである。これは真空概念の変更であり、このような無限に多くの負エネルギー電子のある状態をあらたに真空と定義することである。そうすると正エネルギーの電子が負エネルギーに落ちる困難はなくなるが、逆の過程により負エネルギーの電子が正エネルギーの領域へ移り、負エネルギー孔が空くことが起る。この空孔は電子と反対の荷電をもち、同じ質量をもった粒子として行動する筈である。この理論の正否はこのような粒子が実証されるか、いなかにかかっていたが、一九三二年アンダーソンは宇宙線中に正に帯電した電子すなわち陽電子を発見し、またその後、人工放射性元素中に陽電子放射能をもつものが見つかった。陽電子がディラックの空孔にひとしいことは空孔理論から帰結される種々な現象、たとえばガンマ線による陰陽電子対の創生過程等の実証により確認されるに至った。

なおこの理論に関連して附言したいのは、最初ディラックはただ一個の孤立した電子に対する理論の構成が可能であると仮定して出発したにもかかわらず負エネルギーの困難につきあたり、この矛盾を解決するために仮定に反して無限に多数の電子を同時に考えねばならなくなったことである。これは多数の電子の相互関連を無視した形而上学的方法が充分徹底せしめられると弁証法の法則により反対物へ転化することを示したものといえる。イワネンコはこのような相互関連をはじめから正しく考慮した第二量子化の方法を用いて、空孔理論のような不自然な仮定を導入しないでもまったく同じ結果に到達することを示した。

七

物理学の中心が原子核から素粒子へ移ったことはすでにのべた。原子核の人工破壊に関する実験が容易に実行できるのに対して、素粒子自身の性質を究明する実験は大部分今日の技術の範囲外に属する問題である。ようやく最近アメリカでベータートロンやシンクロトロンが発明され、非常な高エネルギー粒子の発生が可能になったが、従来は素粒子の性質を研究するには主として宇宙線現象に頼るより他みちはなかった。宇宙線はその起源はまだ分っていないが、天空のあらゆる方向から日夜絶間なくふりそそぐ放射線で、物質を貫通する力が極めて大きい点が、その特徴である。研究の初期には波長の短かい電磁波であろうという説があったが、地磁気により進路がまげられることから、その一次線は帯電粒子であることが分った。その後霧箱写真の撮影により宇宙線中には高速度の電子が沢山ふくまれており、しかも陰陽両種の荷電を帯びたものがあることが見出された。これがさきにのべた陽電子の発見であり、ディラックの電子論の著しい進歩を促す動機となった。ところがこの理論によると高速電子の物質透過力は極めて小さく、到底宇宙線の大きな貫通力を説明することが出来ない。この矛盾に遭遇して、ボーアを先頭とする理論物理学者のとった態度は、例により、高エネルギー粒子に関与する超相対性論的領域においては理論が適用性を失うためであろうという見地であり、これに拍車をかけたのは宇宙線が物質を通過する際、そこから沢山の陰陽電子の簇が発生する現象すなわち宇宙線シャワーの発見であった。このような現象が一回の衝突過程で起るということは現在の理論では考え難いからである。ところがその後この現象は一回の衝突で起るのではなく、衝突が階段的に起ると考えればディラックの理論から見事に説明されることが分った。

この階段シャワーの理論の成功はディラックの電子論が非常な高エネルギーの領域へまで適用できることを示すと同時に宇宙線の大きな透過力の説明を理論の限界とは別の所に求めねばならぬことを教えた。ところがちょうどその頃、宇宙線は鉛一〇センチメートル位の層で完全に吸収される軟らかい成分とほとんど吸収をうけない硬い成分があることが見出された。軟らかい成分はシャワーを起すことから電子であると結論されたが、硬成分の正体が湯川理論により予言された中間子であることが確認されたのは一九三七年であった。

八

かように原子核および宇宙線に関する研究の目覚ましい発展により素粒子に関する知識は非常に豊富になった。未知の素粒子が続々と発見されたことは大きな収穫であるが、素粒子が不変なものでなく、相互に転化しあう事実を認識したことは注目すべき成果であり、ここにエンゲルスの指摘した近代的原子論のもっとも特徴的な性格が一層明らかにされた。原子現象のようなエネルギーのやりとりの少ない現象では電子はその状態を変えることはあっても、他の素粒子に転化することは起らない。ところが宇宙線のような高エネルギー現象においては、光子から陰陽電子対が創生されたり中間子のような地上に存在しない新しい素粒子がつくり出されたりするような相互転化現象が到る所であらわれる。この性質を特に明瞭に示すのは中間子で、これは一〇〇万分の二秒という短かい寿命をもって電子と中性微子に転化する事実が確認されている。

したがって素粒子論の建設にあたっては高エネルギー現象のもつこのような特徴を正確に把えねばならない。相対性理論の要求を満たし、しかも相互に転化しあう素粒子を全体として把える唯一の理論はハイゼンベルクおよびパウリにより提出された波動場の量子論である。現在の素粒子論はすべてこの理論を基礎としてつくられているが、そこにはまだ数多くの欠陥と困難が横たわっており、その解決が今日理論物理学者の興味の中心となっている。その難点の中で最も本質的なものと考えられているのはローレンツの電子論以来ひきつがれている自己エネルギーの問題である。またディラックの空孔理論に特有な真空の偏極の問題等もあるが、これらにはすべて無限大が現われるところから「発散の困難」とよばれている。その他に中間子の寿命の実測値が理論値と非常に喰い違っているというような種類の矛盾も存在している。*

* 最近朝永＝シュヴィンガー理論の展開により「発散の困難」の多くは「くりこみの方法」により巧みに避けることが出来るようになった。又中間子に関連した困難の多くはパイおよびミュウの二種類の中間子の存在の実証により除かれた。(一九五一年)

このような事態に直面して現在の理論物理学者はいかなる態度をとっているであろうか。その代表的意見としてハイゼンベルクの見解を聞こう。彼はこれまでの理論物理学の発展の跡をふりかえり、従来、より高い段階の理論が発展する際にはつねに古い理論の適用限界を規定する普遍常数が出現することを見出した。相対性理論における光速度や、量子力学におけるプランク常数等がそれで、いずれの場合にも光速度を無限大あるいはプランク常数を無限小とした極限においては古い理論、即ちニュートン力学が得られる。ハイゼンベルクはこのような意味をもつ常数を第一種普遍常数と名付けた。素粒子論は相対性理論と量子力学を統一した更に高次の理論であるから、ここにおいてもまた新しい第一種普遍常数が本質的な役割を演ずるであろうと考えられる。ハイゼンベルクによると、現在の理論が多数の困難をふくむのはこのような普遍常数の存在を無視し、単に形式的に相対性理論と量子力学を結びつけたにすぎないことに由来するというのである。さらに彼はこの常数が「普遍的長さ」であり素粒子の関与する領域では長さに関するいままでの概念が著しい変革をうけるであろうと想像する。彼は種々もっともらしい例を引用してこの予想の正しいことを基礎づけようとしており、特に宇宙線現象中にあるらしく考えられている爆烈現象(一回の衝突で同時に多数の粒子があらわれる現象)をもって従来の理論の適用範囲外において起る特徴的な過程と見なしている。彼はこのような見地から現在の素粒子論を批判し将来の理論の性格を画き出そうと努めているが、まだ「普遍的長さ」を考えに入れた理論を展開するには至っていない。

素粒子論の現段階の困難を分析し、それが将来発展して行く方向を指示したものとしてハイゼンベルクの所論は極めて正統なものであり、大部分の物理学者によりうけ入れられている。筆者もまた彼の見解が誤っているとは考えない。彼は確かに自生的に唯物弁証法に近づいている。エンゲルスはすでに自然弁証法のなかで物理学の常数は量が質へ転化する接合点を表示するものであることを指摘している。しかしながら、さきにのべたボーアの思想と同様に、このハイゼンベルクの見解はやはり唯物弁証法の部分的意識でしかない。これを信条として徹底さすならば弁証法から訣別し、形式化され固定化された方法を自然へ強要するドグマティズムと化するのである。既に彼の亜流共はすべての困難を直ちに理論の限界に結びつけ、現実の矛盾を深く分析することを怠り始めている。かかる安易な態度がただ理論の無能を表明するにとどまり、その正統な発展を阻むものであることは、原子核理論の初期に現われた困難に対するボーアの見解が、中性子の発見とフェルミの理論により裏切られたばかりでなく、ベーター崩壊現象の正しい説明を永いあいだ妨げていた事実や、宇宙線理論の初期にとらわれていた立場、即ち高エネルギー領域においてはディラックの電子論が成り立たないであろうという見解が階段シャワーの理論の発見によりくつがえされた事実により雄弁にものがたられている。ハイゼンベルクの見解に対してもこの点を充分注意することが肝要であろう。

たびたびのべたように、現代の物理学はもはや唯物弁証法を意識せずにはおかれぬ段階に到達している。素粒子論の困難は、この見地から分析されたときに、はじめて正しい解決の道を見出すであろう。われわれは再び徒労の多いみちを歩んではならないのである。武谷三男氏がすでにこの立場から困難の分析を行なっておられることは注目に値しよう。

（一九四六年）

3 量子力学の解釈をめぐって

解釈論争の新しい意味

A 量子力学の解釈をめぐる論争はとっくに片づいた問題だと思っていましたが、近頃まただいぶやかましく議論されているようですね。

B 一九五二年頃からでしょうか。ボームがいわゆる「隠れた変数」を用いた決定論的解釈の可能性を示したのがきっかけで、その後ヴィジェ、ボップその他の論文が続々と現われました。

A 波動力学の創始者ド・ブロイが一九二七年以来二十五年間にわたり支持してきたコペンハーゲン解釈と訣別し、彼が昔とった立場に戻ることを宣言したそうではありませんか。

B 最近彼を中心にコペンハーゲン学派と対抗する新ド・ブロイ学派とでもいうべきものが形成されています。

A ソ連では以前からコペンハーゲン解釈に対する批判が強かったようにきいていますが。

B その通りです。しかし、初期の批判は主として哲学者によってなされたものです。哲学者と物理学者が共同して批判を深めていったのは、レーニンの『唯物論と経験批判論』出版二十五周年記念が行なわれた一九三五年頃からではなかったでしょうか。著名な物理学者ブロヒンチェフが量子力学は集団《アンサンブル》に対する理論であるという論文を書いたのはずっと後のことで、ボームの仕事が発表されたのとほぼ同じ頃でした。

A そういう動きに対して、コペンハーゲン学派の人たちはどんな反応を示していますか。

B ボーア、ハイゼンベルク、ボルン等コペンハーゲン学派の創始者たちがそれぞれ自分の立場から意見を述べていますが、論争の矢面に立ち、ボーアの哲学を極力擁護しているのはローゼンフェルトです。

A コペンハーゲン解釈に反対する人たちには唯物論の立場をとるものが多いのではありませんか。

B そうなのですが、ローゼンフェルトもまた唯物弁証法を支持している点が注目に値します。ソ連ではフォックがコペンハーゲン解釈を擁護し、ボームやブロヒンチェフを批判していますが、彼も唯物弁証法の立場をとっているのです。

A 量子力学の解釈問題がむしかえされてきたのには何か新しい意味があるのでしょうか。

B 現代の物理学は原子から原子核へ、原子核から素粒子へと次々に物質の奥深い階層(レベル)をあばきだしてきました。そもそも量子力学は原子の階層を支配する法則として発見されたものでしたが、その後原子核や素粒子のレベルにまで適用され、かなりの成果を収めました。しかし、今や私たちは一層深い階層へふみこもうとしており、そこでは量子力学をこえた新しい法則が支配しているだろうと予想されています。そういう意味で現在量子力学の基礎が解釈問題まで含めて、深く反省されねばならぬ時期にきているということができるでしょう。

A　ボームたちの仕事はその要望に答えているのですか。

B　どの程度まで答えているかは、実際に新しい理論ができた後でないとわからないでしょうが、ボームたちの仕事に対しては少なくともそういう観点から評価してやることが大切だと思うのです。そうでなくてただ量子力学の新解釈として眺めたのでは全く古い議論の繰返しに終ってしまいます。その意味ではローゼンフェルトやフォックの反批判は、それ自身として正しいにもかかわらず、的はずれだといえるでしょう。

A　つまり肝要なのは解釈することではなく、変革することだというわけですね。

B　その通りです。

A　しかし、ボームたちも新解釈という面を強調しすぎたようですね。

コペンハーゲン解釈

B　コペンハーゲン学派の人たちは量子力学の背後に「隠れた変数」を求めるのは、コロンブスのアメリカ発見とマゼランの世界一周の後で、なお「地の果て」を探すのに似ているといっていますが、量子力学が確実に成立つレベルにおいては、この主張は全く正しいといえるでしょう。

A　量子力学ができ上ったばかりの頃には、隠れた変数の存在を信じた人がかなり多かったのでしょうね。

B　プランク、アインシュタイン、ラウエといった大家たちがみんなそうでした。古典物理学で教育されたものにとっては、量子力学の統計性を理解する論理として隠れた変数に頼るよりほか考えようがなかったのでしょう。彼らの頭のなかの「因果性」とか「統計性」とかについての概念は古典物理学から抽象し、そのまま固定化したものでありました。量子力学を受けいれることがいつまでたってもむつかしかったのはそのためです。

A　ド・ブロイ、シュレディンガーのような波動力学の創説者たちにも同じような傾向がみうけられたのではありませんか。

B　そうです。したがって彼らがコペンハーゲン解釈をうけいれるまでには激しい論争が繰返されたのです。

A　ハイゼンベルク、ボルン、ヨルダン等マトリックス力学をつくった人たちの間には、これとは逆に、すべての古い観念を棄てさり、ただ経験にだけ頼ろうとする実証主義的傾向が強かったようですね。

B　ボルンはそうでもありません。実証主義を一番ふりかざしたのはヨルダンですが、コペンハーゲン学派を実証主義的だとして批判する際、もっともよく引用されるのはハイゼンベルクの言葉です。彼の思想はだんだんに変ってきましたが、有名な教科書を書いた頃には明らかに実証主義の立場に立っていました。

A　そもそもマトリックス力学をつくる際、ハイゼンベルクたちは「物理学は直接観測可能な量のみをもって構成すべきである」という実証主義の原理を指針としたのではありませんか。

B　そうなのです。彼らは原子内の電子の軌道とか、速度とかいう量の導入をさけ、原子から放出される光の振動数とか、強度とかのみをもって原子現象を記述しようとしたのです。しかしマトリックス力学をもって実証主義哲学の成功であるかのごとくいうのは全くの誤りです。なぜならば、彼らも結局は実証主義の原理を貫くことに失敗したからです。実際、現在の量子力学のなかには、彼らがしりぞけたはずの電子の位置とか、速度とかいう量が再び入っています。問題の核心は、これらの量を直接に観測できるかどうかにあるのではなく、不確定性関係や相補性原理が教えたごとく、「同時に」は観測できないという点にあったのです。

A　そこがコペンハーゲン解釈の真髄ですか。

B　相補的な量、すなわち、同時に観測することが原理的に許されない量の存在を認めたのがコペンハーゲン精神とよばれるボーアの哲学の中核であり、コペンハーゲン解釈の出発点だといえましょう。

A　ともかく、ド・ブロイたちの素朴な実在論や、ハイゼンベルク一派の偏狭な実証主義では、量子論のような抽象性の強い、しかもきわめて合理的な理論体系の本質をとらえることはできなかったわけですね。

B　コペンハーゲン精神の形成によって量子力学の解釈をめぐる論争に対して一応のピリオドが打たれました。そして少なくとも決定論的解釈は完全に否定されたのでした。ところが、ボーアの哲学というのは、彼の性格のごとく、きわめてもうろうとしたものでありましたため、コペンハーゲン学派といっても人によってずいぶんニュアンスがちがっています。たとえばヨルダンのような極端な実証主義者から、ローゼンフェルトのような唯物弁証法の支持者までふくまれているのですからね。

A　そうかもしれませんが、量子力学を具体的な問題に適用し、実験と比較ができる答をひき出そうとする際には個人の哲学などはどうでもよいのではありませんか。

B　そんなことはありません。実際、量子力学をはじめて原子核の問題に適用しようとしたときには、慎重きわまりないボーアの哲学がたちまちぼろをだしましたからね。またそのほかに哲学的立場の相異が一番露骨にあらわれる問題としていわゆる観測問題があります。つまり観測の際に起こる「波束の収縮」をいかに理解するかという問題です。

A　シュレディンガーの「猫のたとえ」で知られた問題ですね。

ブリストル会議

B　話が昔にさかのぼりましたが、もう一度最近の動きに立ちかえりましょう。一九五七年にブリストル大学で「観測と解釈」を主題とした国際会議が開かれたのですが、この会議の大きな意義は、これを契機としてコペンハーゲン解釈にたいする批判の焦点がはっきりと将来の変革に対する方法論の問題に絞られてきたことでありました。そのためボームたちを説得しようと勢いこんでのりこんだローゼンフェルトもいささか拍子ぬけの様子でした。

A この会議にはどんな人たちが集まったのですか。

B コペンハーゲン学派からは今言ったローゼンフェルト、新ド・ブロイ学派からはボーム、ヴィジェ、ボップ等、中立派からフィールツ、プライス、パウエルといったところです。物理学者だけでなく哲学者も参加したようです。

A ソ連の学者は出席しなかったのですか。

B 共産圏からは誰もいかなかったようです。

A この会議には日本からも参加すべきではなかったのですか。

B そうだとよかったですね。武谷の三段階論はコペンハーゲン解釈の批判としても、また将来の理論をつくる方法論としても最高のものですからね。外国でほとんど知られていないのは大変残念なことです。もっと宣伝しないといけませんよ。

A ブリストル会議を境としてコペンハーゲン解釈に対する批判が新しい意味をもってきたといわれましたが、もうすこし具体的に話して下さいませんか。

B 御存知のように、量子力学解釈の歴史において非常に重要な意味をもつ仕事としてフォン・ノイマンによる二つのテーゼの証明をあげることができます。一つはさきほども話のでた「猫のたとえ」と関係のあるテーゼで、量子力学においては観測の対象と測定装置の間の切れ目をどこにおいても同じ結果が導かれるということの証明であり、もう一つは量子力学の背後には隠れた変数は存在しえないというテーゼの証明であります。ところが、ブリストル会議の成果は、これからお話しするように、この二つのテーゼに対する従来の誤った評価を正した点にあるといえるのです。

波束の収縮は主観の作用ではない

A ノイマンの第一のテーゼは極端に実証主義的な解釈を許す原因となっていますね。

B ノイマンがいうように、対象と測定装置のあいだの切れ目をいくらでも内側にずらすことができるとすれば、最後には観測者の側に彼の「抽象化された自我」だけが残されることになります。そうすると、対象の状態が観測により統御不可能な擾乱をうけ、「波束の収縮」という非因果的な変化をとげるのは、「主観の介入」によるものと解釈せざるをえなくなります。

A シュレディンガーの猫は、観測者が箱のふたをあけてみるまでは、生か死か不確定の状態におかれており、生死を確定するのは主観の作用によるというわけですね。

B そうなのです。しかし、さきほども申しましたように、この問題についてはコペンハーゲン学派の中でも意見がまちまちであり、必ずしもすべての人がノイマンのように極端な立場をとっているのではありません。殊にボーアなどは非常に慎重な言い方しかしておりません。

A　ノイマンの立場に対する批判はブリストル会議ではじめてあらわれたのですか。

B　いいえ、日本ではすでに一九四二年武谷によって行なわれました。彼によりますと、切れ目をどこまでもずらせうるというのは誤りで、その限界は測定装置のなかで微視的なものが巨視的なものに移る境目の場所にあるというのです。そして波束の収縮もその場所で起る客観的な過程だとみるのです。

A　なるほど、そういう立場をとれば、猫のパラドックスは解消しますね。

B　大部分の物理学者にとってきわめて自然な解釈だと思うのです。観測問題を正しく分析すれば当然到達する立場なのです。ブリストル会議でも同じ立場が主張されました。

A　ノイマンの解釈では、波束の収縮は主観の作用であって、物理学の対象とはなりませんが、武谷の立場をとるならば、全く客観的な過程として扱えるわけですね。

B　ブリストル会議のすぐ後でオーストラリアのグリーンが武谷の立場にたって観測問題を扱い、その正当性をはっきりと証明しました。彼は測定装置の特徴がその一部にひきおこされた微視的過程を巨視的過程へ拡大する仕組をもつ点にあることを注目し、簡単なモデルを用いて量子力学的干渉効果が巨視的系である測定装置との相互作用の結果として消えることを証明しました。ノイマンが犯した重大な誤りは、測定装置が巨視的系であるにもかかわらず、これにまで量子力学を適用した点でありました。ともあれ、グリーンの仕事は最近における量子力学の解釈をめぐる論議のなかから生れたもっとも重要な成果の一つだといえるでしょう。

A これによりコペンハーゲン学派の中のニュアンスのちがいは非常にうすめられたわけですね。

B そうです。極端な主観主義的観点が排除されましたからね。

コペンハーゲンの霧

A では次にノイマンのもう一つのテーゼについての話をうかがいましょう。

B このテーゼはボーアの相補性哲学を数学的に基礎づけた有名なもので、量子力学の統計性を隠れた変数によって理解しようとする人々に痛撃を与えました。実際最近ド・ブロイが告白しているところによりますと、彼が自分の立場を終局的に断念したのはノイマンのテーゼを絶対的なものと信じたからだといっています。

A ブリストル会議ではどういう点が批判されたのですか。

B ボームをはじめ多くの人が指摘したのは、このテーゼは、決して絶対的なものではなく、単に現在の理論体系の中には隠れた変数をもちこむ余地がないということを証明した「量子力学の定理」にすぎないことです。従来ノイマンをはじめコペンハーゲン学派の人たちが、このテーゼを絶対視し、あたかもこれによって隠れた変数の導入が永久にしりぞけられたかのごとく主張していたのは甚だしい誤りであったばかりでなく、理論の将来の方向を不当に制限し、自由な発展を阻んでいたといえましょう。かつては「コペンハーゲン精神」として量子力学の発展に偉大な貢献をしたボーアの哲学が今や「コペンハーゲンの霧」として物理学の進路を見失なわせている点が批判されたのです。

A　なるほどね。

B　さきほどもお話ししたように、量子力学ができ上った頃隠れた変数の存在を主張したのは、古典物理学の化石化した概念にとらわれた人たちでありました。彼らには量子力学によって見出された因果性と統計性の新しい関連を的確にとらえることができませんでした。ところが現在ではコペンハーゲン学派の人々が同じあやまちを犯しているのです。彼らには量子論においてしか成立たない事柄をそのまま固定化し、絶対視する傾向があらわれています。

A　かつて進歩派を代表したコペンハーゲン学派がいまや保守反動と化したというわけですね。

B　ボーアは非常に慎重であり、すべての独断論を排撃しようと努めています。ところが、彼の哲学の不徹底さのために、よく知られた弁証法の法則に従い、反対物に転化する危険にさらされています。ボーアは聡明な弁証法論者だというローゼンフェルトの主張は相補性が弁証法の一断面を示すものだという意味においてだけ正しいのです。ボーアの哲学が原子核物理学において失敗したという事実は何よりも雄弁にその欠陥を示しています。しかもコペンハーゲンの霧はこの失敗を未だに意識していないことによってますます濃くなっているのです。

A　さきほどからボーアの哲学が原子核物理学において失敗したということが度々言われましたが、どういう点を指すのですか。

B　一九三〇年頃原子核の問題をはじめて量子論により取扱おうとしたとき、ベーター放射能でのエネルギー保存則の否定とか、核内電子についてのスピンおよび統計の合成則の否定とか、種々な困難に出あいました。またちょうどその頃つくられたディラックの電子論は負エネルギーの困難に悩まされており、ハイゼンベルク＝パウリの場の量子論は発散の困難を示していました。これらの困難のほとんどすべてはのちに中性子・中性微子・陽電子・中間子など、未知の素粒子の発見または導入によって解決されていったのですが、ボーアの哲学は全くなすところを知らず、これらの事態を予見する能力をもたなかったのです。さらに悪いことは、理論の中に新しい実体を導入しようとする試みに対して妨げとなった点です。実際一九三七年日本を訪れたボーアは、湯川の中間子論に対し、きわめて冷淡な態度しか示しませんでした。また荷電中間子が発見されてから後も、全世界の物理学界が中性中間子の存在をいかに久しく無視し続けたかという事実を想い起こしてください。ボーアの哲学の影響がどんなに大きく、またコペンハーゲンの霧がいかに濃いかがわかるでしょう。

A　コペンハーゲン学派が新しい実体の導入を嫌がったのは、ボーアの慎重さのためですか。

B　そうではありません。そもそもコペンハーゲン学派には実体という意識がきわめてうすいのです。彼らは、相補性原理によって古典的なモデルを放棄した際、浴槽の水とともに赤ん坊を流したのです。相補性原理が測定装置の重要性を指摘したのは正しいのですが、研究の目的が装置の読みではなく、対象の客観的性質にあることを忘れさせたのです。量子力学の形成過程においては対応原理がこのあやまちを救ってくれたのでしたが、コペンハーゲン解釈では対応原理は過小に評価され、古典的モデルの放棄という面ばかりが強調されました。その結果として、コペンハーゲン学派の人々には未知の粒子を考えに入れるなどということは到底できなかったのです。

A　実験的に見つかったもの以外は考えに入れないという傾向は、現在でも世界的な風潮ですが、確実な経験事実にだけ頼るという意味で慎重なのではありませんか。

B　一見そうみえますが、現状を固定化し、将来発見されるであろうものを排除してしまうという点では独断論となっているのです。実証主義のあやまりです。

A　なるほど。隠れた変数は存在しないというテーゼを絶対視するのも同じことですね。

B　全くそのとおりです。ボームやヴィジェはその点をついているのです。

量子力学と唯物弁証法

B　ボーアの哲学の欠陥をいち早く指摘し、コペンハーゲン解釈の正しい面と誤った面を的確にとらえたのは武谷でした。

A　いつ頃のことですか。

B　一九三五年ですかね。武谷は量子力学の形成過程において対応原理が果した重要な役割を正しく評価し、量子力学は相補性のごとき平面的論理によってはとうてい捉えられないことを明らかにしました。そして、マルクスが資本論において行なった鮮かな分析を模範としながら、量子力学の本質を唯物弁証法の立体的論理によってみごとに捉えたのです。

A ローゼンフェルトやフォックも唯物弁証法の立場にたっているとのお話しでしたが、彼らの見解は武谷の立場とどうちがうのですか。

B ローゼンフェルトやフォックはコペンハーゲン解釈の正しい面だけをとらえ、誤った面については目を閉じているのです。相補性が弁証法の一断面であるとみなすのは正しいでしょうが、相補性のような平面化された論理が変革の方法論としては役に立たないことに気づいていないのです。武谷の立場が、原子核物理学におけるコペンハーゲン解釈の失敗を反省することにより成立し、中間子理論の著しい成功によって鍛えられた変革の方法論であるのに対し、ローゼンフェルトたちの立場は、ボーアの業績の偉大さをほめたたえ、ただ量子力学を解釈することだけに終始しているのです。この点でローゼンフェルトたちは自らが攻撃した初期の決定論派と同じあやまちを繰返しているといえます。

A 武谷の立場では量子力学をどのようにとらえるのですか。

B コペンハーゲン学派にしてもまた決定論派にしてもシュレディンガー方程式によって記述される量子力学の数学的形式を与えられたものとみなし、これに対する解釈を相補性という立場とか、あるいは決定論的な立場から行なっているにすぎません。ところが現実に量子力学をある特定の対象に適用しようという「実践の立場」に立てば、シュレディンガー方程式をつくることから始めねばなりません。すなわち、まずその体系はどのような粒子から構成され、それらの間にはどんな相互作用が働いているかといった対象の構造についての実体的な知識を求めることが必要であり、その結果ハミルトン関数が見出され、シュレディンガー方程式が導かれるのです。このように量子力学の論理構造を実践の立場にたって正しく分析してみますと、もはや相補性のごとき平面化された論理によってはとらえられないことが明らかになります。コペンハーゲン解釈では古典的なモデルはあたかも放棄されたかのようにいわれていますが、実践の立場からいえば弁証法的に否定されただけなのです。量子力学が弁証法的構造をもち、その中で対象の構造についての実体的知識が欠くべからざる要素となっていることを強調したのが武谷論文の骨子です。量子力学の形成において対応原理が果した重要な役割も、この観点に立ってはじめて理解できるでしょう。

A　論理的なものと歴史的なものとの統一ですね。

B　そのとおりです。したがって、武谷の仕事はただ量子力学の論理をとらえただけに止まらず、有名な三段階論とよばれる方法論として展開されたのです。

A　三段階論を簡単に説明して下さい。

B　自然の認識は現象論―実体論―本質論という三段階の環を画きながら螺旋的に進む弁証法的過程だというのです。最初は個別的事実が記述される段階で、ニュートン力学でいえばティコ・ブラーエの段階です。第二は現象の背後にある実体的構造があばきだされる段階、すなわち特殊の構造をもつ対象が特殊の条件の下に特殊の現象を示すことがのべられるケプラー的段階です。そして最後は任意の構造をもつ対象が任意の条件の下にいかなる現象をおこすかを予見しうる段階で、ニュートン的段階ともいえましょう。

A 量子力学はどの段階にあたるのですか。

B 量子力学の形成においては、ボーアの原子模型が実体論的段階であり、量子力学はすでに本質論だとみなされます。

量子力学の次にくるもの

A 量子力学のように本質論に到達した理論はもはや完全なものと言えるのでしょうか。

B 適用限界の中では完全だと言えます。しかし、その限界を超え、新しい階層を問題にしようとする際には、再び新しい発展が行なわれ、その観点からみれば再び現象論的段階でしかないわけです。螺旋的発展といったのはその意味なのです。

A そうすると量子力学についても完全である面と、不完全である面とを弁証法的に統一してとらえねばならないのですね。

B そうなのです。ボーアとアインシュタインの間にかわされた「量子力学は完全か」という論争もこの観点からとらえねば一面的になります。ボーアが相補性の思想をもっていかに巧みに説得しても、結局アインシュタイン側に納得できぬものがのこったのは、ただアインシュタインの頭が古典物理学によって化石化したためだけではありません。ボーアの側にも量子力学の固定観念にとらわれ、アインシュタインの提出している問題の真意が理解できぬ点があったのです。最近ボームたちがとりあげたのはまさにその点だといえます。

A　コペンハーゲン学派の人々が量子力学を一種の窮極理論だとみている点ですね。

B　そうです。量子力学を窮極理論とみる立場は素粒子を物質の窮極とみなす物質観と密接に結びついており、現代物理学に機械論的傾向を復活させています。そもそも機械論哲学の基礎となったのは、自然は窮極において不変の原子からつくられているという原子論者の思想と、ニュートン力学が一切の運動を支配する窮極的法則であるという力学至上主義とが結びついてでき上った十九世紀の自然観でありました。量子力学が形成される際には、このような化石化した自然観と闘うことが必要であり、量子力学の解釈をめぐる初期の論争はまさしくそういう性格を帯びていました。ところが、最近事態は逆転し、初期の論争において機械論的傾向と闘ったコペンハートゲン学派の人々が今や新しい機械論のとりことなっているのはまことに皮肉です。新しい機械論は素粒子を物質の窮極とみなし、量子力学を窮極的法則とする点において古い機械論と異なっていますが、哲学的立場としては全く同じものです。

A　コペンハーゲン学派にたいしては従来実証主義的だという批判の方が強かったのではありませんか。

B　実証主義と機械論は本来表裏の関係にあるのです。コペンハーゲン解釈が実体的知識を過小評価したのはたしかに実証主義のせいだといえましょう。ところが、このような解釈が許されたのは当時の歴史的制約によっている点が重要なのです。すなわち、その時代における量子力学の主要な対象は原子の構造でした。原子は一九一一年以来電子と原子核からできていることがわかっており、またこれらの間に働く力は電磁的相互作用としてよく知られたものでした。したがって、当時としては実体的知識は固定しており、与えられたものと考えてよかったわけです。このような歴史的制約が量子力学の初期にモデルの放棄といった実証主義的傾向を生み出したのです。

A　コペンハーゲン学派の方法論的欠陥は実体的知識の重要性を認識していない点だといえますね。

B　そのとおりです。ボーアの哲学がまず原子核の問題でぼろをだしたわけがおわかりでしょう。現在素粒子論は曲り角にきているといわれておりますが、コペンハーゲンの霧は、日本を含め、全世界を深くとじこめているように感じられますね。

A　具体的にいって、どういう点でしょうか。

B　ハイゼンベルクのS行列理論にはじまり、最近のチュウ一派の議論につながる仕事の中には、物質の客観的構造をあばきだすことが目的なのではなく、ただある実験を行なった際何が観測されるかだけが問題だといった初期のマトリックス力学派の流れをくむ実証主義的傾向が感ぜられます。また他方素粒子が物質の窮極だという新しい機械論思想はいっそうひろく世界にまんえんしているように思うのです。

A　『理化学辞典』にもそう書いてありますからね。

B　先年新聞紙上でさわがれたハイゼンベルクの非線型（ノンリニアー）理論は素粒子の背後にいわゆる宇宙方程式に従う始原物質（ウルマテリー）があるという点では、ふつうの考え方と違っていますが、「宇宙方程式の発見により、物理学の問題はもはや深さをさぐることではなく、広さを求めることとなった」という彼の言葉は始原物質を基礎とした新しい機械論の復活を宣言したものといえます。

A　唯物弁証法の立場では、素粒子を物質の一つの階層としてとらえるのですね。

B　そのとおりです。素粒子といっても今日では種類が非常に多いのですから、すべてを同じ階層のものとして扱ってはいけないかもしれません。

A　複合模型は、そういう思想から生まれたのですね。

B　素粒子の構造は最近実験的にもようやく問題となり始めました。最初湯川により非局所場理論が提唱された頃とはだいぶ事情が変りました。今や点模型とは訣別し、何らかの形での非局所理論がつくられねばならない時期だといえるでしょう。

A　そういう点で素粒子が物質の窮極だなどという立場は現在の物理学の発展を妨げるものといえましょうね。

B　素粒子を粉みじんに壊すなどというと語弊があるかもしれませんが、ボームやヴィジェが考えているような超量子力学的階層(サブ－クワンタム・レベル)があるとすれば、彼らが最近提唱している剛体模型とか、あるいは流体模型とか種々な可能性が追求できるでしょう。

A　彼らは物質が素粒子からできているように、素粒子は超量子力学的階層からできたものと考えているのですか。

B　空間自体が超量子力学的階層からできており、素粒子は海面に姿をあらわした氷山の一角のように考えています。ふつう、量子論では、物質と空間は切り離されているのですが、ボームの観点をとると、アインシュタインの一般相対論の思想ともむすびつきができるかもしれません。

A　そういう観点から「隠れた変数」をさぐるのは大いに意味がありますね。

(一九五九年)

4　新素粒子観対話

宇宙を狭めて、今まで人類の実践で達しえた理解力の限界にまでひきさげるべきではない。かえってこの理解力を伸長させ拡大させて、これで発見されるだけ益〻多く宇宙の映像を取入れてゆかねばならない。

――フランシス・ベーコン『受難日』格言四――

一　素粒子は物質の窮極ではない

はじめに

A　戦後新しい種類の素粒子がぞくぞくと発見されましたが、その後これらの粒子についての知識が急激に増大し、最近ではそれを基礎としてどうやら素粒子の本質についてのより深い理解が可能になってきたように思われます。そこで今日は私の最近の考えについてお話してみましょう。

B　そのまえにまず素粒子という言葉がいつ頃からどういう意味で使われるようになったのか教えて下さい。

A　一九三二年に中性子が発見され、原子核は陽子と中性子から構成されていることが明らかにされました。素粒子という言葉ができたのはちょうどその頃のことです。原子をつくりあげる三つの構成要素——電子・陽子・中性子——がでそろったところで、これらを総称する名前としてできたわけですね。

B　素粒子というのは物質の窮極的要素という意味で使われたのですか。

A　そのとおりです。しかし光子も最初から素粒子の仲間に入っていましたから、物質という言葉は少し広い意味にとらないといけないでしょうね。

B　今日でも素粒子を物質の窮極だとみなす観点は正しいのですか。

A　私に言わせれば素粒子を物質の窮極だと考える立場ははじめから正しくありません。たしかに一九三二年には素粒子は物質の最も基本的な構成要素でありました。また今日においてさえ素粒子をより根源的なものに破壊することはできません。しかしそれだからといって素粒子が物質の窮極だという立場にたつのはまちがいです。実験技術のある発展段階でしか許されない観点を無批判に固定化するのは形而上学的独断論であって、科学とは相いれない立場です。

B　そうすると素粒子という名前をつけたのがよくなかったわけですね。

A　名前は符牒にすぎないからどうでもよいという意見もあるでしょうが、名は体をあらわすというように不適当な名前でよんでいると次第にその本質まで見誤ってしまうことになりがちです。実際いまでは素粒子は物質の窮極だという観点がいつとはなしに多くの物理学者の頭のなかにしのびこみ、学問の進歩を妨げているように見うけられます。

B　原子についても同じような経緯があったわけですね。

A　古代ギリシアの哲人たちが導入したアトムという概念は物質の可分性の限界という意味をもっていました。近代科学により発見された原子もはじめのうちはその名にふさわしいものでありましたが、十九世紀末になるともはやアトムとしての性格を失なってしまいました。当時多数の物理学者は自らがつくりあげた原子についての幻想と、大革命家ラジウムの登場をはじめとする新しい経験事実との矛盾に悩まされ、ポアンカレが『科学の価値』のなかで述べているような、物理学の危機を招来したのでした。

電子といえどもくみつくすことはできない

B　原子とか素粒子という概念を正しく規定するにはどういう言い方をすればよいのでしょうか。

A　その点についてはエンゲルスが『自然弁証法』のなかで述べている言葉ほど適切なものはありません。その一節を読んでみますと、「現代の原子論が従前のあらゆる原子論と区別される点は、物質を単に不連続だと主張するのでなく(愚物は論外として)、種々な段階の不連続的部分(天体―物体―分子―原子)が、普遍的物質の質的にことなるさまざまの存在様式を制約する結節点であることを主張する点にあるのだ」といっています。今世紀に入ってからの原子物理学の著しい発展の跡をふりかえってみますと、原子は決して物質の可分性の限界ではなく、自然をつくりあげている質的にことなる無限の階層(レベル)の一つとしてとらえるべきであったことがよくわかります。素粒子も、いまでこそ物質の窮極であるかのようにみえますが、やはり物質の階層としてとらえるのが正しい観点だと思います。

B　エンゲルスが『自然弁証法』を書いたのは原子の不可分性が実験的にくつがえされるよりも以前のことではありませんか。

A　彼はすでに一八六七年マルクスにあてた手紙のなかでも、「原子は以前は分割可能の限界として説明されたが、今では分割にさいして質的差異を生ずる節をあらわしているにすぎない」と書いています。電子や放射性元素が発見されたのはこれよりずっと後のことですが、当時の自然科学者たちはエンゲルスの原子観について何も知りませんでした。彼らは原子をその名のごとく物質の可分性の限界だと信じこんでいましたから、新しい事実が見出されたとき慌てふためきました。自分たちの原子観が化石化していることを棚にあげ、原子の実在を疑ったり、経験事実のほかは何ものをも信用しないという実証主義におちこんでゆきました。しかし、その後の原子物理学は、原子をアトムと考えるような保守主義と原子の実在を疑うような実証主義をのりこえて発展し、原子の奥深い構造をあばきださずにはおきませんでした。

B　当時唯物弁証法的な原子観に立って将来を見透した人はいなかったのですか。

A　残念ながら物理学者にはいませんでした。レーニンが『唯物論と経験批判論』において物理学の危機を深く分析し、「電子といえどもくみつくすことはできない」という有名な言葉をはいているのが注目に価します。

素粒子は点ではない

A　現在なお多くの物理学者が素粒子を物質の窮極であるかのごとく考えているもう一つの原因は素粒子の生成・消滅・散乱・崩壊などを扱うさいに用いられている理論形式が点模型を基礎とした場の量子論であることにもよっています。本来素粒子を数学的な点として扱いうるのは、素粒子の内部構造が無視できるくらい大きな時空領域を問題としている場合にかぎられているはずです。ところがひとたび点模型を基礎とした理論形式が数学的な美しさをもって展開され、ある程度の成功を収めますと、近似であるというはじめの意味が忘れられ、あたかも対象自体が数学的な点であるかのような錯覚にとらわれがちです。そうなると数学的な点はもはや構造をもたない窮極的な要素でありますから、すべての素粒子は同じ階層に属し、物質の窮極であるという観点にまで導かれざるをえないでありましょう。

B　素粒子が数学的な点であるなどということは私たち素人にはとうてい信じられませんね。

A　王様は裸だと叫んだ子供の方が正しいのです。場の理論の正統派といわれる人たちは多かれ少なかれピタゴラス派のごとき数学的神秘主義におちいっています。彼らは数式が全てであるかのごとき幻想にとらわれているため、素粒子が点であることに対応した局所場で記述されていてもすこしも不自然だと感じないのです。王様を裸で歩かせて平気でいられるのはコペンハーゲンの霧が濃いからです。

B　量子論のコペンハーゲン解釈が実体の意識を極めてうすいものとしたということですね。

A　相補性原理により古典的なモデルを放棄したさい、浴槽の湯とともに赤ん坊まで流したのです。その結果、素粒子が構造をもつなどと考えるのはあたかも罪悪であるかのごとき雰囲気がつくられたのでした。

B　しかし点模型は発散の困難と関連してはやくから疑われたのではありませんか。

A　たしかに疑われてはいました。しかしそれは数学の次元というか法則の面においてであって、決して物理の次元すなわち対象の面においてではありませんでした。たとえばハイゼンベルクのように長さの最小単位というか普遍的長さの存在を正しく考慮するならば場の量子論は発散のない完結した形式になるであろうと予想した人はあっても、素粒子が物質の窮極であることに疑いをもつ人はいませんでした。

場の理論は終局の理論ではない

B　素粒子を物質の窮極とみなす立場の人々は、同時に場の理論を終局の理論だとみているのでしょうね。

A　そうです。彼らは自然は窮極において素粒子からつくられており、自然界の一切の運動は終局において素粒子の運動を支配する場の理論を基礎としているという新らしい機械論的自然観に立っているのです。もっとも現在の場の理論は未だ完結した理論ではありませんから終局の理論としての資格はありませんが、もし近い将来に発散の困難が克服されるならば終局の理論へ到達できるであろうというのが正統派の人々の共通の信念となっています。

B　発散の困難はくりこみの方法により解決されたのではありませんか。

A　いいえ、解決されたのではありません。量子電気力学の場合などにおいて、たまたま巧みにさけて通る路が見出されたというに過ぎません。

B　しかし、とにかく量子電気力学でくりこみの方法が著しい成功を収めたことは、点模型を基礎とする場の理論が終局の理論であるという信念を強めたのではないでしょうか。

A　そうだと思います。しかし、すこし深く考えてみればすぐにそうとはいえないことがわかります。というのは、くりこみの方法が成功するためには、まず第一に発散の困難が何らかの形で解決されていて、くりこむべき量が有限であることが前提条件であり、また第二には相互作用の形がなんらかの理由で第一種とよばれる特殊な型に制限されていることが必要条件であります。ところがこれらの条件を保障してくれるものを場の理論のなかに求めてみてもおそらく見つからないだろうと予想されるからです。

また最近わが国の核力グループの人達が主張しているように、中間子論などでくりこめない相互作用の存在が明らかにされれば、場の理論はもっと早くボロを出し、もはや終局の理論だなどと言えなくなるでしょう。

B 場の理論の適用限界についてはこれまでいろいろの議論がありましたね。

A さきほどふれたハイゼンベルクの普遍的長さに関する議論が一番有名ですが、もっと重要な議論はすでに一九三〇年に発表されたボーアの見解だと思います。当時はまだ中性子が発見されていないときですから、物質の構成要素としては電子と陽子しかわかっておらず、また場の量子論といってもこれらの粒子と電磁場の相互作用を論ずる量子電気力学が知られていただけでありました。ボーアはファラデー講演のなかで、一方で量子論の成功を賞讃しつつ、他方でその困難と限界を指摘したのですが、彼が現在の理論では解けない問題としてあげたのは二つの無次元（ディメンションレス）な量、すなわち陽子質量と電子質量の比M/mならびに微細構造常数$e^2/\hbar c$の値でありました。これらは今日の言葉で言いかえますと、素粒子の質量スペクトルと相互作用の構造をいかにして導き出すかという問題になります。この二つの要素は現在の場の理論のなかに全く偶然的に導入されており、これらの形を与える原理はどうしても場の理論の外に求めるほかありません。この点は場の理論がたとえ完結した形式になったとしても決して終局の理論ではないことを示唆したものとして極めて重要な意義をもっています。

B　素粒子は物質の階層であるという立場にたてば、本来終局の理論などというものはないはずですね。

A　そのとおりです。ともかく一般的に言ってどんな理論のなかにも必ず偶然的な要素というものは含まれており、その偶然性を必然性にまで高めようとすれば、必ずその理論が対象としている階層よりも一層深い階層を探らねばならなくなるでしょう。しかもそれぞれの階層を支配している法則が質的に異なっていることを考えますと、終局の理論などというものはありえないはずです。もし強いてある理論を終局の理論だとみなそうとしますと、そのなかにあらわれる偶然的要素はすべて、神の摂理によって与えられたものだということになり、科学的探究をそこで断念する結果となるでしょう。

ハイゼンベルクの素粒子観

B　一昨年のことだったと思いますが、ハイゼンベルクが「自分の理論の完成により、物理学はもはや深さを探ることではなく、広さを求めることになるだろう」と語ったという記事が新聞にでていましたが、彼は終局の理論がつくれると信じているのですか。

A　ハイゼンベルクの立場は素粒子を物質の窮極だと考える正統派の観点とは少し異なっており、すべての素粒子を同一の始原物質の異なった形相とみるのです。彼の始原物質はスピノル場で表現され、宇宙方程式とよばれる非線型方程式をみたすものと仮定されています。宇宙方程式は始原物質から素粒子を形づくる形成原理を与えるもので、この方程式を解くことによりあらゆる種類の素粒子の存在とその性質が導き出せるだろうと考えます。つまり素粒子を統一的に記述しうる終局の理論がつくられるというわけです。この理論は素粒子の質量スペクトルや相互作用の構造を導き出す能力をもつ点でたしかに通常の場の理論より一歩前進したものであり、素粒子の背後により深い階層を考える点で次章にお話しする私たちの理論とよく似たところがあります。しかし、私たちの観点と根本的に異なっている点は物質の窮極は存在し終局の理論はつくられると信じているところです。彼の観点は古代ギリシアのピタゴラス派やアリストテレスの思想と深いつながりをもっており、宇宙方程式の発見をもって万物の終局的な形相因が求まったと考えるのです。つまりハイゼンベルクにとっては物理学は「はじめに宇宙方程式ありき」というところで終りを告げ、神学に席をゆずることになるのです。

二　新素粒子観

まえがき

B　それではそろそろあなたの新しい素粒子観について話して下さいませんか。

A　私の素粒子観は、これまでお話ししてきたところからおわかりのように、素粒子は自然をかたちづくる質的に異なる無限の階層の一つであるという観点、すなわち唯物弁証法の立場を出発点としています。この立場にたつとき、まず最初に問題となるのは現在素粒子とよばれている三十何種類かの粒子のすべてがはたして同一の階層に属しているのかどうかという点です。

B　素粒子は通常バリオン族(p、n、Λ、Σ、Ξ)、中間子《メソン》族(π、K)、レプトン族(ν、e、μ)、光子《フォトン》(γ)の四つの種族に分けられていますね。

A　素粒子の相互作用には(i)強い相互作用、(ii)弱い相互作用、(iii)電磁相互作用の三種類がありますが、今おっしゃった素粒子の分類は相互作用の仕方の違いにもとづいています。バリオン族と中間子族に属する粒子はすべて強い相互作用と弱い相互作用を兼ね備えているのに対し、レプトン族の特徴は強い相互作用をもたない点です。また光子は荷電粒子間の電磁相互作用を媒介するだけであって、ほかの相互作用は全然もちません。バリオン族と中間子族を区別するのは前者がフェルミ粒子であるのに対し、後者がボーズ粒子である点ですが、ともに強い相互作用をもつところから一括してバリオン－中間子族とよぶこともあります。

B　強い相互作用については有名な中野＝西島＝ゲルマンの規則(N－N－Gの規則)が見出されていますね。

A　この規則はバリオン－中間子族が示すもっとも特徴的な性質です。

バリオン－中間子族の複合模型

B　あなたがバリオン－中間子族に対して複合模型を提唱されたのはN－N－Gの規則を説明しようとい

う意図にもとづいているのですか。

A　そのとおりです。すべての素粒子が物質の窮極であるという正統派の素粒子観にたてば、N-N-Gの規則はどうしても神の摂理としてしか解釈できません。ところがある粒子は他の粒子の複合系であるという階層的な観点に立てば、合理的な理解が可能であるということを示したのです。N-N-Gの規則は強い相互作用の形を規定したものでありますから、いわば形の論理だといってもよいでしょう。私の意図は形の論理を物の論理へ深めたいという点にあるのです。

B　あなたの複合模型では、バリオン-中間子族はp、n、Λならびにその反粒子を基本粒子としてつくられていると考えるのでしたね(次頁表参照)。

A　そうです。したがって、たとえばπ中間子についてだけいえば、かつてフェルミ＝ヤンが提唱した模型と全く同じです。しかし両者の動機は本質的に異なっており、フェルミ＝ヤンの場合が思惟経済というか素粒子の数を減らしたいという単純な意図にもとづいているのに対し、私の場合は、N-N-Gの規則という経験事実をふんまえ、形の論理を物の論理へという明確な方法論を指導原理としているのです。

B　この機会にあなたが複合模型を提出された経緯をもすこし詳しく話して下さいませんか。

A　N-N-Gの規則が発見された当時、私にはバリオン-中間子族の理論の状態が一九三〇年ごろの原子核の理論と大変よく似ているように感ぜられたのです。一九三〇年ごろ原子核については質量数が偶数である場合にはスピンは整数、質量数が奇数である場合にはスピンは半整数であるという簡単な規則がわかっていましたが、この規則が何を意味するかは全く理解できなかったのです。ところが一九三二年に中性子が発見され、イワネンコとハイゼンベルクにより原子核は中性子と陽子の複合系であるという模型が提唱されていらい、この偶奇則をはじめ原子核のもつ理解し難い性質はすべて簡明な物の論理に還元されたのでした。私はこの歴史を想い起こし、原子核の理論にアナロジーを求めつつ、複合模型の観点に到達したのでした。原子核の理論において中性子が演じたあの歴史的な役割を今度はΛ粒子に担わせようと思い付いたのです。複合模型の観点に立ったとき、神秘的な形の論理がたちまちにして明確な物の論理へ転ずるのをみて、私はこの上もなく楽しい気持に浸りました。奇妙さ(ストレンジネス)といった珍奇な概念がΛ粒子の個数という簡明な概念でおきかわるのはもっとも顕著な例でありましょう。

B　なるほど。

A　私の模型に従うと、π、K、Σ、Ξといった複合粒子は原子核と同じ階層に分類されることになります。図示すれば、

バリオン－中間子族の複合模型

粒子	記号	複合状態(¯ は反粒子)
陽子	p	基本粒子
中性子	n	基本粒子
Λ 粒子	Λ	基本粒子
Σ 粒子	Σ	$(p\bar{n}\Lambda)$, $(n\bar{n}\Lambda)$, $(n\bar{p}\Lambda)$
Ξ 粒子	Ξ	$(\bar{p}\Lambda\Lambda)$, $(\bar{n}\Lambda\Lambda)$
π 中間子	π	$(p\bar{n})$, $(n\bar{n})$, $(n\bar{p})$
K 中間子	K	$(p\bar{\Lambda})$, $(n\bar{\Lambda})$

―分子―原子―{原子核 / ハイパーフラグメント / 複合粒子}―基本粒子―

といった具合です。したがって、私たちの複合模型の理論はその後も原子核理論をお手本にしながら、これと並行した路を辿って進展しています。

まず原子核に対するワイツゼッカーの質量公式に対応して松本の質量公式が提唱されました。この公式は非常に簡単な、そして大たんな仮定に立って導かれたものですが、すでに知られている複合粒子の質量の値をかなりよく再現するばかりでなく、未知の粒子を予言する能力をもっています。

次にまた重陽子の理論に対応するものとしては、π中間子の問題を場の理論の立場にたち、しかもその適用限界を考慮しながら取扱った牧の理論をあげることができましょう。

B 原子核とのアナロジーは有効なこともあるでしょうが、全く役に立たない場合もあるのではないでしょうか。

A おっしゃるとおりです。原子核の場合には内部での陽子と中性子の運動に対して通常の量子力学の法則が確実に適用できました。ところが複合粒子の場合には内部の領域にまで場の量子論が成り立つという保障が全然ないばかりか、全く異質的な法則が支配している可能性が大いにあるのです。しかし、そういった事情を十分わきまえながら、あるいは対応論的な、あるいは大たんな取扱いをしてみるのは十分意味のあることだと思います。

B 内部の法則が知られていない段階では、原子核の場合にも使われたような群論的考察が役に立つのではありませんか。

A そのとおりです。複合模型の場合にも小川とクラインによって完全対称性という概念が導入されて以来、群論的考察が非常に発展しました。

完全対称性

B 完全対称性というのはどういうことですか。

A 複合粒子を構成している基本粒子p、n、Λは、その質量の差と荷電の有無を無視するならば完全に同じであるということです。よく知られているようにpとnの系については荷電独立性がなりたっています。完全対称性というのは、この概念をΛまで含めてさらに一般化したものであります。つまり荷電独立性に加えて、pとΛのおきかえ、またはnとΛのおきかえに対して理論の内容が変化しないということを要請するわけです。

B それは新しい仮定なのですか。

A そのとおりです。したがって、その真偽は導かれた結果によってはじめて判断されるべきものです。ともあれ、完全対称性が仮定されますと、複合粒子に対して群論的考察が可能になるため、複合模型の理論は新しい発展をとげました。

B 完全対称性に対応した群はどんな群ですか。

A 三次のユニタリー群です。この群の構造は池田、小川、大貫により詳しく調べられました。

B 群論的考察からえられた主な成果はどんなことですか。

A 沢田と米沢は松本の質量公式を群論的考察とむすびつけ、散乱現象であらわれる共鳴準位の位置を求めた結果、πやKの核子による散乱の実験とおどろくほどよく一致していることを見出しました。計算値と実験事実との対応のさせ方に問題はあるでしょうが、実験との一致が非常に広い範囲にわたって得られた点はまことに注目すべきことだと思います。

B 全くおどろくべき一致ですね。

A 共鳴準位のほかにいくつか新粒子の存在も予想されています。たとえばアイソスピン0の中性中間子$\pi^{0'}$とか、Σ粒子と似たΣ^*粒子とかがありそうにみえます。$\pi^{0'}$が存在するのではないか*ということは、かねてからK_{e3}崩壊のさい出てくる陽電子のエネルギー分布を説明する必要から言われておりましたし、Σ^*の存在については最近それらしい証拠がみつかったと言われております。

B それは大した成果ですね。

* のち(一九六二年)に$\pi^{0'}$の存在は実験で確認され、η中間子と命名された。(編者)

弱い相互作用と複合模型

B 複合模型の立場にたつとき、弱い相互作用についての何か新しい視野が開かれるでしょうか。

A いくつか新しい観点が出てきますが、まずその一つとしてあげられるのは、粒子自体が変化するということが弱い相互作用の特徴として浮彫にされる点でしょう。これは複合模型の観点にたてば、基本粒子は強い相互作用によっては絶対に変化しないからです。

B 弱い相互作用の特徴として私たちがよく聞かされているのはパリティが保存しないということでありますが、この事実は今おっしゃった粒子自体が必ず変化するということとなにか関係づけて説明できるのでしょうか。

A できることを期待しているのですが、今までのところではわかりません。

B 弱い相互作用についてもっと積極的な成果は出ていないのですか。

A その点についてこれからお話致しましょう。弱い相互作用を分析し、その本質をかなりはっきりとあばきだしたものとしてファインマン＝ゲルマンの研究があります。彼らの見解によりますと、弱い相互作用はバリオン同志、またレプトン同志でつくる荷電交換流《カーレント》 J^{μ}(ファインマン＝ゲルマン・カーレント、略してF-Gカーレントと呼ぶことにします)によってひき起こされ、その相互作用エネルギーはJ_{μ}・J_{μ}という形をもつものと考えられています。そこでいま複合模型の立場をとることにしますと、バリオン族の基本粒子としてはp、n、Λの三種類だけになりますから、F-Gカーレントとしてはp、n間のカーレントと、p、Λ間のカーレントの二種類しかつくれません。したがって弱い相互作用のさいにはΛ粒子の数(したがってストレンジネス)はたかだか一個しか変化できないという規則(すなわち$\Delta S=0, \pm 1$)が導かれます。他方実験を調べてみますと、この規則を破るような事実は全然みつかっていません。また最近発見された極めて重要な事実はK^0_1とK^0_2の質量差がわずか一〇万分の一電子ボルトのオーダーであるということです。もし$\Delta S=\pm 2$をみたすような弱い相互作用が存在するならば、この質量差は一〇電子ボルト程度になるはずなのです。したがって、この事実も上記の規則を強く支持しているといえます。

B　複合模型は弱い相互作用についても相当ものが言えるのですね。

A　複合模型の立場から導かれる規則としては上に述べたもののほかに$\Delta S/\Delta Q=-1$の関係をみたすカーレントは存在しないということがあります(ΔQは荷電の変化を意味しています)。この規則は$\Sigma^+ \to n+e^+ +\nu$のごとき現象がみつかっていないという事実によって実験的に支持されています。

B　なるほど。

A　それからさらに重要な成果としてはベクトル型カーレントの保存が自動的に導かれるという点をあげるべきでありましょう。F-Gカーレントはベクトル部分と軸性ベクトル部分からなりたっていますが、原子核のβ崩壊の際のベクトル・カーレントの強さとμ崩壊の際のベクトル・カーレントの強さがほとんど完全に一致しているという注目すべき事実を説明するため、ファインマンとゲルマンはベクトル・カーレントの保存という仮定を導入しました。ところが複合模型の立場をとりますと、この仮定は自明の事柄になるのです。

B それは大変面白いですね。

A さらにまた最近大貫によって軸性ベクトル・カーレントについても極めて注目すべき結果がえられました。かつてゲルマンとレヴィはπ崩壊にたいするゴールドバーガー＝トライマンの計算を根拠づけるため軸性ベクトル・カーレントのダイヴァージェンスはπ中間子の場に比例するという仮定を導入していますが、大貫は複合模型の立場をとることによって、ゲルマンとレヴィの意図がそのまま実現できることを示したのです。

キエフ対称性と名古屋模型

B 複合模型の出現によって素粒子の数は大分減りましたね。バリオン族の基本粒子p、n、Λとレプトン族のν、e、μ、それから、光子、合計七種類ですか。

A バリオンとレプトンにはそれぞれ反粒子がありますから、一三種類です。

B これらの粒子の関係については何か手掛かりがあるでしょうか。

A 一昨年〔一九五九年〕夏キエフで国際会議が開かれたとき、マルシャックから発表されたことですが、弱い相互作用にだけ注目しますと、バリオン族とレプトン族の間には驚くべき類似性がみられ、

$$p \updownarrow \nu,\quad n \updownarrow e^-,\quad \Lambda \updownarrow \mu^-$$

という同時の入れかえに対し美しい対称性が存在することがわかります。私たちはこのような対称性を発表場所に因んでキエフ対称性とよんだり、発見者の名をとってガンバ＝大久保＝マルシャックの対称性といったりしていますが、ともかくこの発見はバリオン族とレプトン族の関係を論ずる上に重大な手掛かりを与えてくれました。

B そこでまた形の論理を物の論理へという指導原理がつかわれるのですか。

A そのとおりです。まず、バリオン族の三つの基本粒子とレプトン族の三つの粒子を二列に並べてみましょう。

$$\nu \leftrightarrow p \qquad e^- \leftrightarrow n \qquad \mu^- \leftrightarrow \Lambda$$

そうするとキエフ対称性というのは左右の粒子を同時に入れかえたときの関係になっています。また縦の関係をみますとp、n、Λの間にさきほどお話した完全対称性が存在しています。形の論理としての二つの対称性を物の論理としてとらえようというのが私たちの名古屋模型です。

名古屋模型では三種類のレプトンがいわば基底粒子であり、これに正電気を帯びた物質B^+が附着してバリオン－中間子族の基本粒子p、n、Λをつくると考えるのです。すなわち、この関係は、

$$p = \langle B^+, \nu \rangle,\quad n = \langle B^+, e^- \rangle,\quad \Lambda = \langle B^+, \mu^- \rangle$$

とあらわしてもよいでしょう。弱い相互作用の源となるのはレプトンであり、強い相互作用の源となるのはB物質であると仮定しますと、キエフ対称性と完全対称性がほとんど自明の帰結として成り立ちます。

B　なるほど、こういう観点にたてばもはやアイソスピン空間のような仮想的空間を導入する必要はなくなるわけですね。

A　物理学のなかから神秘的な邪魔物を次々に追出してゆくところに私たちの方法論の特徴があるのです。その点で私たちの仕事は自然の神話的解釈とたたかった古代ギリシアのミレトス学派の伝統をうけつぐものといってもよいでしょう。

B　そういえば似たところがありますね。ν、e^-、μ^-、B^+をアナクシマンドロスの四元素―霧、水、土、火に対応させると面白いかも知れませんね。

A　武谷と片山はμとeはシワのより方(荷電の分布)の違いによって異なっているのだといっていますが(サンパウロ模型)、こういう表現もミレトス学派の哲学者がいいそうなことですね。

B　アナクシマンドロスは霧が濃縮すれば水や土となり、稀薄化すれば火となると言っています。

物質の正体

B　B^+は正に荷電したボーズ粒子と考えてよいのですか。

A　とんでもない。私たちがとくにB物質とよんでいるのは、そんな簡単なものではないだろうと考えているからです。B物質の正体が何であり、p、n、Λがν、e^-、μ^-とB^+からどんな仕方でつくられるかは今後の研究にまたねばなりません。いまの段階ではラザフォードの原子模型があらわれる前夜のようにいろいろ独創的な模型が提唱されるべきだろうと思います。私の頭のなかにあるイメージはν、e、μという形の違った三種類の容器があり、これにB物質を注ぎこむとp、n、Λができ上るという模型です。B物質が入るとたちまち元気になるところをみると、B物質はビールのようなものかも知れませんね。ともかくB物質はとても量子力学のレベルでとらえられるようなものではありません。超量子力学的階層に属する物質だといってもよいでしょう。

B　ずいぶん楽しい話になってきましたね。

中性微子統一模型

A　最後に私たちの素粒子観をさらに伸長させ、拡大させた武谷の中性微子統一模型について述べておきましょう。さきほど彼のサンパロウ模型にはちょっとふれましたが、eとμはともにνが電荷(εチャージとよぶことにします)を帯びたものであり、両者の差異は帯び方の違いによるのだというのがその骨子です。中性微子統一模型というのは名古屋模型とサンパウロ模型を結びつけたもので、名古屋模型の基底粒子をサンパウロ模型に従って中性微子にεチャージを帯びさせてつくるのです。そのさい武谷は名古屋模型のB物質はその正体が明らかになるまではとりあえずチャージと似たような扱いをする方が有効なのではないかということを提案しました。実際松本と中川はこの考えを用いて松本の質量公式を基礎づけることに成功しています。

B　そうすると、νを出発点とし、これにεチャージあるいはBチャージを帯びさせてゆけばe^-、μ^-、p、n、Λのすべてが導かれることになるわけですね。光子についてはどうなのですか。

A　武谷は光子もe^-とe^+の複合によってできるのだろうと考えています。

B　中性微子統一模型までくると、私どもの物質観もいよいよ終点に達したような感じがしますね。

A　そんなことを考えられては困りますよ。εチャージ、Bチャージの正体はさらに超量子力学的階層の物質として探究されねばならないでしょうし、中性微子といえどもくみつくすことはできないのです。

さらに専門的な点については Progress of Theoretical Physics の Supplement No. 19 を参照して下さい。

（一九六一年）

II 中間子理論の展開

湯川博士は坂田博士を回想して次のように述べている。「一九三三年に京都大学を卒業してからの一年間、彼は理化学研究所にあって朝永振一郎氏とともに宇宙線中における陽電子の発生に関する論文を発表した。当時大阪大学に移っていた私は、是非とも彼を研究の協力者として迎えたいと思った。実際一九三四年から一九三九年まで、同じ部屋で机を並べて勉強することになった。この五年間は、彼にとっても私にとってもみのりの多い、そして研究に専念することのできた楽しい日々であった。」論文**5**および**6**は湯川理論にはじまる中間子論建設の輝かしい記録である。

当時の原子核物理学において現象の「実体論的整理」のもつ意義を三段階論を武器として深く捉えていた博士は、中間子論の展開において中性中間子のガンマ崩壊過程の予言、ベーター崩壊過程の中間子論的研究など大きな成果を挙げたが、一九四二年には、谷川・井上両氏と二中間子理論を提唱することとなる。これは、実験結果との喰いちがい等一連のおおい難い矛盾があらわれていた当時の理論の困難を分析し、この矛盾を素粒子論における模型の問題として捉え、もとの湯川理論を大胆に変更して中間子論を決定的な成功に導いたものである。中間子討論会(論文**6**参照)では、この理論をはじめ、中間結合理論(朝永)、場の理論と時空概念の考察(湯川)等が活発に討論された。

戦争のため原論文(論文**8**-2)が欧文で発表されたのは一九四六年であり、翌年二種の中間子の存在は宇宙線の実験で確認された。またこの論文で予想された二種のニュートリノが験証されたのは二十年後の一九六二年であった。

5　湯川理論発展の背景

羽仁五郎氏は「科学と資本主義」(『中央公論』一九四六年六月号)の中で、世界の資本主義の中で最もおくれた半封建的資本主義の国といわれているわが国において、何故湯川理論のような物質の窮極的構造に関する非常にすぐれた理論が生まれ、そして発展することが出来たかという問題を提起された。氏はその理由として、湯川秀樹教授が旧い社会において非常に恵まれた境遇にあったことと、その研究方法が適切であったためではないか、即ち教授が唯物弁証法を研究されていたのではないかという点を挙げておられる。第一の理由については、湯川教授が自ら書かれた随筆『目に見えないもの』(甲文社発行)等によっても明らかであるから、私から述べる必要はないが、第二の点については教授自身はなはだ心外に感じられるであろうし、羽仁氏の表現が抽象的であるため理解に苦しんで憤慨しておられる方もあるらしいので、あえて私の意見を附加しようと思う次第である。

私は中間子論が発表された頃、湯川教授の身近におり、その後武谷三男君たちとともに教授の協力者として、この理論の発展のお手伝いをした関係上、その成立の過程を最もよく知っているつもりであるから、当時の研究の模様を回顧しながら上に述べた問題に対する私の意見を示して、羽仁氏ならびに一般の方々の御参考に供したいと思う。

一　原子核の構成とベーター放射能

湯川教授が中間子に関する第一論文を公けにされたのは一九三四年一〇月であって、大阪帝大の助教授をしておられた頃である。その頃私も大阪帝大の助手であり、直接湯川教授の指導の下に勉強していた。私は京都帝大の三回生の時(一九三二年)から当時京大講師であった教授の教えを受けたが、教授が一番始めに読むことをすすめられた論文がその年発表されたばかりのハイゼンベルク*の原子核に関する理論的研究であった。その頃まで、原子核は陽子(水素の原子核)と電子より構成されているという見方が一般に行なわれていたのであるが、コッククロフトによる高電圧発生装置**の完成に引き続いて、嵐のような勢で発達した原子核についての新しい知識を満足に理解するには、この模型では全く不適当であることが明らかになりつつあった。一九三一年ローマで開かれた原子核会議に出席した原子物理学の大御所ボーアはこの困難を避けるために、核内にある電子は核外にある電子とは全く違った神秘的性格をもつものであろうという意見を発表した。ところが一九三二年の初めイギリスのチャドウィックはベリリウムの原子核を破壊する実験で、核内には新しい素粒子が存在することを発見した。この粒子はその質量が陽子と大体同じで、電気的に中性である所から中性子と名づけられた。そのすぐ後で、ソビエトのイワネンコは、原子核は陽子と中性子より構成されているという新しい核模型を提出したのであるが、上に挙げたハイゼンベルクの論文はこの模型に基づいて原子核の理論を新たに構成しようとする画期的な仕事のプログラムを与えるものであり、この論文を契機として原子核に関する理論的研究は素粒子そのものの性質を研究する学問、即ち素粒子論へその本質的な部分を委ねることとなったのであった。

＊　量子論の創設者の一人で、不確定性関係の発見者として著名である。ナチスの反科学政策に弾圧されながらも、敗戦までドイツにあって素粒子論についてのすぐれた研究を行なっていた。ハイゼンベルクたちがナチス支配下においてすぐれた理論を発展せしめ得た理由も、わが国における湯川理論の発展とよく似ていた。

＊＊　原子核に関する実験的研究はその初期においては主としてラザフォードを中心とするケンブリッジのキャヴェンディッシュ実験室において行なわれた。一九一九年ラザフォードは初めて原子核を人工的に破壊したが、彼の弟子のコッククロフトが発明した高電圧発生装置は、水素イオンを電場内で加速し、大きなエネルギーの陽子流を造ることを可能にし、これを用いて核破壊の実験を非常にたやすく行なえるようにしたのである。その後アメリカのローレンスによるサイクロトロンの製作や、ヴァン・デ・グラーフによる静電気発生装置の発明により核破壊の研究は加速度的に発展した。最近ではもっと大きなエネルギーの粒子を発生する装置として、ベータートロンやシンクロトロンの出現が報ぜられている。これにより従来は宇宙線の中でしか観測出来なかったような大きなエネルギーのやりとりの行なわれる現象が自由に研究出来ることになり、湯川理論を中心とする素粒子論の著しい発展が予想されている。

素粒子の相互作用に関する研究の最初の発展は、イタリアのフェルミによってなされたベーター放射能の理論であるが、この論文の解説も阪大理学部のコロキウムにおいて湯川教授より初めて承ったのである。ベーター放射能は原子核が電子を放出して原子番号の一つ大きな原子核へ変脱する現象であるが、電子の速度が一様でなく、ある範囲にわたり連続的に分布している点がその特徴である。この特性を与えられたままに解釈すると、ある場合には「エネルギーが跡形もなく消滅する」ことになり、従来物理学のあらゆる領域において、そしてあらゆる発展において、その正しさを証明してきた「エネルギー不滅の法則」の否定に導くのである。さきに引用したボーアの核内電子の性質に関する神秘論的見解は主としてこの現象の説明のために提唱されたものであり、核内においては量子力学は全然適用出来ず、エネルギー不滅の法則のような基本的法則でさえもその適用性を失うであろうというのである。

新しい領域において、旧い理論が役に立たなくなることは、今世紀の物理学の発展においてしばしば出喰わした事実であるが、旧い理論の全般的な破棄を宣言するだけでは理論の発展に対して何等の方法論的意義を持たないばかりか、しばしば理論の停滞性の原因をつくるのである。科学の全発展の中から引出された発展の理論(唯物弁証法)を意識的に適用したとき初めて科学は正しい研究方法を獲得するのである。* この当時ソビエトの若い物理学者ブロヒンチェフやガルペリンは次のような警告を発した。

* 量子力学の全発展において指導的役割を演じた「対応原理」に示されたボーアの見解は、核理論に対する見解に比べ遙かに健康的なものであり、その方法論的意義は高く評価出来る。しかしその積極面はまったくその中に不完全な形で含まれた弁証法の法則に由来するものである。ランダウはボーアの「エネルギーの消滅」に関する見解が、ボーア自身の対応原理と矛盾することを指摘した。

「勿論新しい理論の発展と共にエネルギー不滅の法則の形態は変化されねばならないであろう。しかしこれをこの法則の中に不完全な仕方で表現されている「運動の不滅性および創造不可能性」に関する哲学的命題と混同するならば、湯槽から浴水と一緒に赤ん坊まで流す結果となるであろう」

（ミーチン＝コールマン編『現代科学の基礎』白揚社刊）。

今世紀の初頭、盛んに行なわれた「物質の消滅」に関する徒らな討論の結果を思い起すがよい。「エネルギーの消滅」に関する議論もまた同じ運命を辿ったのである。当時レーニンが言ったではないか。

「自然科学はその唯一の正しい方法と唯一の正しい哲学とに向って、真直ぐではなくジッグザッグをもって、意識的ではなく自生的に進み、自分の「終局目標」を明白に見ないでそれに手さぐりで近づき、動揺し、時には後退さえしながら進んで行く。現代物理学は産褥についている。それは弁証法的唯物論を産みつつある」（永田広志訳『唯物論と経験批判論』白揚社刊四六三頁）と。

ところが、物理学者の哲学の貧困は四半世紀の後においてなお同じ徒労を繰返しているのである。ボーアと反対の見地に立って、ベーター放射能の際には電子と同時に新しい素粒子ニュートリノ（中性微子）が放出される、即ちエネルギーの一部が従来未知の形態へ転化するのであるという考えが、パウリにより提案された。フェルミはこの見解をハイゼンベルクのプログラムと結び付け、ベーター放射能は核内で中性子が陽子に転化する際に電子と中性微子を放出する過程であると説明することにより、ボーアにより被せられた神秘的なヴェールをはぎ、この現象を正しく科学的に把握することに成功したのである。

フェルミの理論は、素粒子の相互作用の基本的機構を明らかにするものであるから、これから当然中性子と陽子が集まって原子核を形造る力、即ち核力が導かれる筈である。ソビエトの物理学者タムおよびイワネンコは直ちにこの計算を行ない、その結果、経験と全く矛盾する弱い力しか導かれないことを示して、フェルミ理論の欠陥を明らかにしたのであった。

二　湯川理論の展開

日本が世界に誇る湯川教授の第一論文は、フェルミの理論の内部に新たに発生した新しい矛盾を止揚するために、素粒子の相互作用の機構を一層詳しく研究された結果出来上ったものである。教授はベーター放射能に対するフェルミの過程を二段の過程に分解された。即ち中性子が陽子に転化する際には、新しい未知の素粒子中間子が放出され、その中間子が直ちに電子と中性微子とに転化すると考えるのである。この見解にしたがうと、フェルミの理論がベーター放射能現象においてかち得た成功は、すべて湯川理論の中へ持込まれ、そして同時に核力に関する困難は解決されるのである。物理学におけるすべての理論的発展がそうであったように、フェルミ理論から湯川理論への発展もまた典型的な弁証法的法則にしたがってなされた。湯川理論の成功はそれに先行するハイゼンベルクによる中性子－陽子模型を基礎とした原子核の理論的分析や、中性微子の導入により確立されたフェルミによる素粒子の相互作用の基本的機構の研究を背景とし、フェルミの理論よりうけついだ正当な方法(不滅の法則の適用)によって闘い取られたものである。湯川教授が弁証法的唯物論者でないことは次に具体的に述べるが、その方法が適切であり有効であったことはフェルミより受けつぎ、自然より強要され、無意識の中に用いられた弁証法的唯物論の正しさを証明するものといえよう。

フェルミの理論が現われる前年（一九三四年）、湯川教授は核力の理論として中間子理論の前身ともいうべき考えを発表しておられる（「核内電子の問題に就て」日本数学物理学会昭和八年度年会講演）。この理論は核内電子に対するボーアの神秘論的見解をそのまま用いているため、フェルミの理論が出現するまでは発展性を持ち得なかったのである。その頃ベックによりベーター放射能の理論が提出されたが、これも同じ理由により流産に終った。湯川教授やベックがもし唯物弁証法を研究し、これを意識的に適用されたならば、恐らくフェルミより以前にあるいは同時にベーター放射能の理論を完成されていたであろう。私はこの事実を「湯川教授が唯物弁証法の理論を研究されたのではないか」という羽仁氏の想像に対する反証として挙げたいのである。

以上は湯川教授による中間子の理論的発見について述べたのであるが、教授の予言は一九三六年アメリカのアンダーソンが宇宙線写真において実証するところとなり、理論の精密化と一層の発展が要求されることとなった。この年以後のわが国における中間子理論の発展は、多くの研究者の協力による集団的研究のすばらしい成功として特徴づけられるであろう。とりわけ、湯川教授と武谷三男君と私の三人で、第三論文の作成に努力した頃の研究の歓びに対する快い追憶は私の永久に忘れられない感激である。

ソビエトの作家キルションが『すばらしい合金』の中で画いた集団的研究様式は、最も進歩せるソビエトの社会においても現実に遠い理想なのではなかろうか。それにもかかわらず、最もおくれた半封建的資本主義の国において、しかも暴虐なる侵略戦争が正に始まらんとする前夜において、かかるすばらしい研究様式によって世界的水準の研究が次々に遂行されて行ったことは奇蹟と言わねばならないであろう。しかもこのような集団研究は個々の研究室内に止ったのではない。湯川教授を中心とせる関西のグループと朝永振一郎教授を中心とせる東京文理科大学および理化学研究所仁科研究室に集まるグループとの間の連絡も非常にうまく行なわれたのである。ところが、不幸にも第二次世界大戦の激化とともに一九四三年秋開かれた「中間子討論会」を最後として世界に誇るわが国の素粒子論の研究も一時下火となり、後に世界の物笑いの種となるような低調な戦時研究のみがわが世の春を謳うことになったのは誠に残念なことであった。

三　科学を発展せしめるものは何か！

羽仁氏は中間子理論のその後の停滞を私共三名の分散の結果であり、湯川教授が弁証法的唯物論者でないためのように言われているが、この点については根本的な原因が他にあることを指摘したいのである。そしてこの原因によってこそ、正に上に述べたような奇蹟の現われたことを納得出来るのである。

わが国は明治革命の不完全さのおかげで非常におくれた半封建的資本主義国となったため、科学や技術は全く植民地的性格をもち健全な発達をなし遂げ得なかった。わが国の技術は欧米のそれの直輸入に過ぎず、国内における基礎科学の発達により育まれ進歩せしめられるようなものでなかった。科学技術のかかる植民地性は理論物理学の発展に対してどんな結果をもたらすであろうか。もし科学および技術が日本の国内だけで閉じた体系をつくっているならば、本来科学と技術、実験と理論は互いに不可分の関連の中にあり、技術の進歩により考案された新しい実験装置により未知の領域が開拓され、これによって理論が発展し、逆に新しい理論に指導された実験により新しい技術が生まれるというような絶えざる相互作用の中にある筈であろう。したがって従来の日本のごとく社会の半封建性のために技術が極めて低い水準に置かれている場合には、これと関連の深い実験科学は全般的に低調であり、理論科学もまた充分な発達を遂げられないであろうと考えられる。

ところが、研究が国際的環境において行なわれている限りは、技術との関連が間接的であり稀薄である理論物理学のような学問にあっては、その植民地性があまり大きな制限とはならない。何故ならば理論物理学者は低調な日本の実験物理学によって題材を捉えたり、理論を鍛えたりする必要がなく、世界の最も進歩せる国において行なわれた実験を自由に問題とすることが出来、また彼等を指導することとすら出来るからである。これが最もおくれた社会において、理論物理学が世界の最高水準に達するという奇蹟を実現した一つの理由であると思う。このことは単に理論物理学に対してのみ言えるのではなく、技術や実験と関連の少ない学問、例えば数学等に対しても同様であって、ヨーロッパの小国においてこれ等の学問が繁栄している理由にもなる。しかしかような事態が出現するためには、羽仁氏により正しく指摘されたような他の条件が満たされねばならない。即ち研究者の生活が恵まれていることと研究の方法が正しいことである。

以上により私が説明を行なうまでもなく、戦争の激化と共に中間子理論の発展が止った本質的な原因が何であるかが分るであろう。それは私共がアメリカの実験物理学と切離されたからであり、科学の植民地性をはっきりと味わわねばならなくなったためである。さらにわが国で湯川教授の研究が何故原子エネルギーの解放というような技術的な方向へ向って進み得なかったかという羽仁氏の疑問に対する答も自ら明らかであろう。そしてまた正にこの理由によって、わが国の原子核に関する実験的研究が連合国から禁止されようとされまいと、科学が国際性を取戻した瞬間から私共は昔と同様に活発な研究を開始し得るのである。

わが国の理論物理学の将来についてのかかる楽観的見地にもかかわらず、私は理論物理学者が象牙の塔の中で、科学至上主義の夢をむさぼることを許そうとはしない。羽仁氏が言われるように、研究者の物質的ならびに精神的自由と研究方法の正しさこそ、すべての科学が発達する原動力である。終戦と同時に果して私共は「研究の自由」を取戻し得たであろうか。湯川教授の恵まれた境遇や上部にある少数の科学者の「研究の自由」を言うのではない。現在の社会は大多数の科学者にどのような自由を与えているであろうか。現実には自由は取戻されていないばかりか、研究と生活の矛盾はますます深刻となり、研究費の調達はますます苦しくなってきている。科学者は人民の一人として飢えつつあり、研究自体は瀕死の状態にあるではないか。ベーコンは「知は力なり」と言ったが、科学は人民を解放する力であり、又あらねばならない。科学が正常な発展を遂げ、科学者が真の「研究の自由」を獲得するのは人民の解放を積極的に望む社会においてのみ可能である。

われわれが自由を完全に獲得出来ないのは、人民の解放を望まない勢力がなお社会の封建性の除去と民主革命の達成を妨げているからである。われわれ科学者は科学の発達が人民の解放と離れ難い関係にあることを知り、自らの社会的責任を果す路を定めねばならない。さもなければ、科学は一部の特権階級の玩弄物と化し、たとえある学問がわが国において美しい花を咲かすことがあろうとも、それは人民の幸福とかかわりのない「むだ花」に過ぎないであろう。科学者よ、団結して科学を徒労から救い、科学を人民の手に返すことに努力しようではないか！

（一九四六年）

6　中間子理論研究の回顧

一　日本の原子核物理学

湯川博士はノーベル賞をうけられた直後、「自分の研究は研究費が少なく、設備の貧弱な国において、また社会一般の科学に対する認識の不十分な環境においてなされたことに注目してもらいたい」ということを訴えられた。たしかに日本の社会的環境は学問の発展に適したものではなかった。それにもかかわらず、なにゆえに湯川理論は発展できたのであろうか。私はその原因がこの国の原子核物理学の成立過程の中にあったことを指摘したい。

日本の学問の不幸な宿命は、羽仁五郎氏らがたえず強調されているように、研究の中心が帝国大学に集まったことで、その結果、官僚主義の弊害がいろいろな形で学問の自由な成長をさまたげたのであった。ところが、幸いなことにも、新しい学問である原子核物理学は民間のただ一つの大研究機関であった理化学研究所の中で生まれ、ここを中心として発展した。だいたい原子核物理学のように研究の規模が量的にも質的にも著しい飛躍を要する学問はとうてい旧来の帝国大学の中からは誕生できない。けだし、官僚主義はルーティンのくりかえしは許しても、新しいものを生みだす力をつねに抑圧するからである。

日本の原子核物理学は系譜的にさかのぼると仁科芳雄博士にはじまるといってよい。量子力学の発祥時代をその中心地コペンハーゲンですごされた仁科博士は、一九二八年(昭和三年)の暮れ、帰国されて後、理化学研究所に日本で最初の原子核研究室を創設された。当時、各帝国大学にはこのような新しい学問を研究する教授がいなかったので(これは教授が無能なためではなく、研究制度の欠陥のせいである)、この方面の研究を志すものは、東大からも、京大からも、すべて仁科博士を中心に集まり、ここにこれまでの官僚主義的傾向から解放された新しいグループが形成された。このような自由な空気の中で、多数の研究者の組織的協力による近代的研究様式と場あたり主義を克服した近代的研究方法によって新しい学問が生みだされた。

そのうち、大阪大学に理学部が創立された。ここは帝国大学には違いなかったが、まだ官僚主義の弊害は顕著になっていなかった。これに加えて、物理学教室の主任教授八木秀次博士の新しい学問にたいする鋭い感覚と、菊池正士博士によって移された理化学研究所の自由な空気は阪大をして理研とともに日本の原子核研究者のメッカたらしめたのであった。湯川博士の中間子理論はここで誕生したのであるが、その背後に当時全国的な規模で形成されつつあった新しい学問的雰囲気があったことを忘れてはならない。

私はちょうどこの時代に理化学研究所と大阪大学において研究生活にはいり、湯川博士のもとで中間子理論の研究に参加する幸運にめぐまれた。そのころの思い出をつづったこの小文が、日本科学史のもっとも実多き時代の一こまを伝える上になんらかの役に立てば望外のしあわせである。

二　大阪大学理学部湯川研究室

有名な中間子仮説が提唱されたのは、湯川博士が大阪大学に新しい研究室をもたれてからまだいくばくもたたない一九三四年(昭和九年)一〇月のことであった。博士はその前年、大阪大学理学部が創設されると同時に物理学教室の講師に就任されたが、その年度にはなお、京都大学での講義が残っていた関係と、理学部の建物がまだ完成しなかったことのために、「湯川研究室」という名札のかかったへやに落着かれたのは翌一九三四年四月からであった。理学部の新築された場所は朝日新聞大阪本社の南側を西に曲り、新大阪ホテル、三井物産など高層建築の並んだ川沿いの路を二、三町歩いたところで、全くのビジネス・センターに位していた。建物は卵色に塗られた三階建のビルで、梅田の貨物駅から田蓑橋を通って南に走る幹線道路に面して敷地いっぱいにE字形に建てられていた。湯川研究室はこの建物の最北棟一階南側の西から二つ目の狭いへやであった。

当時、総合大学になったばかりの大阪大学では長岡半太郎博士を初代総長に迎え、真島利行博士を理学部長として新設の理学部の充実のために非常に力を注いでいた。物理学教室は主任教授八木秀次博士の下に、まず塩見理化学研究所から移られた岡谷辰治、浅田常三郎の二教授と東大から赴任後直ちにイギリスに留学された友近普博士を講座担任者として発足したが、一九三四年四月には原子物理学界のホープであり、電子回折の研究により世界的に著名な菊池正士博士を教授として迎え、予定の五講座が完成した。菊池博士はここにコッククロフト＝ワルトン型の原子核破壊装置を設け、理化学研究所の仁科研究室に続いて、日本で第二番目の原子核実験室の建設に当たられた。八木博士は電気工学の専門家であったにもかかわらず、物理学の新分野である原子核の研究にたいして非常に深い理解をもっておられ、菊池博士を中心とする研究の育成と発展のために最大の援助を惜しまれなかった。原子核実験室の建設と運営には従来の実験室とは比較できぬくらい巨額の研究費と多数の研究者の組織的な協力を必要とするので、講座間にリジィッドな壁の設けられている古い大学などではとうていかかる新しい学問の育成は望めなかった(長い伝統を誇ったイギリスの物理学が原子核研究の発展とともにそのお株をアメリカに奪われたのも同じ事情に基づいている)。八木博士はその卓越した説得力によって基礎科学の重要性を大阪の財界人に訴えられたので、民間の寄付による研究費も豊富で、なかでも強力な原子核破壊装置であるサイクロトロンが谷口工業奨励会の援助により建設されたことは特筆すべきことであろう。

菊池博士を中心としたグループは成立当初から人員が非常に多く、正規の研究室員である山口太三郎助教授(現茨城大学教授)、中川重雄講師(現立教大学教授)、青木寛夫助手(現姓熊谷、現東大理工研教授)のほかにもと八木研究室に属した助手の渡瀬譲氏(現阪大兼阪市大教授)が参加されていた。山口氏は陰極線の実験を、中川、青木両氏はコッククロフトの装置を、渡瀬氏は計数管による宇宙線の研究を担当された。

また、友近研究室の助手として来任された伏見康治氏(現阪大教授)は最初理論の面で協力しておられたが、のちにしばらく実験室に入り、中川、青木氏らといっしょに仕事をされていたこともあった。

湯川博士は形式上は岡谷教授の講座に属しておられたが、研究の上ではやはり菊池博士のグループに加わられ、原子核の理論的研究に専念された。私もその年の春から岡谷教授の助手となったが、実質上は湯川博士の指導をうけ、菊池グループといっしょに研究を始めた。私にとっては湯川博士は学生時代からの恩師で、二年前京大講師としてはじめて教壇に立たれたときの講義をきき、また、卒業研究をまとめる際には直接御指導をうけた。私は卒業後最初の一ヵ年を理化学研究所研究生として仁科研究室ですごし、朝永振一郎博士の教えをうけていたが、大阪大学に助手の席があるというので一年ぶりで再び湯川博士の下にもどることになったのである。

私が大阪へやってきたのは四月の半ばごろで、ちょうど理学部が塩見理研の借住居から新築の建物へ移転した直後であった。博士の室をノックしてドアをあけ中にはいると、ついたての奥に応接机と数個のいすがおかれ、その向こうの窓ぎわ近くに二個の教官机が窮屈そうに並んでいた。博士は右側の机にすわっておられ、左側の空いた机が私のために用意されたものであった。博士は仕事の最中にはたがいに顔が見えないほうがよいから机の間に整理箱を並べるようにしようとか、本だなが一つしかないから右の半分を私に使うようにとか、いろいろ細かい心配までしてくださった。

一年ぶりで見る博士は、かつて京都で教えをうけたころにくらべると、はるかに元気で、非常に活動的になっておられた。これは新進気鋭の研究者を多数集めた新しい大学の新鮮な空気を吸われたせいであるに違いない。しかし、終日たえまなく往来するトラックの振動が研究室の中までひびいてくる大阪の町の、人をせきたてるような環境にもよっていたであろう。ともかく、「ここでは何かしないではいられないような衝動にかられる」という言葉を度々もらしておられたことを思い出す。

人はよく理論物理学のような冥想を必要とする学問には風光の美しい、静寂な環境が適しているようにいうけれども、私はいつもこの説に反対している。それは湯川理論を生みだした阪大理学部のことを思い出すからである。

三　仁科博士の特別講義

話を少し前にもどす。私がはじめて湯川博士を知ったのは一九三一年(昭和六年)春のことであった。その年、京都大学では仁科芳雄博士を招き、十日ばかり連続の特別講義が行なわれた。仁科博士はその以前約七年間コペンハーゲンに滞在され、ボーア教授を中心とする量子力学の発展に参画し、有名な「クライン＝仁科公式」をおみやげとして一九二八年(昭和三年)暮れ帰朝された。ちょうどこの年には理化学研究所に仁科研究室を創設され、原子核および宇宙線に関する研究を始めようとされていた。このときの仁科博士の講義は、学生よりも、むしろ職員を対象としたもので、その内容は当時出版されたばかりのハイゼンベルクの『量子力学の物理学的原理』を解説されたものであった。講義がすむといつも別室で遅くまで質問が行なわれたが、その際一番よく質問しておられたのは湯川博士(当時小川)と朝永振一郎博士(現東京教育大学教授)であった。そのころ、小川、朝永両氏はともに大学卒業後三年目で、無給の副手として、故玉城嘉十郎教授の力学研究室に属しておられた。力学研究室にはおおぜいの研究員がおられたが、教授の専門が相対性理論と流体力学であったため、新しい学問である量子力学を研究しておられたのは、小川、朝永両氏以外では講師の田村松平氏(現京大教授)と山田彦児氏(現九大教授)であった。のちにこの方面の研究に進んだ小林稔、武谷三男の二君や私などは当時学生で、ことに武谷君は入学したばかりでこの講義をきかなかったそうである。私たちはきくにはきいたが、その内容についてはほとんどなにもわからなかった。

私は大叔母が仁科博士の義姉にあたる関係から博士を以前から知っていたので、宿舎の楽友会館をしばしば訪れ教えをこうていたが、ある日そこへ偶然小川、朝永両氏が来合わされ、初めて両氏に紹介されたのであった。そのときも、両氏は仁科博士としきりに議論されていたが、私には全くなんのことかわからなかった。ただ主題が原子核の問題であったことと、湯川博士が原子核には原子のスペクトルのように都合のよいものがないので困るといっておられたことを覚えているだけである。その晩は三人とも仁科博士から夕食のごちそうになったが、翌日小川、朝永両氏が私をつかまえて昨夜の夕食代を仁科先生に払ってくれといわれて困ったことを思い出す。

仁科博士と小川、朝永両氏の間の師弟関係と、両氏と私の間の師弟関係はこのときからはじまった。

とくに朝永氏はこれが縁でその翌年から仁科研究室にはいられることになった。

ついでにのちにやはり仁科研究室へいった小林稔君(現京大教授)のことを書いておこう。ちょうどそのときの日曜日に私は仁科博士のお供をして宇治川ラインに行くことになっていた。同行者には私のほかに数学科一回生の山梨進一君(現埼玉大学教授)がいた。山梨君は父君の勝之進海軍大将が仁科博士御夫妻の御仲人であった関係からやはりよく博士をたずねてきていた。しかし、三人で行くのはあまり寂しいので、私は小林君を誘った。彼は私と同様に余り実験が好きでなく、将来理論的な研究を志していたので、かねてから仁科博士と一度親しく御話したいという希望をもっていた。京津電車で大津から石山にでて石山寺の山門をはいると名物のきりしまが満開であった。ここから宇治川を下り両岸の新緑を賞美しながら仁科博士の御話をうかがった。小林君と私が量子力学の勉強をはじめたのはこんなことが機縁になっていた。

翌一九三二年(昭和七年)は、のちに述べるように、原子核物理学にとってもっとも記念すべき年であった。私はこの年の春大学の後期に進み、玉城教授を指導教官に選んだが、実際上は田村、小川、朝永三氏の御指導をうけるつもりでいた。ところが、朝永氏はこの年の春から東京へ移ってしまわれた。量子力学の講義はその前年まで田村氏が担当されていたが、新学期になって掲示板をみると「量子力学──湯川講師」とかいてあった。私は物理学教室に湯川という人のおられることを聞いていなかったので、すこしまごついたが、聞いてみるとその春、小川氏は結婚され、湯川家へ養子に行かれたこと、またこの年度から講師になって田村氏に代わり量子力学の講義を担当されるようになったことがわかった。かくして、私たちは湯川博士の初講義をきく光栄に浴した。講義の内容はだいたいディラックの教科書によっており、声はたいへん小さかったが説明されることは非常によくわかった。そのうち私は卒業論文をまとめねばならなくなったのでどういう題目を選んだらよいかを湯川博士におたずねしたところ、これからは原子核の研究が一番中心的な題目となるだろうといわれたので、私はそのお勧めに従ってこの方面へ志すことになった。

四　原子から原子核へ

さてそのころの原子物理学の情勢を一とわたり見ておこう。第一次大戦後、量子力学の成立により著しく急激な発展をとげた原子物理学は一九三〇年代にはいるとともに再び新しい飛躍を準備しはじめた。それは原子核の研究である。原子の大いさは約一億分の一センチであるが、その中心にある原子核はさらにその一万分の一、すなわち、一兆分の一センチ程度の大いさをもつ粒子である。原子の世界の探検を終えた物理学者たちは、このころから未知の世界である原子核の中へ侵入しようと企てていた。

古代ギリシアの原子論と現代の原子論の特徴的差異は、前者のアトムが不変で、不可分な窮極的粒子であるのに対して、後者の原子は物質の構成における一段階にすぎぬことであろう。すなわち、現代科学においては、物質の構成単位として、分子、原子、原子核、素粒子などの階層が見出されている。分子はいくつかの原子が結合したものであり、原子は原子核の周囲に多数の電子が集まってできており、原子核はさらに素粒子からつくられている。二十世紀の原子物理学は物質のこのような累層的構造を一皮ずつはぎとってきたのである。

一九三〇年代にはいるまで、原子核の研究があまり進まなかったのは、当時までの実験技術では原子核を破壊することが困難であったからである。したがって、原子核がいかなる素粒子から構成されているかもつまびらかでなかった。多分陽子(水素の原子核)と電子がふくまれているのではないかと想像されていた。というのは、そのときまで自然界に存在することが知られていた素粒子はこの二種類だけであったからである(このほかに光子という光をつくる素粒子が知られていたが、これは物質の構成単位とはなりえない)。ところが、このような見解を基礎とした原子核の研究は直ちに非常な難関に遭遇した。それは原子や分子の研究の際、快刀乱麻を断つがごとき勢いを示した量子力学が原子核の問題にふれるや否やたちまちその神通力を失ってしまったからである。

そもそも、量子力学は原子のごとき微視的世界の運動を支配する法則として一九二五年(大正一四年)ごろ見出された理論である。前世紀末まで、大は天体の運行から、小は砂粒の運動に至るまで、あらゆる種類の運動の背後には唯一つの千古不易の法則が横たわっているものと信ぜられていた。それは十七世紀に確立されたニュートン力学である。ところが、今世紀にはいり、原子の研究が進むにつれ、微視的世界には新しい形態の運動が存在することが明らかにされ、ニュートン力学の確固不動性がくつがえされるにいたった。たとえば、電子はある場合には粒子のごとくふるまい、他の場合に波動のごとくふるまい、二重性をもっている。すなわち、電子は決してかけらというものの見出されない素粒子であるにもかかわらず、結晶格子の二つの孔を同時に通過することができる。これは常識によっては決して理解できない運動である。

ところがそもそも運動についての人間の常識というのは目にみえる物体の運動、つまりニュートン力学の法則に従う運動をもとにして構成されている。したがって、電子が常識で理解できない運動をするということは、この運動を支配している法則がニュートン力学とは全く性質の異なるものであることを意味している。この新しい法則をえぐりだしたのが、量子力学の発見であった。

ニュートン力学が目にみえる世界を完全に支配したように、量子力学は原子の世界のヘゲモニイを完全ににぎった。一九二五年(大正一四年)以後、数カ年にわたる原子物理学の異常な発展は全くこの新しい武器を獲得したことによっている。

五　原子核理論の初期

原子核の問題に量子力学をはじめて適用し、著しい成功を収めたのはロシア生まれの理論物理学者ガモフであった。放射性元素の原子核の中から高速度のアルファ粒子(ヘリウムの原子核)が放出されるいわゆるアルファ放射能の機構は、ニュートン力学ではとうてい理解できない現象である。アルファ粒子ははじめ原子核のなかに強く結合しているから、これを核外にとりだすためには高いポテンシャルの山を越さねばならない。したがって、もしアルファ粒子が目にみえる物体と同じような運動をするものであるならば、外部からエネルギーが補給されない限り、決して外へでてくるはずはない。ところが、それにもかかわらず、放射性元素の原子核は自然に崩壊し、アルファ粒子を放出している。この事実は、原子核の世界で、ニュートン物理学が成り立たない何よりの証拠である。これに対して、量子力学を適用してみると、アルファ粒子は粒子であると同時に波動の性格をもつから、外部からエネルギーの補給をうけなくとも波動としてポテンシャルの山からにじみ出ることができる。これが一九二八年(昭和三年)ガモフの指摘したトンネル効果である。ガモフのトンネル効果はアルファ放射能を巧みに説明したばかりでなく、原子核破壊の研究にも大いに役立った。

ガモフの成功にもかかわらず、原子核物理学の前途は困難にみちていた。とりわけ、核内における電子の運動は全く不可解なものであって、量子力学によってさえとうていとらえられそうもなかった。一九三〇年(昭和五年)五月、原子物理学の大御所ボーアはイギリス化学会で行なったファラデー講演の中で「電子は原子核の内部で、もはや負電荷として以外のいかなる個性をも喪失するのではなかろうか」といっている。なかでももっとも困難な問題は、原子核がベーター線(電子)を放出して崩壊するいわゆる、ベーター放射能現象において、エネルギー不滅の法則が成り立たぬのではないかと疑われたことであった。

従来エネルギー不滅の法則はあらゆる現象の背後に横たわるもっとも根本的な大原則であると信じられており、相対性理論や量子力学のごとき大変革が行なわれた際にも確固不動の地位を誇っていた。ところが、ベーター放射能現象はこの大原則をゆすぶったのであるから、原子物理学者たちはろうばいしてしまった。ボーアはさきの講演をむすぶにあたって、「相対性理論が時間空間の概念を根本的に変革し、量子力学が因果性の概念を破綻せしめたごとく、核内電子の運動にたいしてはエネルギー不滅の法則が破棄されるような事態が起ってもさしつかえないのではなかろうか」と述べている。つまり、核内の運動を支配する法則は量子力学よりもさらに革命的なものであろうというのである。

この予想には理論的な根拠もあった。なぜならば、量子力学における有名なハイゼンベルクの不確定性原理によると、核内のごとき狭い空間に閉じ込められた電子は非常に大きな速度をもつことになり、かかる運動にたいしては、もはや通常の量子力学は適用できないからである。光の速度に近い速さをもつ運動を支配する法則はすべてアインシュタインの相対性原理の要求をみたさねばならないが、通常の量子力学はこの条件に適合していない。したがって、核内電子の行動を理解するためには、まず相対性論的量子力学を建設することが必要であった。この方向の研究としては当時すでにディラックの電子論とハイゼンベルクおよびパウリによる場の量子論が現われており、二、三の成功を収めていたが、なお、多くのパラドキシカルな結論がふくまれ、とうてい首尾一貫した理論とはいえなかった。

当時の理論物理学者の悩みはさきに引用したボーアの講演の中にもっとも尖鋭な形であらわれていた。

一九三一年(昭和六年)秋にはローマで原子核物理学についての最初の国際会議が開かれたが、ボーアがその際行なった講演の内容も前年のものとほとんど変わっていない。また、同年ガモフにより出版された『放射能と原子核の構造』という書物は、当時の原子核理論の直面した困難を巧みに分析し、きわめて示唆に富んだ叙述を行なっていたが、これもやはりボーアの思想を祖述したものであった。

六　中性子の発見

さて、原子核に関する研究は一九三二年(昭和七年)にいたって爆発的に発展した。まず、第一にあげるべき成果はコッククロフトおよびワルトンによる原子核の人工破壊の成功である。彼はこの年約七〇万ボルトの高電圧発生装置を完成し、その電場の中で加速した陽子をリシウムの原子核に打ちこみ、これを二個のアルファ粒子に分裂せしめた。この装置の発明はその後相ついで完成した各種のイオン加速器(サイクロトロン、静電高圧発生装置など)の前駆として原子核破壊の研究を画期的に発達せしめる契機となった。

しかし、この成功にもまして著しい成果は、チャドウィックによる中性子の発見であった。彼はベリリウム核がアルファ粒子で破壊されたときでてくる透過力の大きな放射線(ボーテ線)が陽子とほぼ等しい質量をもつ中性の粒子であることを確かめ、この素粒子を中性子と名付けたのである。チャドウィックはコッククロフトとともにラザフォードの主宰するイギリスのキャヴェンディッシュ研究所の所員であり、このような画期的業績が相ついで同じ研究所の中で行なわれたことはまことに驚嘆に値いする。しかし、放射能の発見以来うむことなくこの方面の研究を続けていたラザフォード一派の努力を顧るならばけだしこれは当然のことといえるであろう。とはいえ、チャドウィックによる中性子の確認にたいしては、それ以前に行なわれたドイツのボーテによるベリリウムからの新放射線の発見とフランスのキュリー＝ジョリオによるボーテ線の研究が重要な役割を果たしたことを忘れてはならない。またラザフォード所長が古くから中性子の存在の可能性を予想していた点も想起されねばならないだろう。

中性子の発見はたちまち原子核の理論を変えさせた。ソビエトの理論物理学者イワネンコは直ちに原子核の構造についての従来の見解を改変し、「原子核の中には中性子と陽子だけがふくまれており、電子は存在しない」という説を提唱した。この見解はその後ハイゼンベルクにより支持され、彼の論文の基本仮定として採用された。ハイゼンベルクの論文「原子核の構造について」は一九三二年を科学史上においてますます輝かしい年としたまことに重要な意義をもつ画期的なものであり、それ以後の原子核理論の方向は全くこれによって指示されたといっても過言ではない。

ハイゼンベルクはこの論文によって原子核の理論を二つの段階に分類した。第一は中性子と陽子からいかにして原子核が構成されるかという問題で、これについては従来の量子力学が適用される(陽子と中性子は電子に比べ質量が著しく大きいため核内にとじこめられても、それほど大きい速度をもたない)。第二は、中性子や陽子の性質を解明する問題でこれにたいしては、もはや従来の理論は成り立たないと考える。換言するとハイゼンベルクは原子核理論の困難のすべてを素粒子とくに中性子の性質の中へ押しやってしまい、その解決を将来展開さるべき素粒子論へゆだねたのであった。たとえば、これまでの理論の最難関であったベーター放射能の問題は、中性子が電子を放出して陽子に転化する性質をもつものと仮定することによって素粒子の相互転換の機構を明らかにする問題へと持ち越された。

それ以来、原子核理論の発展はハイゼンベルクのプログラムどおり二つの異なった方向へ進んだ。すなわち、一方は原子核構造論へ、他方は素粒子論へ。

原子核構造論の最初の課題は中性子と陽子を結びつけている強い力(核を形成する力という意味で核力と名付けられた)に関する正確な知識を求めることであった。ハイゼンベルクをはじめとして多くの物理学者が原子核の関与する各種の現象から逆に核力についての知識をひきだそうと努力した。日本でも朝永振一郎博士は理研にはいられると同時にこの問題に取り組まれた。

第二の方向の研究は、まず、イタリアのフェルミによるベーター放射能の理論として発足した。この現象においてエネルギー不滅の法則が危機にさらされていたことはさきに述べたとおりであったが、大多数の物理学者はボーアの見解に従って将来この原則を否定するような新しい理論が出現するであろうと期待していた。

これにたいして、ボーアの予想が誤まりであることを早くから指摘していたのは、ソビエトの理論物理学者たちであった。ソビエト科学の特徴は研究の方向をたえず唯物弁証法の見地から方法論的に批判している点で、ベーター放射能の問題ではエネルギー不滅の法則の背後にかくれている唯物論的本質——運動の非消滅性——を忘れてはならないことを強調したのであった。かかる批判は哲学用語に不慣れな人間にはややもすると強圧的に響くであろうが、つまり赤ん坊を浴水とともに流すなという注意であった。ランダウが指摘したように、もしもこの原則が微視的世界で否定されるならば、巨視的世界でこれまで十分検証されていた法則、たとえば重力の法則までが否定されることになるであろう。これはとうてい認容しがたい。

ところで、ボーアと正反対の見地をとっていた物理学者がスイスにいた。それはパウリである。彼は一九三一年アメリカのパサデナで開かれた学会でエネルギー不滅の法則を救うことを試み、中性微子仮説を提唱した。この仮説によると、ベーター放射能の際には電子と同時に中性微子と呼ばれる観測することのきわめてむつかしい中性粒子が放出され、これがエネルギーの一部をもち去るのだというのである。

一九三四年(昭和九年)フェルミが建設したベーター放射能の理論は、パウリの仮説をハイゼンベルクの見解と結びつけ、「中性子が陽子に転化する際には電子と中性微子が同時に放出される」という仮定をもととしたものであった。この理論はベーター放射能の特徴をみごとに説明し、その本質を大綱において正しくとらえていた。

七　中間子仮説の登場

フェルミの論文が出たころ、日本では菊池博士が大阪大学へ赴任され、ここに原子核研究の新しいセンターができたばかりであった。この論文が最初に掲載されたイタリアの雑誌“La Ricerca Scientifica”は阪大にはなかったが、ちょうど伏見康治氏が転任の際東大から借り出してこられたものを湯川博士が読まれ、菊池研究室のコロキウムで紹介された。湯川博士はまえからこの問題ととり組んでおられたので、フェルミの研究をみて非常に感動された様子であった。

そのうち、ソビエトのタムとイワネンコの研究が『ネーチュア』誌上に発表された。彼らの仕事はフェルミの理論をもととして、核力の本質を解明しようとする企てであった。さきに述べたように、核力についての現象論的知識は原子核構造の研究からわかってきていたが、その本質がなんであるかは素粒子自身の性質の研究から明らかにされねばならなかった。フェルミの理論によると中性子は電子と中性微子を同時に放出して陽子に転化するが、この過程は可逆的で陽子は電子と中性微子を同時に吸収して中性子に転化することができる。したがっていま中性子と陽子の一対を考えると、一方の中性子が放出した電子と中性微子を、他方の陽子が吸収し中性子と陽子がおたがいに位置を交換することができる。このようなキャッチボールはたえず行なわれるので、その結果中性子と陽子のあいだには一種の相互作用が生じる。タムとイワネンコはこの相互作用が核力であろうと考え、量子力学を用いて計算を進めたが、その結果は否定的で、かかる機構による力は問題にならぬくらい小さいものであることがわかった。

湯川博士の中間子についての着想が生まれたのはまさにこのときであった。博士がそのころの思い出として語られているごとく、それはちょうど御次男の高秋君が出生されたころのことであった。博士はつねに夢うつつのうちでいろいろ研究上のことを考えられるらしく、「夢の中で疑問が解けたと思ったが、朝目がさめてみるとすっかり忘れており、どうしても思い出せなかった」などとよく語っておられたが、中間子仮説も深夜床の中で思いつかれたのだそうである。博士の短歌に

思ひ入りていねがてにする六月の　夜もすがらになく蛙かな

というのがあるが、これもそのころよまれたものではなかろうか。

湯川理論は、核力が一つの場によって媒介されているという見解を出発点としている。この場は最初U場と名付けられたが、のちに湯川場、核場、中間子場などとよばれるようになった。この考えは荷電粒子間の電気力が電磁場を媒介としていることからの類推によって思いつかれたものである。ところが、ハイゼンベルクおよびパウリが建設した「場の量子論」に従うと、あらゆる場はそれに固有な量子(場を構成する素粒子)の集合からでき上がっている。電磁場が光子の集まりであることはよく知られているが、湯川場の量子は正、または負の電気素量を帯び、電子の約二〇〇倍程度の質量をもつ素粒子であろうと想像された。この粒子がのちに中間子と名付けられたのであるが、湯川博士が最初につけられた名前は重量子であった。電磁場の量子である光子“light quantum”の質量は零であるのにたいして、この量

子は有限の質量をもつからである。つまり、lightという英語が「光」と「軽い」の二つの意味をもつことを巧みに利用されたのであって、博士はこの名称について大分得意のようであった。

湯川理論とタムとイワネンコの理論とのおもな差異は核力のメカニズムとなるキャッチボールの球が一個であるか、二個であるかという点である。湯川理論では、中性子は中間子を投げ出すと同時に陽子に変わり、陽子は中間子を受け取るや否や中性子に変わるのである。中間子の質量が電子の約二〇〇倍程度であろうと想像された理由は、核力が一〇兆分の一センチ程度の到達距離をもちその範囲内でのみ強く作用することから割り出されたものである。

ところで、この理論はベーター放射能をいかに処理するのであろうか。湯川博士はフェルミの過程を次のように二段の過程に分解された。まず、中性子が陽子に転化すると同時に中間子が放出される。次に、この中間子が電子と中性微子に崩壊する、というのである。第一の過程は核力を導き出すくらいしばしば起らなくてはならないが、第二の過程は両過程を組み合わせてベーター放射能が説明できる程度にたまに起ればよい。これによって湯川理論は核力とベーター放射能を統一的に論ずることに成功したのであった。

湯川博士のこの着想はけっして一夜の中にでき上がったものではない。博士はすでにその前年、仙台であった日本数学物理学会の年会でこの理論の前身ともいうべき研究を発表しておられる。それはハイゼンベルクのベーター放射能についての見解をそのまま用いて、これから直ちに核力を導きだそうという試みであった。さきにのべたように、ハイゼンベルクはベーター放射能を中性子の性質に還元し、中性子は未知の法則によって電子を放出し陽子に転化すると考えたが、湯川博士はかかる過程が存在すれば当然、中性子・陽子間にキャッチボールが行なわれ、核力が導き出されるだろうと予想されたのであった。つまり、核力とベーター放射能の間の離れがたい関係をタムやイワネンコより一年も早くから洞察されていたのである。ところが残念にも、ハイゼンベルクにあっては中性子と陽子の転化過程が核内電子についてのボーアの見解をそのまま引き継いだはなはだ神秘的性格を帯びたものと理解されていた。換言すれば、この過程はエネルギー不滅の法則を否定し、量子力学を超えた法則に支配されているのではないかと考えられていた。したがって、湯川博士のすぐれた洞察もこの転化のメカニズムが正しく理解されるまでは容易に展開できない事情にあった。筆者は残念ながら湯川博士がこの着想を発表された学会に出席しなかったので詳しいことを知らないが、なんでもその際、仁科博士がキャッチボールの球となる電子をボーズ粒子にしてみてはどうかという注意を与えられたよしである。そうだとすると、これは大変貴重な忠告で直ちに中間子理論へ発展する可能性をはらんでいた。

パウリが中性微子仮説を提唱したのは、一九三一年(昭和六年)六月のことであったが、これはパサデナで行なった講演で述べた意見にすぎなかったのとそのころボーアの思想があまりにも学界の中で支配的であったことのために、この話が日本にまで伝わったのはフェルミの論文に引用されたのが最初ではなかったかと思う。世界的にみても、一九三一年秋、ローマで開かれた原子核会議にはボーア、ハイゼンベルク、フェルミ、パウリらがこぞって出席しているにもかかわらず、その報告書の中に中性微子の話は全然でてきていない。ところがようやく一九三三年になると、その年の秋ブリュッセルで開かれた原子核を主題とした第七回ソルヴェイ会議でハイゼンベルクがその報告書の中で中性微子仮説にふれ、パウリもこれについて発言している。フェルミがこの考えを発展させたのは、おそらくこの会議で討論が行なわれたその直後ではなかろうかと思う。

ソルヴェイ会議の報告が日本に届いたのは、フェルミの論文がでたよりもはるか後のことであった。もしパウリの意見がもっと早く日本に伝わっておれば、フェルミの理論やタムとイワネンコの計算は湯川博士によって展開されていたに違いない。そうすれば、中間子仮説の提唱ももう一年くらい早くなったかもしれない。しかし、当時の実験的研究の発展段階からみると、湯川理論の提唱は一九三四年(昭和九年)でもまだ早過ぎたくらいであった。

八　ベックの来朝

中間子仮説は、今日からみると、核力についてのもっとも自然な考え方である。ところが、当時の学界の情勢では、かような冒険的な当て推量がいれられることはなかなかむつかしかった。中間子理論どころではなく、その踏み台となったフェルミのベーター放射能の理論さえまだ半信半疑の状態にあった。ちょうど湯川理論が提唱されたころ、ロンドンで国際物理学会が開かれ、主として原子核の問題と固態の問題についての討議が行なわれた。この会議には阪大から八木秀次博士が日本代表のひとりとして出席されたので、私たちはこの会議の様子を非常に早く知ることができた。この討論内容は後に書物となって発行されたが、原子核の理論的方面ではボルンの非線形場の理論とベーター放射能の問題が中心テーマであった。ボルンの報告は、早速、伏見康治博士により菊池研究室のコロキウムで紹介された。同博士と非線形場の離れがたい関係はそのころから始まった。

さて、この会議でベーター放射能の問題について報告したのは、理論家のベックと実験家のエリスであり、フェルミも討論に参加している。この会議に出席された有山兼孝博士(名大教授)から後で聞いたところによると、そのころローマ大学のフェルミの研究室では非常におもしろいことがたくさん見つかっており、そのためフェルミはロンドンへ来られないかもしれないといううわさであったそうである。おもしろいことというのは、いうまでもなく、「遅い中性子」に関する発見のことであった。

ベックはフェルミより一年早く一九三三年に、ベーター放射能の理論を提唱している。ベックの理論は、当時の一般的風潮であったボーアの見解の影響を強くうけ、はなはだ神秘的な性格を帯びていた。この年はちょうど陽電子が発見され、しかもディラックの電子論により予見された陰陽電子対の創生という新現象がみごとに実証された年であった。そのため、ベックの理論はベーター放射能をこの現象と直接に結びつけようとしたものであった。すなわち、ベックによると、ベーター放射能というのは、まず原子核の近くで陰陽電子の対が発生し、次にその中の陽電子のほうが再び原子核により跡形もなく吸収される現象だと考えられた。第一の過程は量子力学的に計算できるが、第二の過程はこの法則の適用限界をこえるもので、その際にはエネルギー不滅の法則もなりたたないとするのである。

この会議でのベックの報告は自分の理論とフェルミの新しい理論を比較するような形で行なっているが、エリスの方はフェルミの理論を基礎において議論を進め、実験的に得られたベーター線のエネルギー分布を正しく与えるためには、中性微子の質量を零ととらねばならないことなどを指摘している。しかし、いずれにせよ、当時の学界は、なお、ボーアの魔法から完全にはときはなたれていなかったので、この会合でもフェルミの理論を全面的に受けいれることには、なお、ちゅうちょしていたようであった。

ロンドンで、フェルミの理論がこのような待遇をうけていたとき、日本では湯川博士によりこの理論をいっそう発展させた中間子理論が提唱されていた。湯川博士は、この着想を阪大で一度発表されたのち、直ちに上京され、日本数学物理学会の一一月例会で再び講演された。この講演は当時理研におられた朝永博士や小林君らも聞かれたらしいが、講演が終ったときツナシマとかいう人が声が低くて聞きとれなかったからもう一度しゃべってくれといって博士を困らせたそうである。

翌一九三五年(昭和一〇年)にはディラックとベックが来朝した。ディラックは二度目の来朝であるが、学術講演などをするのが余り好きでないらしく、仁科博士とともに天の橋立から、京都を通り神戸へやってきたが、京大にも阪大にも顔を出さなかった。湯川博士は神戸のオリエンタル・ホテルに彼をたずねられたが、やはり学問の話には耳を傾けなかったのではなかったかと思う。ベックのほうは、大阪でも中性子の原子核による散乱についての計算か何かの講演を行なったので、私たちはそのとき彼と新大阪ホテルで食事をともにした。湯川博士は中間子仮説の話をされたが、彼はこれにすぐ同意したらしくはなかった。しかし、そのとき彼が語ったベーター放射能についての意見は非常に示唆にとんでおり、湯川博士と筆者がのちに軌道電子捕獲による核変脱の可能性を発見したのはこの討論に負うところが多かったように思う。

私は理研にいたとき、朝永博士の御手伝をして、ガンマー線による陰陽電子対創生の計算を行なった。私が理研にはいったときには、ちょうど朝永博士の中性子・陽子の散乱と重水素についての計算が終ったところで、はじめ三重水素の計算をやらされた。ところが、そのうちアンダーソンが陽電子を発見したので、仁科、朝永両博士は直ちにこの問題をディラックの空孔理論で解釈しようと試みられた。そこでこの立場を確めるためまずガンマー線による創生過程を計算しようということになったのである。それはちょうど夏休み前のことであったが、そのため夏休みを返上してがんばることになり、御殿場にあるYMCAの東山荘にこもって、計算を始めたのである。とはいっても、私はクロッケーをして遊んでばかりおり、朝永博士がクーロン場の中のディラック方程式の解を放物線座標を用いてまとめることに苦心を重ねておられた。この計算はその後半年近くかかってようやく完成した。そのころ、ハイトラーとサウターが同じような計算の結果を発表した。私はこの計算が終るとまもなく大阪へ赴任した。

そんな関係で湯川研究室にはいってからも、その方面の研究を続けていた。まもなくベーテとハイドラーが、私たちの計算と同じ問題について詳しい報告を出したので、これを読んで菊池研のコロキウムで紹介したり、またワイツゼッカーが新しい計算法をはじめたので、これを教室の談話会で話したりしたのを覚えている。そのうち、ガンマー線の内部転換による対発生に興味をもち、ガンマー線放出が全く禁止されているような核転移による電子対創生の計算をはじめた。これはソビエトのアリハノフのラジウムC′に関する実験に刺激されたものであった。ところがこの過程はベーター放射能のメカニズムとたいへんよく似ていたので(ベックの理論によれば完全に同じものである)、この問題について湯川博士といろいろ議論しているうちにさきにのべた軌道電子捕獲による核変脱に気がついたのであった。

この問題はフェルミのベーター放射能理論の正否をためす試金石として決定的に重要な意義をもっていたが、私たちがこれについての計算を一九三五年(昭和一〇年)一一月に発表して以来、一年以上も世界の学界から黙殺されていた。その後、一九三七年(昭和一二年)のはじめメラーにより再発見されてから、急に実験家のあいだでも問題となり、ついにアルヴァレにより実証されるにいたった。

中間子理論のほうはさらに長いあいだ認められなかったが、湯川博士はずっとこの理論の正しいことを確信しておられたようで、軌道電子捕獲の論文の中でも、この理論をインプリシットに使われた。

その後、湯川研究室では菊池研究室から提起される原子核の具体的な問題が研究され、「原子核の変換」「中性子の重陽子による散乱」「ガンマー線計数管の能率」などの論文が三カ月に一編ぐらいの割りで生産されていった。

九　武谷三男博士の「三段階論」

そのころから武谷三男君が私たちの研究室を度々訪れるようになった。彼は大学で私より一年後輩であったが、学生時代には全然話をしたことさえなかった。ちょうど私が理研にいたころ、山梨進一君が連れてきて紹介してくれたのが彼と知りあった最初で、その後だんだん親しく交わるようになった。彼は卒業後ずっと京大の副手をしていたので、私が阪大へ赴任してからは、月に一回くらいの割りで私たちのへやを訪問してきた。彼はいつも原子核の理論についていろいろ卓越した見解を持っており、おそくまで討論して帰った。ときにはヘーゲルの論理学などについてしゃべることもあったが、彼の話は湯川博士も大きな興味をもってきいておられたようであった。そのうち彼は京大文学部関係の進歩的な学者たち(中井正一、新村猛、真下信一氏ら)とともに『世界文化』という雑誌の編集をはじめたと語っていた。この雑誌は次第にはげしくなりつつあったファシズムの攻勢にたいして人民の文化を守ろうとする人民戦線的色彩をもつものであった。

彼はこの雑誌に「量子力学について」という論文をかいた。そのころファシスト・イデオロギーを正当化せんとして躍起になっていた流行哲学者たちはあたかも量子力学が非合理主義や神秘主義の味方であるかのごとくいいふらしていた。また、実際量子力学の専門家にとっても、この理論を真に合理主義に徹した立場から理解しようとするのは生やさしい仕事ではなかった。彼らのうちにはこの仕事の困難さを合理主義の限界と見誤り、神秘主義へ足をふみはずすものも少なくなかったばかりか、ファシスト・イデオロギーの説教者となるものさえあらわれた。けだし、理性への反逆はついには、科学をもふくめて、あらゆる合理的精神を抹殺せずにはおかないからである。この傾向を憂い、「人間の理性はいかなる困難に面しても必ずそれを貫ぬく道を見出すものである」という堅い信念にもえた武谷君はついにこの困難な仕事をやりとげ、反動哲学の陣営に大きな打撃を与えたのであった。

量子力学は微視的世界の深い本質的関係をえぐり出したものであって、これを正しくとらえるためにはどうしても高度の論理学が必要であった。彼は唯物弁証法の立場にたつ立体的な論理を用いて量子力学を徹底的に分析し、ついにその合理的解釈の方向を示すことができた。しかも、彼はこの研究を通じて自然弁証法のもっとも高い段階とみなされる「三段階論」に到達した。この「三段階論」の発見は私たちのその後の研究にたいしてあたかも羅針盤のごとき重要な役割を演じた。

「三段階論」によると、自然の認識はつぎにのべる三つの特徴的な段階を通って螺旋的に発展する。第一の段階は現象をありのままに記述する現象論的段階、第二は対象がいかなる構造にあるかを研究する実体論的段階、第三はそれがいかなる相互作用のもとにいかなる運動法則にしたがって運動しているかを明らかにする本質論的段階である。物理学が量子力学に限らず、ニュートン力学にしても、相対性理論にしても、すべてこのような段階をへて発展していることはすでに武谷君の詳細な科学史的研究によって明らかにされているところであるが、自然認識がつねにこのような経路をへて行なわれるのは全く自然自体がかかる弁証法的構造をもっていることに由来している。したがって、この関係ははじめ量子力学の研究を通じてあばきだされたものではあったが、もはや「自然の論理」としてそのあらゆる領域において自己を貫徹せずにはおかなくなっている。

私たちとともに原子核理論の研究をはじめた彼は「三段階論」の立場から、その発展の段階を分析し、これに「実体論的整理を行ないつつ本質論へたかまる路を探りつつある段階」と規定した。実際、中性子の発見を契機とする原子核構造論の成立、中性微子の導入にはじまるベーター放射能理論の展開などはすべて実体論的整理に基づく著しい成功であった。これに続いて現われた湯川理論もやはりかかる実体論的整理という線に沿った発展とみなされ、「三段階論」の立場に立つ私たちは、保守派の物理学者のきらう「新粒子の導入」という冒険の中にこそ、この理論のもつもっともたくましい性格を見出していたのである。

これまで発展した偉大な理論はすべて冒険の失敗と成功によって鍛えられた。成功も失敗もしない理論、冒険のない理論はたんに現象を記述するだけにとどまり、もっとも低い段階に属する。この段階で終れば、理論はけっしてその本来の役割である予言の能力をもつことができない。晩年「われは仮説をつくらず」と称したニュートンもその活動期には万有引力を初めとして多くの仮説を導入したではないか。まことに武谷君がくりかえして注意しているように、物理学そのものと物理学者によるその解釈とははっきり区別せねばならない。彼らはしばしば自ら行なったことと異なることを述べているから。

しかしながら、見通しのない冒険、盲目的な突進は、ほとんどすべての場合、失敗に終るであろう。真に理論を鍛え、正しい認識に導く冒険は、何よりもまず的確な見通しをもたなくてはならない。見通しのある冒険は、たとえ失敗することがあっても、失敗の中から必ず教訓を学びとる能力をもち、次の冒険での成功を確実にする。このような見通しを与える羅針盤、それが「三段階論」を頂点とする科学的な哲学である。

「三段階論」という羅針盤を獲得した私たちは湯川理論の成功に大きな期待をいだいていたが、この予想はついに一九三七年(昭和一二年)の初夏にいたり確実なものとなった。

一〇　中間子の発見

一九三七年(昭和一二年)の春、原子物理学の大御所ボーア博士が日本を訪れた。ボーアは東大で一週間ばかり連続して特別講演を行なったのち、理研、京大、阪大などを講演して歩いた。大阪大学では八木博士のはからいで私たち原子物理学の研究者はこれらのすべての講演をきくことができるように東京へ出張させてもらえた。そのとき、湯川博士はボーアに中間子の話をされたが、「あなたは新しい粒子が好きなのか」といってあまりとりあげなかったよしである。

ところが、彼が日本を去り、まだ故国の土をふむか否かのころ、アメリカでアンダーソンとネッダーマイヤーおよびストリートとスチーヴンソンがそれぞれ電子と陽子の中間の質量をもつ新粒子を発見したというニュースが届いた。彼らは宇宙線の硬成分粒子の飛跡をとらえる霧箱写真のなかでこれを見出したのであった。この粒子ははじめ重電子とよばれたが、のちにアンダーソンとネッダーマイヤーによりメソトロンと名附けられた。メソは中間という意味である。ところが、その後、トロンという語尾はおかしいということをダーウィンが指摘し、メソンといわれるようになったのである。日本ではこれを中間子と訳した。

新粒子発見の報をうけとられた湯川博士は早速七月一日付のショート・ノートを『日本数学物理学会記事』に寄せられ、この粒子は自分の予想した重量子に違いないという意見を発表された。同様の見解は、アメリカでは、オッペンハイマーとサーバーにより、ヨーロッパではシュトッケルベルクにより、ほとんど同時に提唱された。かくして二年半のあいだ不遇をかこった湯川理論は一躍して世界の脚光をあびてたつことになった。

これに力を得た私たちは早速湯川博士とともにこの理論の全面的検討にとりかかった。湯川博士の第一論文ではU場は核力とベーター放射能を媒介する場として導入されたのであったから、中間子理論としては十分な展開がなされていなかった。そこで私たちはまずU場を量子化する仕事からはじめた。ちょうどこの二年前に、パウリとワイスコップは「スカラー電子論」を研究していた。電子はディラックの天才的理論が明らかにしたごとく、スピノル波動関数で記述されるが、パウリたちはこれがスカラー波動関数で記述される場合を研究したのであった。したがって、この研究は当時としては全く形式的興味だけに基づくものであったが、私たちはこの結果をそのままU場の量子化のために利用することができた。私たちはこれをつかって核力を導きだす計算とか、中間子のひきおこす各種の過程の勘定とかを行なった。その結果をまとめて発表したのが第二論文であった。

ところが残念なことには、この理論から導き出された核力はその符号が実験と一致しないことがわかった。中性子と陽子をそれぞれ一個ふくむ、もっとも簡単な構造をもつ原子核は重水素の核、すなわち重陽子であるが、この核は一単位の固有の角運動量(スピン)をもつことが知られている。このことから重陽子の内部では、中性子と陽子が平行な軸のまわりに同じむきに自転していなくてはならないということが結論される。しかるに、第二論文で展開した理論によると同じむきに自転する中性子と陽子の間には斥力が働くことになり、安定な重陽子は形成されない。この困難は第二論文の根本仮定である「中間子はスカラー波動関数により記述される」という点が誤まっているために起ったものと考えられる。

そこで私たちは中間子のみたす正しい波動方程式、すなわちU場の基礎方程式を探しださねばならなくなった。湯川博士はマックスウェルの電磁場の基礎方程式を一般化することを試みられ、私はその前年ディラックの見出した一般的な波動方程式の中からこれを求めた。武谷君もそのころから本格的に私たちの仲間にはいり、いっしょに研究を進めるようになったが、そのうち、私たち三名は現在「ベクトル中間子理論」とよばれている理論を展開し、これがだいたいにおいて実験結果を正しく再現することを指摘した。これは第三論文となって一九三八年(昭和一三年)春の『日本数学物理学会記事』に発表された。これとほとんど同じ内容の理論は私たちと独立に相前後して、フレーリッヒ、ハイトラー、およびケンマーにより、またバーバーによっても提出され、これを契機として中間子理論の研究が全世界を風靡するようになった。

先にのべたように、当時、理化学研究所の仁科研究室は大阪大学とともにこの国における原子核ならびに宇宙線研究の中心となっていた。ここには理論の方面では朝永振一郎、小林稔、玉木英彦、尾崎正治らの諸氏がおられ、活発な研究が行なわれていたが、私たちもそのメンバーをかねており、春秋二回催される理化学研究所学術講演会にはたいてい欠かさず出かけていた。

量子力学の発祥時代をボーア教授の研究室ですごされた仁科博士は、多数の研究者の自由な討論のなかから近代的理論が生みだされるという事実を知っておられたので、日本にもこのような雰囲気をつくりだそうと努力されていた。中間子の存在が確実となり、湯川理論の有望性がますます増大した一九三七年(昭和一二年)の一〇月には、とくに、私たち阪大グループの理論家を招かれ、竹内柾(現横浜大助教授)、関戸弥太郎氏(現名大教授)ら宇宙線の実験家をも混えて、自由な討論会を開いて下さった。この企てがきっかけとなり、その後は理研の講演会や学会の年会等が開かれた後には必ず「中間子討論会」(メソン会とよばれていた)がもたれるようになり、素粒子論研究者のあいだには密接な協力組織ができ上がった。

一一　大阪時代の末期

湯川理論の異常な展開により人手の不足を感じた私たちは、一九三八年(昭和一三年)春から小林稔君を大阪によび、いっそうの研究をすすめることになった。この年、阪大を卒業された岡山大介(現大阪歯大教授)〔故人〕、斐在黙〔故人〕の両君と大学後期の研究を素粒子論にえらばれた谷川安孝君(現神戸大学教授)の三人もそのころから私たちの仲間に加わった。研究が一段階を画し、その結果が第四論文として発表された直後、私たちにとってまさに寝耳に水の大事件が突発した。それは私たちの有力な仲間であった武谷三男君が特高警察により検挙されたことであった。私たちには事件の真相がかいもく分らなかったが、近藤洋逸君(当時昭和高商教授、現岡山大学教授)がきて『世界文化』の関係らしいということを知らせてくれた。侵略戦争への道をいそぐファシストたちは、合理主義を守る最後の抵抗線をすら破壊せずにはおかなかった。彼は翌年の春、不起訴となってでてきたが、この事件により私どものうけた痛手はまことに大きいものであった。その半年は彼にとっても、全くの空白であったろうが、湯川理論の発展にとっても非常に不幸な時期であった。

ちょうどその間に湯川博士の転任問題がおこった。前年亡くなられた玉城嘉十郎先生の後任として京都大学から招かれたのである。私と谷川君は京都へついていくことになったが、小林、武谷両君は阪大へ残った。その結果、研究室は縮小を余儀なくされたばかりか、当分のあいだ多くの悪条件に悩まされねばならなかった。ことに京都大学のような古い大学の中には、新しい大学ではなお発生しておらないような封建的関係が存在しており、これが知らず知らずのうちに研究者の自由な精神をおさえつけているのである。この環境の相違がかつて京都から大阪へ移られた湯川博士を元気づけ、また当時大阪から京都へ移った私たちをゆううつにしたのであった。

一九三九年(昭和一四年)の五月に、京大へ移られた湯川博士は直ちにヨーロッパへの旅に出発された。それはその年の秋ブリュッセルで開かれる予定の第八回ソルヴェイ物理学会議から招請されたからであった。この会議の中心テーマは中間子理論であったから、その理論の提唱者が招かれるのは当然のことであろうが、この国の学問が世界からかくも高く評価されたことはいまだかつてなかったことで、まことに喜ばしい出来事といわねばならなかった。湯川博士は七月に日本を立ち、まずベルリンに落着かれたが、不幸にも九月のはじめ第二次世界大戦が発生し、会議も流会となってしまったため、ベルリンからアメリカをまわってその年の暮れにはもどってこられた。

一二　京都時代のはじまり

京大の湯川研究室は物理学教室新館の二階にあった。この建物は荒勝文策教授が台北大学から転任されたころつくられたもので、東の端にコックロフト型の原子核破壊装置をセットした大きな実験室があり、一階は全部荒勝研究室で占められていた。これに対して、二階の大半は湯川研究室であったが、私たちの移ったころには玉城教授の講座に属した人がまだたくさん残っておられたのですべてのへやがふさがっており、私と谷川君は当分のあいだ図書室になっていた大べやを使わねばならなかった。

ここは昼時には研究室の食堂ともなるので、落着いて勉強するにははなはだ不向きなへやであった。またいっそう悪いことは、どうしたものか、この建物は南側に廊下があって、すべての部屋が北を向いている点であった。これは窓から比叡山の美しい姿をながめるにはよかったが、日光の恵みが全くないので、暖房のはいらない初冬のころなどは京都の底冷えが身にしみてとてもがまんできなかった。しかも、暖房は大阪のようにスチームでなく、石炭ストーヴであったから、絶えず火を気にせねばならず、冬になると仕事の能率は半減してしまった。

さて、私と谷川君は京都に移ったころから、中性中間子の研究をはじめた。私たちは一九三七年(昭和一二年)第二論文を準備していたころから、中性中間子の存在を予想しており、第四論文ではこの理論を展開したのであったが、この粒子を実証することはなかなかむずかしかった。

そのころ、理研には朝永博士と交換で(朝永博士は一九三七年(昭和一二年)七月からライプチヒ大学のハイゼンベルクのもとへ留学され、戦争の発生により一九三九年(昭和一四年)秋帰朝された)、ビルスという若いドイツの物理学者がきていて、仁科、関戸、宮崎の諸氏とともに中性中間子の存在を確かめる実験を行なっていた。この実験は結局、否定的な結果しか与えなかったが、戦前において中性中間子を問題にした唯一の実験として注目すべきものであった。私たちは理論の側から中性中間子が実証できそうな過程を捜し、手あたり次第に計算してみていたが、そのうちにきわめて有望な過程を発見した。それは中性中間子が二個以上の光子に崩壊する過程で、そのためこの粒子は異常に短い寿命しかもたないことがわかった。もしこの過程が実在するならば、中性中間子の存在は比較的容易に実証できるはずであったから、私たちは大いに得意になり、早速『フィジカル・レヴュー』へ寄稿したが、一九四二年(昭和一七年)の中間子討論会で武谷君が取り上げたほかは、戦前にはほとんど問題にされなかった。戦後にはアメリカでこの過程が注目されるようになり、最近バークレイの実験で中性中間子が実証されるにいたったのはこのガンマー崩壊を見たのであった。

そのころ、武谷君は阪大の菊池研究室にはいって、ガンマー線のエネルギー・スペクトルを結晶を用いて測定する実験をはじめていたが、京大のコロキウムのときには必ず小林、岡山、内山の諸君らとともに出かけてきていた。その帰途、彼はよく私の家をたずね、夜おそくまでいることが多かったが、ふたりで五行五列のマトリックスを用いて中間子方程式を書く方法をはじめたのもそのときの議論の結果であった。

一九四〇年(昭和一五年)の夏、クサカ(日下周一)氏が帰国された。クサカ氏はカナダで生まれ、アメリカで育った日本人で、M・I・Tのヴァヤータに師事したのちカリフォルニアへ移り、オッペンハイマーのもとで研究中の若い優秀な物理学者であった。

当時、父君日下清方氏が大阪に住んでおられたので、彼は夏休を利用して帰省されたのであった。湯川教授は前年ヨーロッパからの帰途バークレイに立ち寄られた際彼に会われたことがあったので、クサカ氏は帰国後早速湯川研をたずねられた。その夏、私たちはみんな彼と親しくなりいっしょに討論したり遊んだりしたのでたがいに啓発されるところが多く、たいへん楽しかった。彼が帰米後クリスティとともに行なった計算は中間子の型を決める上に非常に重要な意義をもつもので、私たちが二中間子論へ進む契機となった。彼は大戦中もプリンストンにあってパウリとともに強結合の理論などを展開して活躍していたが、不幸にも先年〔一九四七年〕水泳中の事故で不慮の死をとげた。ここにこのことをしるして謹んで哀悼の意をささげたい。

クサカ氏が帰米した後、武谷君が病気になり阪大病院に入院した。初めチフスの疑いで伝染病棟に入れられたが、のちに肋膜炎であったことがわかった。

翌一九四一年(昭和一六年)の春、病のいえた武谷君は岩波の風樹会の援助で東京に移り、仁科研究室にはいって研究を続けることになった。東京では一九三九年(昭和一四年)秋、ライプチヒから帰国された朝永博士を中心として玉木英彦、渡辺慧、宮島竜興、荒木源太郎、尾崎正治氏らによって中間子理論の研究グループが形成されていた。朝永氏は中間子理論では従来の量子電気力学などで使いなれている摂動の方法があまりよい近似を与えないことを問題にされ、配置空間でリッツの方法を用いる新しい近似法の研究などを行なわれた。玉木氏は宇宙線現象を理論的に分析され、その角度から中間子理論を検討されていた。また当時仁科研では竹内柾、関戸弥太郎氏らが宇宙線の実験を盛んに行なっておられたから、このグループはこれらの実験家たちともたえず密接に連絡していた。そこへ関西から武谷君が加わったので、東京グループはいっそう賑かになった。

一三　二中間子理論

そのころになると、湯川理論の難点がもはやおおいがたいものとなり、いろいろな面で矛盾があらわれてきた。その中でもっとも著しいものは、第一に中間子の核子(中性子または陽子)による散乱が理論的に予想されるほど大きくないことであり、第二には中間子の寿命にたいする理論値が測定値にくらべ一〇〇倍も短い点であった。

第一の難点をさけるためには、小林稔君の縦中間子の理論があらわれたり、ハイトラーによる核子の同重体を仮定する理論などが提唱された。場の反作用を考慮したハイトラーやウイルソンの計算もそのころあらわれた。

第二の点は筆者が最初からとりついていた問題で、これにたいしてはいろいろな解決法を提唱した。一つは湯川理論を核力の問題に限り、ベーター放射能にたいしてはフェルミの理論を復活させる方法で、これはさきに述べた中性中間子の崩壊過程からの類推で思いついたものであった。このやり方は朝永博士もライプチヒにおられたころ考えておられたそうである。私はその話を朝永博士が帰朝されたころ聞いていたらしいが、その後、すっかり忘れてしまっていた。今一つの方法はそのころから流行しはじめた擬スカラー中間子の特性を用いるもので、中間子は擬スカラー場で記述されると仮定するか、あるいは当時核力の原点における特異性を消去するためにメラーとローゼンフェルトによって提唱されていた混合場であらわされると考えるならば、寿命に関する困難が救われるというのであった。このうち、混合場を使うやり方は、つまり二種類の中間子を導入することであって、後に二中間子理論へ発展する契機となった。

私と谷川君が二中間子理論を提唱したのは、一九四二年(昭和一七年)の春のことであった。ちょうど理研の講演会の前で、講演の種を捜すためにふたりで議論しているうち、二種の湯川場同士の相互作用には非常に特異なもののあることに気付いた。そのとき、谷川君はこのような相互作用でむすびつく二種の中間子を考えてみてはどうかといわれた。私はこの着想が非常に有望であると思ったので、一晩じゅう考えたが、二種の中間子がともに湯川場で記述されるのでは結局、メラーとローゼンフェルトの混合場と同じことになりそうに思えたので、いっそ片方はスピノル粒子としたほうがよいのではないかという結論に達した。ただそうすると宇宙線中に見出されている中間子の崩壊過程がこれまで湯川理論から予想されていたものとだいぶ変わるが、この点はむしろ有利のように思われた。

その翌日はちょうど湯川研究室のピクニックで奈良にいくことになっていた。朝出かけるとまもなく警戒警報が発令されたが、そのまま奈良電に乗った。電車の中で井上健君に私たちの二中間子理論の構想を話して、批判してもらった。その話の最中に、窓から外をながめると、あちこちにまっかな吹き流しが立っていた。これはいよいよ空襲警報になったのかとびっくりしたが、電車から降りて聞いてみたら、旧暦の端午の節句ののぼりであったので笑話となった。奈良では大阪からこられた湯川先生や小林、谷川両君らと帝室博物館の前で落ち合ったが、またそこのしばふの上で、みんなで二中間子理論について討論した。谷川君の最初の着想と私のモデルといずれがよいかはなかなか判定できなかったので、とにかく皆で手分けをして二中間子理論の計算をしてみようということになり、井上健、中村誠太郎両君に手伝ってもらった。

私は早速、私たちの二中間子理論の構想を東京の武谷君に知らせて、東京グループの批判をもとめた。私は中性中間子の問題にしても、またこの二中間子理論にしてもすべて武谷君の三段階論を羅針盤として研究の方向をさだめてきた。したがって、私が自分の研究になんらかの見通しを得たとき、まず一番に批判を求めるのは彼であった。

その秋*には、武谷君が世話人となり、大規模の中間子討論会が開かれることになっていた。彼はこの討論会を彼の方法論にしたがって企画した。すなわち、玉木、武谷両君が宇宙線現象の分析を、荒木氏と私が模型の問題を、朝永氏が近似法の問題を、そして湯川博士が素粒子論の基礎の問題を論ずることに決められ、早くから講演の予稿が準備された(この予稿はのちにそのときの討論とともに、岩波書店から『素粒子論の研究I』として出版された)。私はこの会で二中間子理論について報告し、みんなの批判をうけた。なお、朝永博士はこの年の春から東京文理科大学へ移られており、また、私は井上君とともに一〇月から名古屋大学へ転じた。したがって、私はこの討論会へ名古屋から参加したのであった。

そのころ、湯川博士はしきりに素粒子論の基礎である場の理論の形式をもっと相対性論的に完全な形にしなければならないことを強調しておられた。博士が学会のたびに黒板にまるい絵をかかれて、時空内の任意の閉曲面上のすべての点に関する確率振幅を問題にせねばならぬことを指摘されていたのは有名であった。湯川博士のこの主張はその後朝永博士によりとり上げられ、超多時間理論として発展することになった。

＊ 以下の記述においては、一九四二・三年の理研における二つの会が同一視されている。正しくは『素粒子論の研究I』にまとめられているのは一九四三年秋の会、また「名古屋から参加した」とあるのは一九四二年秋の会である。(編者)

翌一九四三年(昭和一八年)＊の中間子討論会は渡辺慧氏の世話で千葉の東大第二工学部で開かれたが、超多時間理論が発表され討論されたのはこのときであった。しかし、残念なことには、この年の討論会はもはや前年ほど愉快なものではなかった。なぜなら、武谷君は再び自由を失っていてこの会へ参加しなかったし、また若い研究者のうちには戦場にひっぱられていたものも少なくなかったからである。仁科博士がこのような会合はもうこれが最後になるかもしれぬといった悲壮な演説をされたのと、この会がまさに閉会となろうとしていたとき、軍服姿の井上健君がはせつけたのはまことに印象的で、いつまでも忘れられない。事実、戦争中は、これを最後としてもう二度と中間子討論会は開かれなかった。その後は朝永、宮島氏らは電波の研究へ、玉木氏らはウラニウムの研究へ移られたのであった。

＊ 一九四四年(昭和一九年)の誤り。この年一一月一八日に東大第二工学部で会がもたれた。(編者)

一四　戦後の発展

一九四五年(昭和二〇年)には平和が回復したが、世界の物理学界が再び戦前の状態にもどるには相当の時間を要した。それは世界の大半の国が戦争の痛手にははなはだしく荒廃し、科学者の研究条件も著しく悪化していたからであった。またアメリカのごとくそうでない国でも大多数の科学者が戦時研究に動員されたため、中間子の研究のような基礎的な方面へもどるには幾分手間どったからであった。

ようやく一九四七年(昭和二二年)にはいってから興味のある発見があらわれるようになったが、最初に世界の話題となったのは、イタリアのローマ大学で行なわれた実験であった。

コンベルシ、ピチオニ、パンチニの三人は負の電気を帯びた中間子と正の電気を帯びた中間子を分離し、そのおのおのが物質中で止ったのち崩壊して発生する電子を測定し、まことに驚くべき事実を発見した。一九四〇年(昭和一五年)、朝永、荒木両博士が湯川理論を用いて計算した結果によると、負中間子は直ちに物質中の原子核に吸収され、決して崩壊しないはずであった。ところが、それにもかかわらずローマ・グループの実験では炭素のような軽い元素中で止った負中間子は崩壊することが示された。この報告をアメリカでうけとったフェルミは直ちにテラーとともに朝永、荒木の計算を再検討し、理論と実験の間には一兆倍というけたはずれに大きな食い違いがあることを指摘した。

その直後イギリスにおいても画期的な発見が行なわれた。ブリストル大学のパウエル、オキアリーニ、ラッテスの三人は海抜五五〇〇メートルの南米ボリビアン・アンデス山頂にもって上った写真乾板のエマルジョン中で止まった中間子の飛跡を研究し、質量のことなる二種の中間子を見出した。彼らは重い方をパイ中間子、軽い方をミュウ中間子と名付けたが、パイがミュウに転化する事実をも明らかにした。

これらの発見は久しく理論と実験の間に横たわったみぞを埋めるのに役立った。マルシャックとベーテは直ちに湯川理論のかわりに二種の中間子を仮定する理論を提唱し、ローマ・グループの実験を説明した。すなわち、核力を媒介する中間子はパイ中間子であるが、これは直ちにミュウ中間子に転化し、後者が地上で観測される。ローマ・グループの実験などにひっかかるのは大部分ミュウ中間子であろうというのである。

これは私と谷川君が一九四二年(昭和一七年)に提唱した考えと全く同一のものであった。私たちの着想は戦時中であったため確かめるすべがなかったが、パウエルたちの実験はこの予言を確証するものであった。

マルシャックたちの理論と私たちの理論の特徴的にことなる点は、前者が湯川理論を全く否定し、核力については中間子対理論を採用しているのに対して、後者は湯川理論をそのまま生かし、これを拡張している点であろう。

これらの新しい理論のうちどれがもっとも正しいかについては、パウエルたちのその後の実験や、さらにのちに成功したアメリカの人工中間子の研究成果などにもとづいて、武谷三男博士、中村誠太郎君たちが詳しい分析を行なった結果、現在のところ、私のモデルが実験ともっともよく一致することになっている。

戦後、カリフォルニアのバークレイに完成した一八四インチの大サイクロトロンは、一九四八年(昭和二三年)二月に至り、人工的に中間子を発生していることがわかった。それまでは、宇宙線によりつくられた中間子だけが観測されていたが、現在ではこの人工中間子を自由に研究できるようになり、その結果、中間子の研究は画期的に発展した。パイ中間子とミュウ中間子の質量が正確に測定され、それぞれ電子の質量の約二八五倍と約二一六倍であることがわかった。またパイ中間子がミュウ中間子に崩壊する寿命は約一億分の二秒であることも測定された。さらにまた、ごく最近得られた大きな成果では、さきにもふれたように、中性中間子の実在が確認されたことなどがある。

以上のべた一連の研究とは全く独立に、ソビエトでも一九四五年(昭和二〇年)にアリハノフ、アリハニアン兄弟が中間子には非常にたくさんの種類があることを発見し、これらにバリトロンという名称を与えた。他の国の研究では、少なくとも二種類あることは確実になったが、今のところ、それ以上あるかどうかはつまびらかでない。ただ、もう一種類、電子の一〇〇〇倍ぐらいの質量をもつものがあるらしいことだけは明らかにされており、タウ中間子とよばれている。

さて、最後に戦後の日本のことにすこしふれておこう。戦後できるだけ速かに諸外国との研究の交流が復旧することを希望された湯川博士は、まだ各学界の機関誌が殆どすべて休刊の状態にあった一九四六年(昭和二一年)七月、自ら編集者となって欧文雑誌『理論物理学の進歩』(PROGRESS OF THEORETICAL PHYSICS)を発刊された。これには戦時中和文で発表されていた多くの業績があいついで掲載された。

湯川博士のこのよびかけに答うるごとく、一九四七年(昭和二二年)秋には、アメリカのオッペンハイマー博士から湯川博士あてに、翌一九四八年(昭和二三年)九月から一年間プリンストンの高等学術研究所(所長オッペンハイマー)へきてもらえないかという招請状が届いた。かくして湯川博士の渡米が実現し、日本の素粒子論の現状はいっそう正しく海外へ紹介されることになった。また、アメリカの学界の模様も、湯川博士によって速かに私たちのところへ伝えられるようになった。

そのころから、朝永博士一派ならびにアメリカのシュヴィンガーにより展開されたいわゆる「朝永＝シュヴィンガー理論」が世界の理論物理学界を風靡しはじめた。これは戦時中朝永博士が提唱された超多時間理論に、いわゆる「くりこみ」の操作を導入して、量子電気力学を完全な形へ発展させたものであった。この理論の建設者として世界的名声を得られた朝永博士はまもなく湯川博士の後を追って渡米され、やはり一年間プリンストンで過され昨夏帰国された。その間、湯川博士には一九四九年度のノーベル物理学賞が授与され、日本の理論物理学の世界的地位はますます輝かしいものとなった。

仁科博士にはじまり、湯川、朝永両博士を頂点とする日本の素粒子論は最初から二つの特徴をもっていた。その一つは自由な雰囲気の中で多数の研究者が組織的に密接な協力を行なったことであり、もう一つは武谷博士に負うところの強力な方法論的見地によって貫ぬかれたことである。これらは、ともに仁科博士によって伝えられたコペンハーゲン精神のいっそうの深化発展といえよう。研究の組織化と研究態度の方法論化は現代科学の一般的風潮といえるだろうが、前近代的学問の多い日本では、素粒子論のもつ現代的性格がまことに異質的なものとみられている。しかし、かつての量子力学の形成にたいしてコペンハーゲン精神がその基盤となったごとく、この国における素粒子論の異常な展開にたいしては、このような背景が必要であったことに注目してもらいたいのである。

（一九五〇年）

追記　この小文が印刷に付せられているとき、日本の原子核物理学の父仁科芳雄先生の死去（一九五一年一月一〇日）の報に接した。この国の科学界は偉大な指導者を失い、深い悲しみの中に沈んでいる。先生の死はただ私ども日本の科学者にとって不幸であるばかりでなく、全世界の科学界の損失であった。先生の恩師ボーア博士は、はるばるコペンハーゲンから次のごとき丁重な哀悼の電報を日本学士院あてよせられた。

AT THE LOSS OF AN EMINENT SCIENTIST AND TRUE HUMAN PERSONALITY THE MANY FRIENDS OF YOSHIO NISHINA AT THE COPENHAGEN INSTITUTE FOR THEORETICAL PHYSICS SHARE IN THE FEELINGS OF DEEP SORROW AND WISH TO CONVEY THEIR SYMPATHY TO HIS FAMILY AND JAPANESE COLLEAGUES.　NIELS BOHR

私どもは全世界の科学者とともに、先生の御死去をいたみ、心から御冥福をいのりたい。

7　原子核物理学の形成過程

相対性理論と量子力学の出現によりその様相を一変した今世紀の物理学は一九三二年にいたり、再び新なる転回点に到達した。原子力を解放し、物理学者を新しきプロメテウスとした原子核物理学の嵐のごとき発展は正にここから出発する。この時点はただ物理学の内容的な展開においてばかりでなく、またすべての面において一つの転回点であった。ちょうどこの時期までは世界の物理学界をリードする二つの大きな中心がイギリスとドイツにあったが、この時点を境として各国の国際的地位に著しい変化がおこる。文明の歴史における最大の悲劇といわれるファシズムの文化破壊にもとづくドイツ科学の全面的凋落、亡命科学者を欣然とむかえた自由の国アメリカ合衆国における科学の急速なる躍進、地球上ただ一つの社会主義の国ソビエト共和国における新しい形態の科学の発生等がそれである。次にこの転回点を起点とする各国における原子核物理学の発展を跡づけ、現代物理学の主流の方向を示すこととしたい。

一　イギリス

まず偉大なる伝統にかがやくイギリスの物理学をみよう。この国では「科学は思考されるよりも触知される」(Science is felt rather than thought) といわれているように実験的方面がとくにすぐれていた。なかでもケンブリッジ大学の「キャヴェンディッシュ研究所」は原子物理学の実験的研究において世界中でもっとも多くの成果を生みだしたところであり、物理学に新なる転回点をもたらした主な諸発見もラザフォードの主宰したこの研究所で行なわれたものが多かった。ラザフォードは、今世紀の初頭より放射能の研究に従事し、元素変脱の機構を明らかにした他、一九一一年にはアルファ粒子の散乱の実験によって、ボーアの前期量子論の基礎となった有名な原子模型を確立し、さらに一九一九年には、放射性物質のだすアルファ粒子を用いて窒素原子の人工破壊にはじめて成功する等きわめてすぐれた業績をもつ実験物理学者であった。一九一九年マックスウェル、レーリー、トムソンの後をうけ彼が第四代目の所長に就任して以来、この研究所の組織はますます原子核の探究にむけられることとなった。原子核現象の観測に必要な実験技術はすべてこの研究所で生れるか、あるいは改良された。アストンの同位元素についての有名な研究もここからあらわれたが、永年にわたる撓《たゆ》まざる努力が結実し、まことに注目すべき成果が生みだされたのは一九三二年であった。この年、コックロフトとワルトンは約七〇万ボルトの「高電圧発生装置」を完成し、これにより加速した粒子を用いて原子核の人工破壊に成功した。またチャドウィックは新しい素粒子である「中性子」を発見し、さらにブラッケットは「計数管統御の方法」により自動的に宇宙線粒子を撮影する装置を考案した。これらはすべて物理学の新分野を開拓する画期的な研究であり、その後の巨大な発展のいとぐちとなった。

コッククロフトおよびワルトンの高速イオン発生装置の完成による原子核研究の著しい進展は、一方においては量の増大が一定の段階において新なる質の発生にみちびくというヘーゲルの法則を見事に実証し、他方においては科学と工業技術、そしてこれを通じて生産関係との相互制約性を明白に示した。すなわち第一に、この発明を契機として従来実験室内で実現されていたエネルギーとは比較にならぬくらい高いエネルギー(約一〇〇万電子ボルト)が物理学の対象となり、その結果低エネルギー現象においては不変なる粒子のごとく振舞っていた原子核が自由に破壊できることとなった。物理学者の関心が原子から原子核へと移行し、原子核構造の研究が中心的な課題となるに至ったのはまことにこのときからである。第二にこの装置は変圧器、整流器、蓄電器をたくみに組みあわすことによって高電圧を発生し、その電場のなかでイオンを加速することを原理としているが、その完成には真空技術ならびに高電圧技術の高度の発達が背景をなしている。周知のごとく、これらの技術は電球製造業者と送電会社の利潤増加を目的とした経済的要求にもとづいて近年異常な進歩をとげたものであり、この点にまで想いをめぐらせるならば、原子核物理学のごとき当時としては全く産業とむすびつきをもたない純粋な学問の発展にたいしてすら社会的ならびに経済的な力の影響がいかに強くはたらくものであるかを知ることができるであろう。たとえば、彼等の実験を成功にみちびいたすばらしい能率をもつ真空ポンプ用の油とすぐれた性能をもつ真空止めのグリースはバーチという電球製造会社の技師により発明されたもので、しかもこれらの発明を生みだす原動力となったのは、資本家達の激しい自由競争と飽くことなき利潤追求欲であった。同様のことは彼等の用いた最新型の変圧器等についてもいわれる。電力会社が遠隔地へ送電する際には高電圧交流が好都合であるのに対して、需要家は低電圧や場合によっては直流を要求する。この事情が高圧用の変圧器を著しく発達せしめたことは疑いのないところである。

高速イオン発生器としてはそのごひきつづいて、アメリカのローレンスによるサイクロトロン、ヴァン・デ・グラーフによる静電高圧発生装置が完成した。これらはいずれも従来の実験室で用いられた装置にくらべ桁はずれに大規模なものであり、莫大な研究費と高度の技術水準をもつところでなくては製作することがむつかしい。そのため最初イギリスで発展した原子核の実験的研究も漸次その中心をアメリカへ移すに至ったのである。

次に中性子の発見は原子核の構造の理論的理解に対して飛躍的な進歩をもたらしたが、これについてはドイツの項でのべよう。

第三にブラッケットの装置の発明は宇宙線の研究を飛躍的に進展せしめ、陽電子の確認、宇宙線シャワーの発見等の重要な成果を生みだした。しかし、この方面の研究も原子核の研究と同様に、その後次第にアメリカに凌駕される傾向にある。バーナルが警告しているごとく、偉大なる伝統をほこるイギリスの科学も、近代的研究条件に適合するような大規模の拡張を行なわないかぎり、アメリカ科学のはるか背後にとりのこされる危険をはらんでいる(バーナル『科学の社会的機能』一九三九年)。ブラッケットは「科学の徒労」と題するラジオ講演（一九三四年）において、イギリス科学の危機は本質的にはこの国の資本主義の危機とつながるものであり、完全なるソーシャリズムの実現によってのみ科学の無限の発展は約束されるであろうと説いた。

ところが、第二次世界大戦において、原子核物理学者が果した偉大なる役割は、この国の戦後における研究条件を著しく好転せしめたかのようである。最近アメリカの雑誌『フィジクス・ツゥデー』に寄稿されたモットの報告をみると、ケンブリッジ（フリッシュ）、バーミンガム（オリファント）、リバプール（チャドウィック）ではサイクロトロンが、スコットランドのグラスゴウ（デイ）では、ベータートロンがすでに完成しており、オックスフォードに近いハーウェル（コッククロフト）ではウラニウム・パイルと八四インチのサイクロトロンが建設中のよしである（括弧内は研究者名）。また宇宙線の研究もマンチェスター（ブラッケット）とブリストル（パウエル）を中心としてかなり活発に行なわれており、とくに昨年パウエル、オキアリーニ、ラッテスが、南米のボリビアン・アンデスの山頂（海抜五五〇〇メートル）に三週間放置した写真乾板の中で、重軽二種類の中間子を発見したことは湯川理論に新しい発展の契機を与えたものとして、戦後の物理学界に最大の話題を提供した。ブリストル・グループの成果に呼応してマンチェスターでもロチェスターとバトラーがさらに重い中間子の存在をウイルソン霧箱により確認したと報告している。

二　フランス

この国の物理学は、物質波の仮説により波動力学の先駆者となったド・ブロイや、親子夫妻ともにノーベル賞受賞者として有名なキューリー一家のごとき第一級の科学者をもっているにも拘わらず、もはや世界の主流とはいえない。原子核の研究では永い伝統をもつキューリー研究所においてジョリオ－キューリー夫妻が、チャドウィックの中性子発見の緒となった実験を行なったり、人工放射性元素を発見する等数多くのすぐれた業績をあげた。しかし、フランス科学の近年におけるもっとも著しい特徴は何といってもその政治性であって、人民戦線運動において極点に達した。ペラン、ランジュバン、キューリー－ジョリオ等著名の科学者がこの運動を積極的に支持し、その先頭に立ったのは、つぎにのべる「ドイツ物理学者」の態度と正に対蹠的であったといえよう。

三　ドイツ

この国は第一次世界大戦の敗北による荒廃と困窮にも拘らず、二十年代には科学史上未曾有の最も輝かしい時代をむかえた。休戦ラッパの鳴りひびくのをまちかまえたかのようにイギリスの日蝕観測隊はアインシュタインの一般相対性理論を実証し、これに世界的名声を与えた。しかし、この事件はこれにつづく栄光ある時代の序曲にすぎなかった。一九二五年以後数ヵ年にわたる量子力学の異常に急激な発展はけだし空前絶後の壮観であり、まことに「ワイマール共和国が何一つ記念すべきものをもたなかったとしても、この政府の下で科学の偉大な達成がなされたことだけは永久に記憶されねばならない。」そして「ブルジョア的自由の政治的脆弱性と独占資本の経済的不健康性を理解しない人々にとっては、当時のドイツ科学はもっとも実り多き将来を約束されているかのごとく思われた」（バーナル前掲書）。しかし、かかる「よき時代」は永く続くことができなかった。一九二九年以来世界各国をおそった経済恐慌とその政治的余波としてのファシズムの白き嵐は世界の最高峰であったドイツ科学を根本的に破壊し、その跡にただ「ドイツ科学」をのみのこしたのである。自由と正義と友愛を基盤とする自由主義の原則をへいりのごとくすて去り、権力と神話的デマゴギーによって独占資本主義を維持せんとするファシズムのもとにあっては、科学の発展はもとよりその存在さえもおびやかされた。一九三三年政権をうばいとったヒットラーは全く科学的根拠をもたない「種族の理論」をもってユダヤ科学者の地位をはくだつし、あるいは追放し、あるいは投獄した。ドイツ科学にもっとも光輝ある時代をもたらした有名な物理学者はアインシュタインをはじめとして量子力学の発展につとめたシュレディンガー、ボルン、ベーテ、ハイトラー、ノルドハイム、テラー等その大半がこの呪わしい運命に見舞われた。ヒットラーの反ユダヤ政策は本質的には反科学政策であり、ナチズムの基礎をゆすぶる批判的な科学精神を完全に抹殺することを目的とするものであった。すなわち、ドイツ科学は死刑の宣告をうけたにひとしかった。しかるに、このとき極めて遺憾であったのはノーベル賞受賞者として著名な物理学者レナード、シュタルク等がこの科学にたいする死刑執行人達の御先棒をかつぎ、相対性理論や量子力学のごとき新しい物理学的思想までがユダヤ人に固有な独断的精神の産物であり、「ドイツ物理学」の正しい発展を阻むものとして排撃したことであった。ドイツ科学者のかかる幇間《ほうかん》的態度はまことに現代自然科学者のもつ共通の弱点を典型的な形でさらけ出したもので、けっして彼等にのみかぎられたことではない。これは自然科学者の大多数がなお自己の狭い専門の殻の中にとじこもり科学の全体的な関連やその社会的機能について盲目であることに由来している。あるいはさらに遡るならば、真に科学者にふさわしい世界観や方法論を身につけていないためということができよう。それ故ヒットラーはもとより日本の軍国主義者達も容易に科学者の忠誠をかちうることができたのである。しかし、ファシストに魂を売りわたしたドイツ科学は、その代償として以後わずかの期間の中に急速な凋落を経験せねばならなかった。

かかる困難なる政治的雰囲気の中にあってなおかつ世界物理学界における最大の指導者として活躍しつづけたのは量子力学の創設者ウェルナー・ハイゼンベルクであった。当時の彼はもはやマトリックス力学建設の初期に抱いていたごとき余りにも実証主義的な世界観から脱皮し、量子力学の解釈においても、物理学における理論と実験の役割についても、また科学と技術の関連についても極めて卓越した見解をもっていた。彼の新しい立場は一九三四年ハンノーバーで行なった講演の中で披瀝され、シュタルク等「ドイツ物理学者」の偏狭な見解の誤謬を鋭く批判した。量子力学はその初期においてはマトリックス力学と波動力学の二つの流派があり、シュタルクのいうごとくあたかも個人の恣意であるかのようにみえる多くの異った解釈が行なわれていた。しかし、かかる事情は新しい理論が誕生した際に起りがちのことであって、今日ではもはやハイゼンベルクがこの講演の中で簡潔にのべているような一通りの解釈しか許されない。これは量子力学が「教理主義者の頭脳における勝手な創造物」ではなく、自然の正しい反映であったことを示している。相対性理論にしても、量子力学にしても、物理学の新理論はけっしてその創設者達の自由な思考だけから生れたものではなかった。前者ではマイケルソンの実験、後者ではコンプトン＝シモンの実験のごとき決定的な経験事実がまず見出され、これが自然の側から新しい理論の出現を強制したのである。実験的研究はつねに理論的認識にたいする必要不可欠の予備条件であり、理論の原理的な発展は単なる思弁によってではなく実験結果の圧力によって行なわれる。しかし、他方において実験的研究の進歩の方向はただ理論によってのみ見透すことができ、理論を無視してはいかなる計画も立案できないことを知らねばならない。ケプレルの遊星運動に関する三法則の発見はチコ・ブラーエのぼう大な観測材料を基盤として可能になったが、ケプレル以後の天文学の発展は彼の発見によって方向づけられたのである。ハイゼンベルクは現代科学における理論の役割を正しく説いた後、さらに科学と技術の交互作用に論及し、純正科学の発展が技術的進歩の源泉であることを強調した上、当時のドイツにおける前者の過小評価ないし抑圧が将来後者の生命を培う力の枯渇を結果するであろうことを警告したが、技術の軍事力に及ぼす直接的な成果のみを追うに急であったナチスの狂信者達にとっては全く馬の耳に念仏でしかなかった。

かくしてドイツ科学の全面的凋落はさけがたい運命となったのであるが、ハイゼンベルクは全世界の物理学者とともに新しい課題、「原子核」の研究に没頭した。一九三二年チャドウィックが中性子を発見するや彼は直ちにこの素粒子が原子核の構成において本質的に重要な役割を演じていることを見抜き、原子核理論の発展におけるまことに画期的な論文「原子核の構成について」を発表した("Zeitschrift für Physik" 第七七巻、一頁、一九三二年)。当時まで原子核は陽子(水素核)と電子から構成されると考えられていたが、核内電子の存在にからんではいくたの理論的な矛盾があらわれており、とくにこれには通常の量子力学を適用することができないと予想されるため、原子核理論の建設はほとんど不可能な状態におかれていた。(量子力学における不確定性原理によると原子核内のごとき狭い場所に閉じこめられた電子は極めて大きな速度をもつので相対性理論を考慮に入れた量子力学で取扱われねばならない。ところが、その頃、相対性論的量子力学としてはディラックの理論がようやく第一歩をふみ出したばかりであり、しかもこの理論はいくたの困難やパラドックスに悩まされていた)。その結果、原子核現象の多く――ベーター放射能、マイトナー＝フッペルト効果、スピン、統計、磁気能率の加算性等――は「核内電子の神秘的性格」にむすびつけて理解される傾向が生じており、現象の背後によこたわる本質的機構の探究は全く断念されていたのである。ところがハイゼンベルクの論文は、原子核理論の前途を新しい光で照し、その正しい発展の方向を示したものであった。彼はソビエトの物理学者イワネンコがいちはやく指摘した線にそい、原子核は陽子と中性子より構成されているという見解を採用し、中性子の本性についての二、三の仮定を導入することによって当時までに知られていた原子核の諸性質を見事に説明した。中性子と陽子は、その質量が大きいため、原子核内部のごとき狭い場所に閉じこめられても、その速度が小さく、確実に量子力学の法則にしたがうものと見做される。したがって、新しい見地の導入によって、原子核理論は全く通常の量子力学の適用範囲内にもたらされたのであった。

ハイゼンベルクの論文の出現を契機として、原子核に関する理論的研究は二つの路にわかれてすすむことになった。その一つは原子核の構造の理論であり、他は構成要素の性質の研究すなわち素粒子の理論である。かつての原子構造の研究の際には、その構成要素である電子と原子核の性質も、またそれらの間にはたらく力の形も、ともによく知られていた。これらは一定の質量をもつ帯電粒子であり、その間には距離の二乗に逆比例するクーロンの電気力がはたらいていた。その際、未知の事柄は、これらの粒子の運動を支配する法則であり、その研究によって量子力学が誕生したのであった。ところが、原子核構造においては、構成要素の運動を支配する法則(量子力学)は既知であって、構成要素の性質とその間にはたらく力の形が明らかでなかった。その結果右にのべたような二つの方向に研究の重点がおかれることとなったのである。

第一の路はまず構成要素間にはたらく力(核力)を半経験的に決定しようとする方向にすすみ、マヨラナ、ワイツゼッカー、フリュッゲ等ハイゼンベルクを中心とする一派とウィグナー、ブライト、フィーンバーグ等アメリカの研究者達によって著しい成果がえられた。しかし、その後の核構造の研究は量子力学的多体問題の数学的困難さのためますます現象論的とならざるを得ない傾向にある。ただその中でもっとも特筆すべき達成としては、ボーアおよびホイーラーによる原子核分裂現象の理論的分析をあげねばならないであろう。

第二の路を歩んだ研究は、最初イタリアのフェルミによるベーター放射能の理論として結実したが、ソビエトのタムとイワネンコは、この理論を直ちに核力の本性を明らかにする方向へと展開した。その結果が核力に関する半経験的知識と矛盾したことから、ついに湯川秀樹博士の「中間子理論」が生み出されるに至ったことはよく知られているとおりである。この線に沿う研究は、その後さらにアンダーソンの陽電子の発見(アメリカの項を見よ)にともなうディラックの電子論および量子電気力学の異常な発展と合流して現代物理学の主流となり、「素粒子論」の形成にむかって勢よくすすんでいる。

原子核構造論が今日では量子力学の適用範囲内の問題と考えられているのに対して、素粒子論の展開にあたっては新しい法則性の発見が強く要望されている。これは素粒子のあずかる現象のごとく非常に高いエネルギーのやりとりが行なわれる領域においては、従来の量子力学のような、相対性理論の要求を無視した理論が成り立たないからである。したがって、素粒子論の形成は、形式的にいうと相対性論的量子力学を建設する問題である。このような理論としてはすでに、一九二九年ハイゼンベルクおよびパウリにより提出された「場の量子論」があり、湯川博士の中間子理論にしてもまた量子電気力学にしても、今日の素粒子論はすべてこの理論を基礎としている。この理論は素粒子のもっとも特徴的な性質である「相互転化性」を極めて見事にとらえた点等においてはまことに満足すべきものであるが、所謂「発散の困難」という救い難い矛盾を内包している。この困難の解決こそはまことに今日の素粒子論にとっての最大の課題であって、新しい法則性の発見が要望されるのはそのためである。一九三八年ハイゼンベルクは極めてすぐれた科学史的分析によって、将来あらわれるべき新しい理論においては「基本的長さ」をあらわすような普遍常数が決定的に重要な役割を演ずるであろうことを予想したが、彼が今次大戦中に発表した「Sマトリックスの理論」はこの方向にむかう理論的展開として注目すべきであろう。

以上述べたのはハイゼンベルクを中心とする理論物理学の動向であったが、原子核に関する実験的研究においてもなお多くの注目すべき成果があげられた。その中で特筆すべきものは、マイトナー、ハーン、ストラスマン等のいたカイザー・ウィルヘルム研究所の仕事で、一九三八年の末、ハーンとストラスマンがのちに原子爆弾製造の基礎となった原子核分裂現象を見出したことである。ナチスに追われたマイトナー女史がドイツ脱出の直前にこの事実を知り、コペンハーゲンのボーア研究所においてフリッシュとともにその機構を明かにし、その結果が当時アメリカにあったボーアへ報告され、世界的に研究されるにいたった劇的ないきさつはよく知られたところであろう。

四 アメリカ

アメリカの物理学が世界最高の地位に到達したのは、まことに原子核物理学の発展と並行してであった。すでにのべたごとく、原子核の研究には、従来とは桁違いに巨大な装置と多数の人員の協力が必要である。したがって、このような研究が発達するには国家あるいは民間産業から科学研究のために支出される費用が桁違いに増額されねばならない。ところが、アメリカとソビエトを除いては、国家予算にたいする研究費の比率は極めて小さく、到底科学研究の近代的条件を満足せしめることができない。アメリカの物理学が急速な発展をとげたのは、この好条件に加うるにドイツとイタリアから優秀な亡命科学者を多数むかえ入れたことによるのであって、ついに今日のごとき黄金時代を現出するに至った。

この盛んなる時代は、まずローレンスによる「サイクロトロンの考案」(一九三〇年)、ユーリーによる「重水素の分離」(一九三二年)、アンダーソンによる「陽電子の発見」(一九三二年)、等をもって開幕した。サイクロトロン完成の意義についてはもはやのべるまでもない。重水素核はもっとも簡単な複合核として理論的研究の興味ある対象となったばかりでなく、原子核の人工破壊に用いる加速イオンとして極めて重要な役割を演じた。宇宙線中の陽電子の飛跡については、すでに一九二九年ソビエトのスコベルチンによって注意されていたが、アンダーソンの発見につづいて、さらにキャヴェンディッシュのブラッケットとオキアリーニが決定的な実験を行なった。中性子の発見が原子核理論に著しく寄与し、素粒子論展開のいとぐちとなったことはすでにのべたが、陽電子の発見は物質粒子の生成と消滅という高エネルギー現象に特有な事実をはじめて確認せしめたのみか、ディラックの電子論から導かれる理論的予想をことごとく実証した点で素粒子理論に一大飛躍を与えたのであった。アンダーソンはさらに一九三七年宇宙線中で再び新しい素粒子を発見した。これは電子と陽子の中間の質量をもつ粒子で「中間子」と名附けられたが、この粒子の発見が湯川理論の実証となったことはよく知られているとおりである。

アメリカにおける宇宙線の研究は、アンダーソン達の霧箱写真撮影による方法の他に電離箱や計数管を用いていろいろ大掛りな観測が行なわれている。たとえば宇宙線強度の高さによる変化が地球上の広い緯度の範囲にわたり測定された。このような大規模の研究は、原子核の研究と同様に、潤沢な研究費がなくては到底行なうことがむつかしいので、やはりこの国が中心となったのである。

宇宙線はまだその起源が不明であるが、宇宙の各方向から絶えず降りそそぐ高エネルギーの素粒子線であって、一次線は陽子であろうと見られている。これが大気の中に入ると空気の原子と衝突し、中間子、電子、光子その他いろいろな素粒子を発生する。したがって、宇宙線現象の分析は素粒子の相互作用に関する知識の宝庫をなし、これまで宇宙線の研究はつねに素粒子の研究と相たずさえて発展してきた。最近では大型のサイクロトロンやシンクロトロン、ベータートロン等新型のイオン加速器が考案され、従来よりもはるかに高エネルギーのイオンを発生できるようになったので、これまで宇宙線中でのみ見出されていた中間子を人工的につくることさえ可能になった。しかし、これらはまだ宇宙線のもつエネルギーの中ではもっとも低いものに属しているから、今後も宇宙線の研究が素粒子論の発展にたいしてもっとも重要な意義をもつにちがいない。戦争中はアメリカでもかような基礎的な研究はあまり大きな発展をしていないが、最近にいたり、大戦中発達した各方面の技術を用いて、興味ある結果があらわれるようになった。たとえば、大気の高層における宇宙線の強度がロケットを用いて測定されたり、四万フィートの高度における霧箱写真の撮影がB29を使って行なわれたりしている。これらの知識によって素粒子論の研究は今日さらに新しい飛躍をなしとげつつあるが、とくに最近問題となっているのは中間子に重いものと軽いものの二種類があるらしいということである。これについては、さきにのべたイギリスのブリストル・グループの写真乾板の実験がもっとも注目されているが、アンダーソン達のB29を用いた研究にも、大きな期待がもたれる。また加速器による人工中間子の実験がこの問題に一役買うであろうことは間違いのないところである。

アメリカにおける原子核物理学の発展史上において最も大きな事件はなんといっても「原子爆弾の完成」である。トルーマン声明がいったように、これはまことに「組織科学の勝利」を意味するものであった。豊富なる研究資材、巨大なる研究施設、そして高度の技術水準、これらなくしては到底かかる偉大なる事業は達成されなかったであろう。しかし、それにもまして必要であったのは多数の優秀なる頭脳の緊密なる協力であった。この研究を指導した科学者の中には、アインシュタイン、フェルミ等多数の亡命科学者が含まれており、彼等の緊密なる協同作業を可能にしたのは全く全科学者のファシズムに対する共通の憎悪感情であった。アメリカが世界の自由を愛する国々のファシスト国家にたいする戦いの先頭にたち、ソビエト連邦やイギリスと相提携したとき、世界の優秀な頭脳は原子爆弾の完成のために結集したのである。まことにトルーマンのいうごとく、原子爆弾を発明しうるのは世界の自由なる人民だけであった。今後もアメリカが世界の自由を愛する人民の味方であるかぎり、アメリカ科学は現在のごとき繁栄をもちつづけることであろう。

五　ソビエト

ソビエト科学の特性はその社会組織との関係にある。科学の発展がいかにその社会的環境によって支配されるかは、すでにのべたところから明らかであろう。資本主義は利潤を目的とするものであるから、資本主義国における科学の研究は、この目的と合致した場合にのみ奨励され、相反した場合には阻害される。ところが、人類の知識を最大限度に人民の福祉のために用いることを理想とする社会主義国家においては、科学は社会組織における最も重要な要素であり、その進歩のためには出来るかぎりの援助が与えられる。したがって、この国の科学の第一の特徴は国家の支出する科学研究費が他の諸国と比較できないくらいぼう大な点である。この額は一九三四年に一〇億ルーブルに達し、当時においてアメリカの三倍、イギリスの十倍となっていた(今日においては恐らくこの数十倍以上であるに違いない)。

第二の特徴は科学者が「計画性」をもっている点で、しかもこの計画がさらに大きな国家計画の一部であることだ。科学の発展に計画性が与えられていることや科学と産業の関連が意識的にとりあげられていることは、けっして所謂「純正科学」の進歩を抑圧することを意味していない。むしろ、かかる計画や意識をもたぬことから生ずる混乱を未然にふせぎ、科学の自由なる発展を保証しようとしているのである。

ソビエトの科学はかような優越した条件の下において飛躍的な躍進をつづけているが、この地盤の上に真に新しい科学が成長し、これが科学のあらゆる分野において世界をリードするようになるには、なお相当の期間が必要であるかのごとく見える。戦後におけるソビエト物理学の状況を知る材料は全くないけれども、これまで活躍していた物理学者の大部分は古い機構の中で教育をうけた人々であった。彼らは皆ドイツ式あるいはイギリス流の仕方で研究を行ない、その仕事もドイツやイギリスを淩ぐものではなかった。新しい科学の古い科学にたいする真に本質的な差異はその哲学に対する関係でなければならない。ソビエトの国家はマルキシズムを基礎として建設されたものであり、この哲学に対する正しい理解をもたないかぎり、組織の優越性もその機能を充分に発揮することができない。ソビエト物理学がなお高い水準に到達できない一つの原因は指導的地位を占める古い物理学者達のマルキシズムにたいする無理解と新しい教育をうけた研究者達の学問的未成熟とによるのではなかろうか。しかし、ヨッフェのごとくマルキシズムに深い理解をもつ老練の物理学者もおり、アリハノフ、ライプンスキー、ブロヒンチェフ等新しい型の優秀な研究者がすでに活躍しているから、これらの人々の努力によって、新しい形態をもつソビエト物理学が世界の主流となる日も遠くないであろう。

次に原子核物理学の発展に及ぼしたソビエト物理学の寄与について簡単にふれよう。一九二八年量子力学をはじめて原子核に適用し、アルファ放射能の理論を建設したガモフは、ソビエトの生れであるが、今日ではむしろアメリカの物理学者として数えるべきであろう。もともと彼の仕事はドイツでなされたものであり、その後アメリカに渡り、現在はジョージ・ワシントン大学にあって星の内部における原子核の反応の研究で有名である。

ソビエトで行なわれた初期の重要な研究としてはアンダーソンによる陽電子の発見の前駆となったスコベルチンの宇宙線の研究(一九二九年)、ハイゼンベルクに先立って、原子核構造における中性子の重要な役割を指摘したイワネンコの仕事等をあげることができる。しかし、真に新しい形態のソビエト物理学の片鱗はベーター放射能に関連した研究においてはじめてあらわれた。ベーター放射能とは、放射性元素の原子核が一個の電子を放出して原子番号の一つ大きな核へ変脱する現象であるが、ジョリオーキュリーの見出した人工放射性元素の中には陽電子を放出するものもあり、その場合には原子番号の一つ少ない核に変脱する。この現象の特徴は放出される陰電子または陽電子の速度が全く同一の変脱過程においても一様でなく、ある範囲にわたり連続的に分布している点である。これをそのままに解釈すると放射性元素の中にたくわえられたエネルギーは、ある場合に、あとかたもなく消滅することを意味し、これまで物理学のあらゆる領域でその正しさを実証されていた「エネルギー不滅の法則」を否定する結果に導く。一九三一年ローマでひらかれた原子核会議において、ボーアは原子核のような新しい領域では「エネルギー不滅の法則」が否定されるのであろうと宣言し、これを「核内電子」の神秘性とむすびつけた。中性子の発見後にあらわれたハイゼンベルクの合理的原子核理論は核内電子の問題を一応解消したけれども、ベーター放射能に関連した困難は中性子がいかにして陽子と電子に転化するかという素粒子論的課題の中にもちこされ、エネルギー不滅の否定についてのボーアの思想もなおこの問題の中に生残っていた。

このとき、レーニンの『唯物論と経験批判論』出版二十五年記念をむかえたソビエト哲学界においては「哲学は単に科学から概括をなすのみでなく、またそれに指導的観点を与え、その研究に方向を与えるものでなければならない」という気運がおこり、自然科学の現代的課題の解決へむかって積極的な助力がなされはじめた。また自然科学者の側においても、自己が自生的に生み出した新しい世界観を意識し、逆にこれを研究の方法論として適用しようとする傾向があらわれた。哲学と科学のこのような協力はソビエト社会の地盤の上では当然あらわれるべき現象であるが、原子核物理学においては、ベーター放射能の問題に関連して、はじめて、表面化した。

この問題について、哲学者コールマンが披瀝した見解は次のようであった。彼の最も強調した点はエネルギー不滅の法則の成否が議論される際には、この法則の背後にかくされている唯物論的本質――運動の非開闢《かいびゃく》性と非消滅性――を忘れてはならないということであった。しかし、彼はけっしてエネルギー不滅の法則の反対者を反駁するためにエンゲルスやレーニンから相応した箇所を引用すれば充分だというのではない。

「マルキシズムは根本的にいかなるドグマティズムとも両立せぬものであり、弁証法的唯物論は自然に自己の法則を押しつける哲学者や物理学者、生物学者等のこれこれの命題は弁証法的唯物論に矛盾するから正しくないといった調子で議論するものにたいしてもっとも決定的に戦うものである。われわれは与えられた物理学の材料そのものから出発して物理学的命題の不正当さを証明しなければならない」(ミーチン＝コールマン編永田広志訳『現代科学の基礎』)。

若い物理学者ブロヒンチェフとガルペリンは、この線にそってベーター放射能の問題を分析し、パウリとフェルミが新しい粒子「ニュートリノ」の導入によってこの困難をエネルギー不滅の法則に有利に解決したとき、直ちにこの理論がその本質的輪廓において正しいものであることを指摘し、これを支持した。この少し前ランダウがベーター放射能現象におけるエネルギー不滅の法則の破棄は一般相対性理論に矛盾し、ボーアの対応原理にそむくものであるということを指摘したのも注目されてよいであろう。その後この方向での理論的発展としては、タムとイワネンコによるフェルミ理論を用い核力の本質を明かにしようとした試みをあげることができる。この企てが湯川理論成立の契機となったことはさきにのべたとおりである。他方実験的方面ではニュートリノの検出を試みたライプンスキーの研究とベーター・スペクトルの系統的研究を行なったアリハノフ等の実験が著しいものとして数えられる。

その後原子物理学の領域で「エネルギー不滅の法則」の成否がふたたびとりあげられたのは有名なシャンクランド事件であった。量子力学成立の基礎となった「コンプトン＝シモンの実験」は光子が電子で散乱される際にエネルギーおよび運動量不滅の法則が個々の過程で厳密になりたつことを証明するものであったが、一九三六年シャンクランドはこれを否定する結果を出して物理学界に大センセーションをまきおこした。この事件はのちに実験が間違っていたことが分り、あっけなくけりがついたが、このときソビエトではアリハノフが理論的にコンプトン効果と全く同じ機構で起る陰・陽電子の消滅過程を研究し、正反対の方向に放出される二個の光子の同時観測から、この素粒子過程ではエネルギーおよび運動量不滅の法則が厳密に成り立つことを実証した。

ごく最近の動向としては、アリハノフが宇宙線中に数種の中間子を発見したというニュースが伝わっているが、あまり詳しいことは分っていない。

六　イタリア

この国の物理学は、フランスと同様、世界の主流の中にはないが、世界的物理学者フェルミを生み出したという栄誉をになっている。量子統計、ベーター放射能理論等の提唱者として著名なフェルミは、超ウラン元素の研究によりノーベル賞をえた実験物理学者でもある。かつて、彼の指導の下に、多数のすぐれた研究者達が組織的に相協力してなしとげた「中性子に関する系統的な実験」はまことに最近におけるイタリア物理学の最高の達成ということができよう。ところが、一九三八年から三九年にかけてファシスト政府はこれら優秀な科学者の大部分をアメリカへと追いやってしまった。その中にはフェルミをはじめとしてラセッチ、ロッシ、セグレ、ラカー等がいる。彼等がアメリカの原子爆弾の研究において極めて重要な役割を演じたことはすでにのべたとおりである。

戦後ファシズムの圧政から解放されたこの国では、かつてフェルミ達により耕された土壌の中から新しい物理学の芽がふきはじめている。昨年(一九四七年)はじめ、ローマ大学のコンベルシ、ピチオニ、パンチニは負中間子の吸収に関するきわめて注目すべき実験を行ない、湯川理論の基礎を揺った。すなわち、この実験の結果から、地上で観測される中間子は、かつて湯川博士によりその存在を予言された湯川粒子とはことなり、もっと物質との相互作用の小さいものではないかという疑問が提出された。この問題は昨年アメリカのシェルター・アイランドで開かれた理論物理学会議における議論の中心になり、所謂「二中間子仮説」が登場することになった。ところがこれにひきつづいて、さきにのべたイギリスのブリストル・グループの実験があらわれ、この仮説を支持したので、二つの中間子の問題は戦後における素粒子論の中心テーマとなった。

ファシズムの暴政と戦争の惨禍により、困窮と荒廃の極にあったイタリアの実験室の中から戦後の物理学界における最初のトピックがあらわれたことは、まことに驚くべき出来事であった。しかし、イタリアの著名な原子核物理学者アマルディは、最近アメリカの雑誌『フィジックス・ツゥデー』に寄稿して次のように語っている。「生活費は戦前の六十倍となっているのに、研究者の俸給は七倍にしかなっていない。この状態が永くつづけば、かつてファシズムが多数のすぐれた科学者を国外に放逐したごとく、今やインフレーションが有能な研究者を国外に追いやるであろう」と。ルネサンス以来の伝統をになうイタリアの科学がふたたび世界の主流となるには何よりもまずこの国の経済が人民のために復興され、科学者の生活が保障されねばならないであろう。

七　日　本

この国にもかつて四個のサイクロトロン（その一個は建設中）と数台のコッククロフト＝ワルトンの装置があり、仁科、菊池、荒勝三博士を中心として原子核の実験的研究がかなりの勢いで発展したこともあったが、何といっても原子核物理学にもっとも大きな寄与をなしたのは湯川秀樹博士による「中間子理論の展開」であった。この研究は、さきにのべたごとく、ハイゼンベルクの原子核理論、フェルミのベーター放射能理論を一層発展させたもので、これによって物理学の主流は原子核からさらに素粒子の方向へと導かれたのであった。一九三七年アメリカのアンダーソンが中間子の存在を実証して以来、湯川理論の研究は世界の物理学界の中心的課題となり、第二次世界大戦によって科学の国際的交流が絶たれるにいたるまで、全世界の物理学者はこぞって中間子の研究に没頭していた。とくにアメリカにおける宇宙線の研究は中間子の性質を解明するのに大きな役割を果した。あいついであらわれたすばらしい実験結果は湯川理論の正当性をほぼ確証したが、それとともにまた救い難い内部矛盾をもえぐり出した実験的研究の一層の発展がこれらの困難の正体を暴露するであろうと期待されていたとき、全世界は戦争の渦に巻きこまれてしまった。当時筆者はこの矛盾を解決するために谷川安孝博士と熱心な討論をくり返し、それぞれことなった型の「二中間子理論」を提唱したが、この仮説の正当性が実証されるには戦争の終結をまたねばならなかった(イギリスのブリストル・グループの実験ならびにイタリアのローマ・グループの実験の項参照)。

そこでこの国の素粒子論は研究の方針を変更し、湯川理論のごとく実験的研究と密接な協力を必要とするテーマをはなれ、もっとアカデミックな課題である場の量子論の根本的矛盾ととりくむことになった。湯川博士は相対性論的観測の問題を追求され、その方向において朝永振一郎博士の「超多時間理論」があらわれた。この理論は戦後ディラックによっても独立に提唱され、今日アメリカでも盛んに用いられている。

話はすこし前に戻るが、筆者とともに湯川理論の発展に協力した武谷三男博士はニュートン力学や量子力学の論理構造と形成過程を唯物弁証法の立場から研究し、自然認識の発展についてのきわめて注目すべき法則性を発見された。ボーアの「対応原理」やハイゼンベルクの「基本的長さ」の思想はこの見地に立ってはじめて正しい方法論的意義を獲得した。これはエンゲルス、レーニン以来の自然弁証法に新段階を劃するものであって、正にマルクスの唯物史観の発見に比すことができよう。理論の弁証法的発展過程を「現象論――実体論――本質論」の三段階により特徴づける彼は湯川理論の当時の段階を「実体論的整理を行ないつつ本質論への路をさがしつつある段階」と規定した(武谷三男著『弁証法の諸問題』参照)。筆者はさきにのべた二中間子理論の研究をこの方法論的見地にもとづいて行なったのであったが、場の量子論の根本的矛盾の解決にたいしても、やはり、この見地に導かれてすすみ、武谷博士と討論を重ねた末、一つの可能性として「凝集力中間子理論」(または「C中間子理論」)を提唱した。この理論は現在なお仮説の域を脱していないが、「自己エネルギー問題」にたいする合理的解決の方向を示すものとしては、充分の意味をもっていると信ずる。そのご朝永博士が木庭二郎氏とともにこの理論の有望性を新しく証明されたことは、この確信をますます強いものとした。朝永博士はこの研究を契機として凝集力中間子理論にかわるべき新しい可能性として「自己無撞着引算理論」(または「くりこみ理論」)を提唱されたが、* 筆者達の見解によると、この二つの理論は「二者択一」の関係にあるのではなく、「具象性と捨象性」の関係に立つものであろうと思う。なお凝集力中間子理論がオランダのパイス(現在はアメリカ、プリンストン高等学術研究所)により、また自己無撞着引算理論がアメリカのルイス、シュヴィンガー等により全く独立に展開され、この国と並行して研究されているのはまことに興味深いことといえよう。

* この理論はその後超多時間理論を基盤として発展し、現在朝永＝シュヴィンガー理論とよばれている。(一九五一年)

湯川、朝永博士を頂点とし、多くのすぐれた研究者を生み出したこの国の素粒子論は最初から二つの特徴をもっていた。その一つは多数の研究者達が「中間子討論会」という極めて自由で民主的な組織によって密接な連絡をたもち、互いに協力したことであり、もう一つは武谷博士に負うところの強力なる方法論的見地によって正しく導かれたことである。「研究活動の組織化」と「研究態度の方法論化」は現代科学の一般的傾向であるが、いわゆる有閑的幇間的性格を脱しきれない前近代的学問の多いこの国においては、素粒子論のもつ現代的性格はけだし異質的なものといわねばならない。

（一九四八年）

8 付録

8-1 素粒子の相互作用の理論

この論文は中間子論の輝かしい成果を一九三八年末に総括した報文であって、その内容は次の通りである。

ここでは数式の繁雑さを避けて緒論の一部のみを収めた。U粒子(当時の呼称)登場以前の原子核物理学に対する博士の状況分析を知ることが出来る。漢字表記、かな使いは現代風に改めた。(編者)

1 原子核の量子論

キュリー-ジョリオおよびチャドウィック(一九三二年)により中性子の存在が確認されるまでは、物質の構成単位としてわずか二種の素粒子――陽子および電子――が知られていただけであった。したがって原子核もまたこれ等から構成されているものと考えられていたのである(電子-陽子模型)。ところが近年、原子核の実験的研究が嵐の如く発展しその性質に関する知識を急激に豊富にするにしたがい、電子－陽子模型の非合理性が漸次暴露された。なかんずく、窒素核(N_7^{14})がボーズ統計に従いかつ$\hbar$の整数倍のスピンを有する事実、核の磁気能率の大きさが電子の磁気能率(ボーア・マグネトン$=e\hbar/2mc$)*に比し遙かに小さくプロトン・マグネトン($=e\hbar/2M_Pc$)*の程度である事実、ならびに陽電子放射能核の存在する事実等はかような模型からでは到底理解することが出来なかった。当時これ等の難点は、放射能核のβ崩壊の際現れる一層重大な困難――エネルギー保存則の外見的否定――と共に、核内電子の神秘的性格に負うものとされ、かつ相対性論的量子論ならびに量子電気力学のもつ救い難き矛盾と密接に関連しているものと考えられていた。

* e…電子の素電荷(絶対値)、h($=2\pi\hbar$)…プランク常数、c…光速度、m…電子の質量、M_P…陽子の質量

ところが、これ等の難点に解決の端緒を与え、原子核の理論的考察に新しい路をひらいたのは中性子の発見であった。イワネンコ(一九三二年)は中性子と陽子のみを構成単位とする新しい核模型の可能性を指摘し(重粒子模型)、続いてハイゼンベルク(一九三二年)はこの模型に基いてそれまでに蓄積された厖大な実験結果を理論的に分析し直すことにより重粒子模型の合理性を具体的に示すと同時に、原子核の量子論に新しい出発点とプログラムを与えた。ハイゼンベルクの核理論の基礎的な仮定は次の如くである。

(1)　原子核は重粒子(中性子および陽子)を構成単位とする。

(2) 核内における重粒子の運動は普通の(非相対性論的)量子力学の法則に従う。

(3) 中性子はフェルミ＝ディラックの統計に従い、$\hbar/2$のスピンを有する。

(4) 中性子および陽子は同一の粒子(重粒子)の異った状態で、これ等の間に転移が起る際には同時に電子の放出あるいは吸収が行なわれる(従ってβ崩壊現象は核内において中性子状態に在った重粒子が陽子状態に転移する際に起る)。

彼の理論の功績は重粒子自身の理論と核構造理論を分離することに成功した点である。彼の核模型では電子は核内に存在せず中性子が陽子に転化する際新しく誕生するものであるから、核構造理論にはもはや何等重大な困難も現れなくなる。しかしながら、β崩壊現象に関連した本質的な難点は解決されたのではなく、如何にして中性子が陽子と電子に転化し得るかを説明する理論、すなわち素粒子自身の性質を闡《せん》明する理論の中に持越されることになったのである。

ハイゼンベルクのこの画期的労作を契機として、核理論は二つの異った方向へ分裂して発展して行った。一方は核の構成単位(重粒子)間の力(核力)の形を適当に仮定して、核の定常状態ならびに衝突等の問題を普通の量子力学を用いて計算したり、あるいはまた、その結果を実験と比較することにより逆に核力に対する最もよい仮定を探すという現象論的な方向である。ハイゼンベルクを中心とした一党ならびにアメリカの理論家達はこの路を前進して相当実り多き結果を得たのである。*この理論から核力に関して得られた知識は次のごとくまとめることが出来る。

＊ この方向では量子力学の適用性等に関連した原理的な困難は全然現れないが、複雑な原子核は多体問題として取扱わねばならないから、数学的に非常な難関に遭遇する。したがって多くの場合にはボーア（一九三七年）が行なったごとき一層現象論的な考察で満足しなくてはならなくなる。

(1) 中性子陽子間に働く力はマヨラナ＝ハイゼンベルク型の交換力＊である。

(2) この力の有効距離はきわめて短く10^{-13}センチメートルの程度である。

(3) 同種重粒子間にもこれとほぼ同じ大きさおよび有効距離の力が働いている。

＊ 中性子陽子間の力が「普通の力」であるならば、そのポテンシャルは二つの粒子間の距離のみの関数として$V(|\vec{r}_N-\vec{r}_P|)$の形に書けるが、交換力とはこれにさらに両粒子の座標を交換するような演算子を乗じたものをいうのである。

核理論の第二の進路は重粒子自身の基本的性質をもっと本質的に追求し素粒子理論を建設せんとする方向であって、具体的にはまず、フェルミのβ崩壊理論として展開された。

β放射能核の放出する電子のエネルギーが連続的に分布している事実は原子核理論の遭遇せる最も重大な難関であった。この現象の説明として最初ボーアは「β崩壊過程においてはエネルギー保存則が成立しない」という仮定を提唱したが、この仮定は単に理論の無力を表明したにとどまり何等発見法的な役割を演ずることは出来なかった。ことにエネルギー・スペクトルに鋭い上限が存在する事実が確認され、さらにこの上限に対してはエネルギー保存則が見事に成立つ事実が明らかになってからは（エリス＝モットの実験）、ボーアの仮定の根拠はすこぶる薄弱となった。これに加えて、理論的にもランダウが重力理論に基いて重大な抗議を提出した。*

* ボーアの仮定に対する哲学的立場からの反対ならびにエネルギー保存則の方法論的意義に関してはブロヒンチェフおよびガルペリンにより議論されている(白揚社刊『現代科学の基礎』中に邦訳あり)。

これにたいしてパウリはエネルギー保存則を積極的な指導原理とすることにより、「β崩壊過程においては電子と同時に従来の実験装置では観測し得ない新しい素粒子が放出されている」という仮説の必然性を強調した。この新しい素粒子は中性微子(ニュートリノ)と名付けられ、電子よりさらに小さい質量をもつ荷電のない粒子で、フェルミ統計に従い $\hbar/2$ のスピンを有することが仮定された。この仮説はβ崩壊現象に関連したすべての困難を克服したばかりでなく、フェルミの理論においてその効果性がますます実証されていった。

ハイゼンベルクがβ崩壊現象を素粒子自身の性質の中に吸収せしめたことはすでにのべたが、フェルミ(一九三四年)はパウリの中性微子仮説をハイゼンベルクの理論と結びつけることによりβ放射能の理論的取扱いにはじめて成功した。彼の理論の出発点は素粒子間に次のごとき基本過程を仮定したことである。

$$N \rightleftarrows P+e+n \qquad (1.1)^{*}$$

* N…中性子、P…陽子、e…電子、n…中性微子

これを量子論的に定式化するには重粒子(中性子、陽子)および軽粒子(電子、中性微子)の全体系に対

するハミルトン関数の中に(1.1)式の基本過程を惹起せしむるような交互作用の項を附加すればよい。そうすると、β崩壊現象は核内で中性子状態にあった重粒子がこの項を摂動として陽子状態に転移し、同時に電子ならびに中性微子を放出する過程として説明されるから、その転移確率を光の輻射理論と対応的に計算することができる。この理論はβ線エネルギー・スペクトルの形ならびにその上限と核の平均寿命の間の関係(サージェントの法則)等において大体満足すべき結果に到達した。*

* 交互作用の項の形はローレンツ不変性の要求からだけでは一意的に決定出来ない。最初フェルミは簡単のために素粒子の波動関数のみを含む仮定から出発したが、後にコノピンスキーおよびウーレンベックは中性微子の波動関数はその時間微分で置き換えた方がエネルギー・スペクトルの形を正しく再現することを示した。ところがフィールツは最近(一九三七年)、コノピンスキー＝ウーレンベック型の仮定は中性微子の波動関数の再度量子化を行なう際に由々しい困難を惹起することを指摘した。この点はフェルミの理論の重大な欠陥として今後の研究が必要である。

かようにして、核力理論もβ崩壊理論もそれぞれの領域においては一応輝かしい成功を収めたのであるが、この両者はたがいに分離したままであってはならない。もしフェルミのβ崩壊理論が素粒子の交互作用に関する本質的な理論であるならば、まったく現象論的方法で獲得された核力についての知識はこの理論から演繹出来なくてはならない。タム(一九三四年)およびイワネンコ(一九三四年)は量子電気力学において荷電粒子間の電気力(クーロン力)が光子の吸収ならびに放出過程を媒介として計算されるのに対応して、核力をフェルミの理論における電子と中性微子の対の吸収および放出過程(1.1)式を基礎として導来することを企てた。この試みはハイゼンベルク型あるいはマヨラナ型の交換力を直ちに与える点で質的にははなはだ興味深い結果に到達したが、量的には絶対値があまり小さく出るため、到底核力理論の結果を正しく説明することは出来なかった。ウィック(一九三五年)は陽子の附加磁気能率の説明もまたフェルミの理論から可能であることを指摘し、ワイツゼッカー(一九三六年)等により詳しい計算が行なわれたが、これも量的には全く問題にならなかった。これ等の難点を除去するためにその後種々な修正が提出されたが、いずれも失敗に帰し、二つの理論のあいだの溝を深めるばかりであった。

かかる事態はフェルミの理論がまだβ崩壊現象の領域における単なる現象論に過ぎぬことを物語るもので、核力理論とβ崩壊理論の対立を止揚し両者を統一的に論ずるにはもっと本質的な素粒子理論の展開が要望されることになった。

2　U粒子の理論

核理論内に発生したこの新しい困難を克服し、原子核の量子論をより本質的な段階に高めたのは湯川秀樹博士(一九三四年)の「素粒子の相互作用について」の理論であった。…〔以下省略〕

(一九三九年)

8-2　中間子と湯川粒子の関係について

昭和一七年六月理化学研究所学術講演会ならびに昭和一七年七月日本数学物理学会京都支部常会における講演要旨。

中間子の湯川理論はその発展過程の現段階において幾多の重大なる困難を呈示している。この困難の一部は恐らくハイゼンベルク(1)が強調しているごとく相対論的量子力学の適用性に限界を与える「普遍的長さ」の存在と密接に関連しているものと考えられる。しかしこれ等の困難の中には必ずしもかような原理的な問題とは直接関係のないような種類のものも存在しているらしく思われる。実際最近その中のあるものはバーバー(2)が以前から主張しているごとく摂動理論の不当なる適用に由来する純粋に数学的な性格をもつもので、場の反作用を正しく考慮するならば除き得るものであることが明らかにされた。(3)(4)この論文においては素粒子の基本的性質についての新しい考察によってさらに一列の困難が解決されることを示そうと思う。

湯川理論は元来原子核力とベーター崩壊現象を統一的に説明せんとする要求に応じて成立したものであって、原子核の領域においては著しい成功を収めることが出来た。宇宙線中における新粒子——中間子——の発見はこの粒子を直ちに湯川粒子と同一視する見解に導き湯川理論をますます有力なものとしたのであったが、宇宙線に関して行なわれた諸実験との比較が量的になるにしたがってこの理論は幾多の難関に遭遇するに至った。湯川理論によって予言された中間子の自然崩壊の現象は宇宙線硬成分の密度効果や温度効果を極めて鮮かに説明したのであったが、実験的に測定された中間子の寿命は理論的に予想される値に比べて約一〇〇倍も長かった。[5] また $2\sim20\times10^8$ eV のエネルギーをもつ遅い中間子の散乱に関するブラッケット、ウイルソン等の実験は最大に見積っても理論的に計算された断面積の約一〇〇分の一を与えるに過ぎない。[6][7] これらの困難を除くために既にそれぞれの場合に対しては種々な試み[8]が行なわれているが、いずれも満足なものとは思われない。筆者等は以下において上述の二つの困難を同時に解決する目的をもって**中間子は湯川粒子と互いに密接な関係にはあるが一応異った種類の素粒子である**という見地に立脚した新しい中間子理論を提出する。このような立場の理論においては中間子はボーズ粒子であることもフェルミ粒子であることも許されるが、われわれは後の可能性を採用する。[9]

湯川理論に従うと重粒子(核子)および軽粒子はそれぞれ湯川粒子と次の図式に示すごとき相互作用を行なう。

$$\left.\begin{array}{l} P \rightleftarrows N+Y^+, \\ N \rightleftarrows P+Y^-, \end{array}\right\} \qquad (\mathrm{I})$$

$$\left.\begin{array}{l} e^- \rightleftarrows \nu+Y^-, \\ \nu \rightleftarrows e^-+Y^+. \end{array}\right\} \qquad (\mathrm{II})$$

ただしPは陽子、Nは中性子、e^-は電子、νは中性微子、$Y^\pm$は正あるいは負に帯電せる湯川粒子を表わす。さてわれわれは中間子もまた$\hbar/2$の大きさのスピンを有するフェルミ粒子であると仮定し、かつ(I)、(II)と対応して

$$\left.\begin{array}{l} m^+ \rightleftarrows n + Y^+, \\ n \rightleftarrows m^+ + Y^-, \end{array}\right\} \quad \text{(III)}$$

で示されるような相互作用を導入する。ただし$m^\pm$は正あるいは負に帯電した中間子、nは中間子に対応した中性粒子でその質量は非常に小さいと仮定しておく(以下の計算においてはこの質量は零に採ってある。したがって中性微子と同一物と見做しても差支ない)。

(III)なる仮定を新しく導入することにより得られた結論を示すと次の通りである。

(1) 原子核領域の現象(核力、ベーター崩壊等)に対しては湯川理論がそのままの形で保存される。

(2) 湯川粒子の質量m_uを中間子の質量μよりも大きく採るならば、湯川粒子は真空中においても次の過程によって中間子に転化する。

$$Y^+ \to m^+ + n \qquad \text{(湯川粒子の自然崩壊)}$$

スカラー場の理論[10]に従っての計算によると、湯川粒子の固有寿命の逆数は

$$\frac{\gamma^2}{\hbar c}\frac{m_u c^2}{2\hbar}\left\{1-\left(\frac{\mu}{m_u}\right)^2\right\}\left\{1-\left(\frac{\mu}{m_u}\right)^4\right\}$$

で与えられる。ただしγは(III)なる相互作用の大きさを示す普遍常数で、(I)、(II)に対する湯川常数g、g'に対応するものである。γとして中間子の固有寿命から決定した値（次項参照）を代入すると、湯川粒子の固有寿命は$m_u=2\mu$の場合には4×10^{-21}秒、$m_u=3\mu$の場合には6×10^{-20}秒となる。したがって例えば10^{10}eVのエネルギーをもった湯川粒子の平均自由行路は1.0×10^{-8} cm ($m_u=2\mu$) あるいは1.5×10^{-7} cm ($m_u=3\mu$) となる。

(3)　中間子は次のごとくして崩壊する。

$$m^+ \begin{array}{l} \searrow n+Y^+ \searrow \\ \searrow m^+ + e^+ + Y^- \nearrow \end{array} e^+ + \nu + n.$$

（中間子の自然崩壊）

この過程が湯川理論におけるものと異なる点は崩壊生成物が三個の粒子であって、しかもその中の二個が中性粒子であることである。このことは中間子が物質中で止められた際に必ずしも常には崩壊電子が観測されていない事実や、気体中で崩壊した中間子から極めて遅い電子しか放出されていない場合のある事実等[11]を説明し、さらにノルドハイム[12]の行なった中間子にともなうカスケード・シャワーの強度の理論的分析によっても支持されている。また最近シャイン達[13]の実験と関連して玉木氏[14]により行なわれた宇宙線強度曲線の分析の結果が従来の理論から予想されるよりも大きい中性微子損失を要求していることもこの理論に有利のように思われる。

中間子の固有寿命τ_0をスカラー場の理論を用いて計算すると、

$$\frac{1}{\tau_0}=\left(\frac{g'\gamma}{\hbar c}\right)^2\frac{\mu c^2}{\hbar}\int_0^{1-\frac{m^2}{\mu^2}}\frac{x^2\left(1-\frac{m^2}{\mu^2}-x\right)^2}{4\left(\frac{m_u^2}{\mu^2}-1+x\right)^2(1-x)}dx$$

となるから、τ_0として実験結果を与えるようにγの値を決定すると第1図のごとくなる。横軸は湯川粒子の質量m_uを中間子の質量μを単位として測ったものである。したがって例えば$m_u=2\mu\sim3\mu$と採ると[20]

$$\frac{\gamma^2}{\hbar c}=0.0015\sim0.0001$$

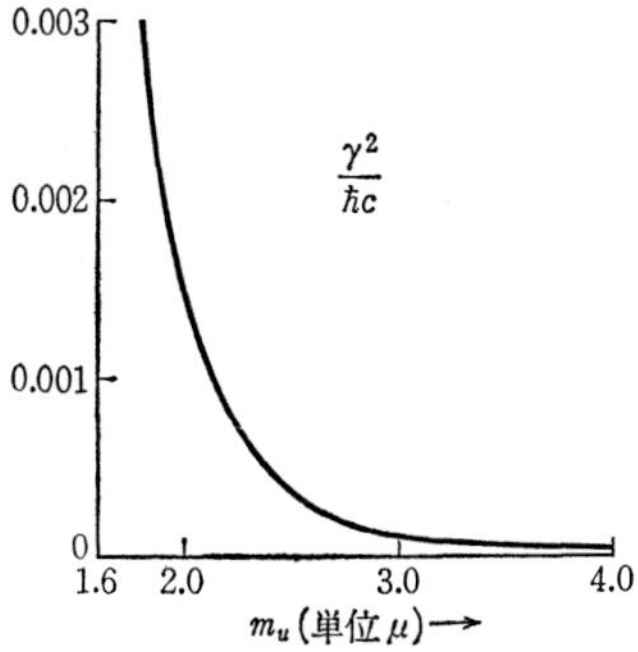

第1図

となり、中間子は重粒子に比べて湯川場との相互作用がずっと小さいということになる。

(4) シャイン達[13]が主張するごとく宇宙線の一次線が陽子であるならば、大気中に入射せる陽子はまず酸素あるいは窒素の原子核と衝突して湯川粒子を創生する。ところがこの湯川粒子はただちに中間子に転化してしまうから、われわれが実際に観測する硬成分は後者である。後者は(3)に述べたごとく前者にくらべて原子核との相互作用が遙かに小さいから、この理論においてはかってノルドハイム[15]により指摘された硬成分の吸収過程はその創生過程に比べて遙かに小さいという困難な事態が見事に解決される。

(5) 湯川理論において同種重粒子間の力を説明するには、中性湯川粒子Y^0の存在を仮定して(I)の他にさらに次のごとき相互作用を導入することが必要であった。

$$\left.\begin{array}{l} P \rightleftarrows P+Y^0, \\ N \rightleftarrows N+Y^0. \end{array}\right\} \quad (\mathrm{I}')$$

したがって中間子に対しても(I′)に対応して

$$\left.\begin{array}{l} m^+ \rightleftarrows m^+ + Y^0, \\ n \rightleftarrows n \;\; + Y^0, \end{array}\right\} \quad (\mathrm{III}')$$

で示される相互作用を導入するのが自然であろう。そうすると中間子の重粒子による散乱は次の図式に従って起る。

$$m^+ + N \begin{array}{l} \nearrow m^{+\prime} + Y^0 + N \searrow \\ \searrow m^+ + N' + Y^0 \nearrow \end{array} m^{+\prime} + N'$$

スカラー場の理論によってこの散乱の断面積を計算すると、例えば中間子の速度が極めて小さい場合には

エネルギー(単位 μc^2)		1	3	20
新理論	$\mu=2\,m_u$	$4.5\times10^{-30}\,\mathrm{cm}^2$	$0.7\times10^{-29}\,\mathrm{cm}^2$	$1.1\times10^{-25}\,\mathrm{cm}^2$
	$\mu=3\,m_u$	$3.5\times10^{-32}\,\mathrm{cm}^2$	$0.5\times10^{-31}\,\mathrm{cm}^2$	$0.8\times10^{-31}\,\mathrm{cm}^2$
湯川理論		$1.5\times10^{-27}\,\mathrm{cm}^2$	$2\quad\times10^{-25}\,\mathrm{cm}^2$	$2\quad\times10^{-24}\,\mathrm{cm}^2$

$$\phi_{\text{散乱}}=2\pi\left(\frac{g\gamma}{\mu c^2}\right)^2\frac{1}{\left\{1+\left(\frac{m_u}{\mu}\right)^2\right\}^2\left\{1+\frac{\mu}{M}\right\}}$$

で与えられる。ただしMは重粒子の質量である。なお此処ではケンマーの対称理論(16)にならって(III′)なる相互作用の大きさも(III)と同じγで与えられるものと仮定した。種々なエネルギーの中間子に対する散乱の断面積の値は上の表に示す如くなる。(III′)を導入しないで、(III)のみを仮定した場合には中間子の散乱は摂動理論の第四近似として起ることになるからその断面積は上記の値よりさらに小さくなる。

(6) 中間子のスピンの大きさが$\hbar/2$であることは、中間子にともなうバーストの大きさに関するクリスティおよび日下の考察(17)により支持される。

(7) (III′)の導入により中性湯川粒子は

$$Y^0\longrightarrow m^+ + m^-,\quad \text{あるいは}\quad Y^0\longrightarrow 2n,$$

のごとく崩壊することになる。この過程の起る確率は従来の光子に転化する過程(18)に対するものに比べると遥かに大きくかつその崩壊生成物がすべて硬成分粒子であることから、曩《さき》に武谷氏(19)がシャイン達の実験に関連して指摘した困難を説明することが出来る。

(8) 中性中間子 n は

$$n+P \begin{array}{l} \nearrow\ n+N+Y^{+} \searrow \\ \searrow\ m^{+}+Y^{-}+P \nearrow \end{array} m^{+}+N$$

の如き過程等により観測にかかることになるから、もしこれ等の過程の断面積があまり大きいと実験と直接に矛盾する懸念がある。この過程の断面積の値は(5)に述べた中間子の散乱に対するものと大体同じ程度であって、m_u を大きくとると充分小さくすることが出来る。実験と矛盾しないためには m_u は 2μ と 3μ の間ぐらいにとっておけばよさそうである。[20]

詳細なる報告はベクトル場、擬スカラー場等による計算の終了とともに近く発表する予定である。

最後にこの仕事に終始御関心を持って下さった湯川秀樹教授ならびに絶えず協力して下さった谷川安孝、中村誠太郎の両氏に対して深く感謝の意を表したい。また種々貴重なるディスカッションを行なって下さった理化学研究所仁科芳雄先生ならびに同研究室の方々特に朝永振一郎教授、小林稔氏、武谷三男氏、玉木英彦氏等に対しても厚く御礼申上げる。なおこの仕事は文部省科学研究費の援助によって行なわれた。

昭和一七年七月一一日

京都帝国大学理学部物理学教室
坂田昌一、井上　健

（昭和一七年七月一五日受理）

引用文献

（1） Heisenberg : Ann. d. Phys. **32**(1938), 20 ; ZS. f. Phys. **110**(1938), 251 ; *ibid.* **113**(1939), 61.

（2） Bhabha : Proc. Roy. Soc. **172**(1939), 384.

（3） Heitler : Proc. Cambr. Phil. Soc. **37**(1941), 291 ; Wilson : Proc. Cambr. Phil. Soc. **37**(1941), 301 ; Sokolov : Jour. of Phys.(U. S. S. R.) V (1941), 231.

（4） 最近朝永教授は摂動論以外の有力なる数学的方法を考察された(Sci. Pap. I. P. C. R. **39**(1941), 247 ;『日本数学物理学会誌』**16**(昭和一七年)80)。この方法の展開による湯川理論の矛盾の分析は極めて期待される所である。

（5） Sakata : Proc. Phys.-Math. Soc. Japan **23**(1941), 291.

（6） Heitler : Proc. Roy. Soc. **166**(1938), 529.

（7） 荒木氏(昭和一七年六月理研学術講演会)は重粒子の原子内における結合の影響を考慮するとこの喰違いが無くなるだろうという意見を発表しておられる。

（8） Heitler and Ma : Proc. Roy. Soc. **176**(1940) 368 ; Bhabha : Phys. Rev. **59**(1941), 100 ; Proc. Ind. Acad. Sci. **11**(1940,) 347 ; Kobayasi : Proc. Phys.-Math. Soc. Japan **23**(1941), 891 ; Sakata : Proc. Phys.-Math. Soc. Japan **23**(1941), 283, 291.

（9） 谷川氏はボーズ粒子の場合の理論を建設された(谷川、中村 :『日本数学物理学会誌』**16**(昭和一七年)発表予定)。

（10） Yukawa and Sakata ; Proc. Phys.-Math. Soc. Japan **19**(1937), 1084.

（11） Maier and Leibnitz : ZS. f. Phys. **112**(1939), 569 ; Neddermeyer and Anderson : Phys. Rev. **54**(1938), 88.

(12) Nordheim : Phys. Rev. **59**(1941)554.

(13) Schein, Wollan and Jesse : Phys. Rev. **59**(1941), 615.

(14) 玉木英彦：文部省学術研究会議物理学研究委員会講演(昭和一七年四月)。

(15) Nordheim ; Phys. Rev. **56**(1939), 502.

(16) Kemmer : Proc. Cambr. Phil. Soc. **34**(1938), 354.

(17) Christy and Kusaka : Phys. Rev. **59**(1941), 414.

(18) Sakata and Tanikawa : Phys. Rev. **57**(1940), 548.

(19) 武谷三男：科学 **11**(1941), 523.

(20) 湯川粒子の質量をこの程度に採ることは原子核力の到達距離の値とも矛盾しない(Aoki : Phys. Rev. **55** (1939), 794 ;Proc. Phys.-Math. Soc. Japan **21**(1939), 232 ; Hoisington, Share and Breit : Phys. Rev. **56** (1939), 884.

III　素粒子論の方向

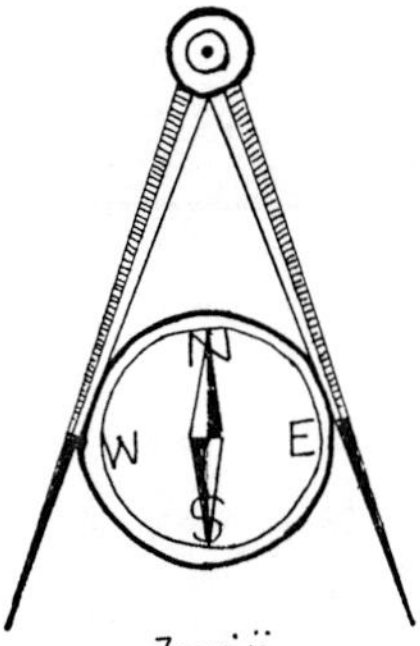

終戦のころから一〇年近くの間、坂田博士は場の量子論の内包する深刻な矛盾に取組み、混合場の方法にもとづいて多くの業績が博士の研究室から生れた。従来の素粒子の研究が、それぞれの粒子に対応する場の相互作用を単独に他と切り離して取り扱ってきた点を博士は批判し、すべての粒子とその相互作用の内的関連の探究を目標とした混合場の方法を提唱し、電子の自己エネルギーの発散の困難をC中間子場の導入によって取り除くことに成功した。この理論は朝永博士のくりこみ理論の展開に重要な契機を与えた。

博士はさらに、くりこみ理論の適用限界の分析を通じて、素粒子のもつさまざまの相互作用の同質性と異質性を明らかにし、相互作用の構造の追求に向う(論文**15**)。外国ではくりこみ理論の成功を固定化し、これを素粒子論の指導原理とみなそうとする風潮が強まりつつあった頃、博士は「三害」(固定化・歴史の忘却・経験主義の弊害)を批判し、素粒子の模型が「偶像」に、法則が「儀式」に化する傾向を戒めた。論文**16**はマヨラナ粒子に関する固定観念を打破したものである。

戦後、博士は毎年のように素粒子論の発展状況を方法論的に分析し、新しい展望を与えることに努めた。そうした年次報告ともいうべきものが論文**9**〜**14**であり、組織的研究のリーダーとして、いわば登山の途中でときおり地図とコンパスを取出して位置をたしかめ、次に進むべき方向を提示したのである。二中間子論の建設以来、混合場の方法、その発展としての相互作用の構造の分析をふまえ、素粒子の構造に迫ろうとする足跡がここに示されている。

9　素粒子論の方法
――一九四六年――

周知の如く現在の素粒子論は次の三つの段階から構成されている。まず始めに自然界にどんな種類の素粒子が存在し、それらがどんな相互作用のもとにあるかという対象の模型に関する仮定が設けられ、次にこの体系にハイゼンベルクおよびパウリの場の量子論が適用される段階があり、最後にこの理論から適当な近似法(主として摂動論)を用いて実験と比較できるような結論を導きだす過程がある。したがって現在のごとく、これらの結論が実際とひどく喰い違ったり(例えば中間子の寿命)、自分自身の中に矛盾を含んでいるような場合には(例えば無限大の自己エネルギー)、その困難の原因を上に述べた三つの段階に対応して(一)模型の適否、(二)量子論の適用限界、(三)近似法の良否の三点について注意深く探し求めねばならない。近似法、殊に摂動論のよしあしについては朝永氏一派およびウェンツェル一派等によって詳しく研究されはなはだ実り多き成果が挙げられている。私共は主として模型の問題を研究し、模型の変更により或る種の困難――例えば中間子の寿命の問題等――の解決が可能であることを示した。* ところがローレンツの電子論以来引継がれている電子の自己エネルギーの問題など場の理論にあらわれる種々な発散の困難に関しては、量子論の適用限界に結びついた問題として新しい理論の発展が久しく待たれている。ハイゼンベルクがこの問題を論じて、相対性理論と量子論の結合の際考えに入れるべき長さの次元をもつ新しい普遍常数を無視したために現われた矛盾であるとしているのはよく知られたことであり、今日素粒子論研究者の指導原理となっている。私共も彼の予想が将来裏書されるであろうと信じてはいるが、この問題はもう少し掘り下げて考察することが必要であると思う。

* 坂田昌一「素粒子論における模型の問題」(『素粒子論の研究I』 岩波書店)

理論が将来いかなる方向へ向って進むであろうかという物理学の発展の法則を見つけだすことができ、この法則を具体的な問題の分析に意識的に適用する事ができたならば、研究者の天才的直観による偶然的な成功に頼るよりも遙かに容易に、しかも確実に目的を果すに違いない。ハイゼンベルクが相対性理論や量子論の発達した歴史的経過を跡づけ、その形成過程の中から上に述べたような法則を見出そうと努めていることは高く評価すべきであろう。しかし類推のみをもととして行なった彼の議論は post hoc (これに続いて)であってもpropter hoc (これの故に)であることはできない。毎日朝日の昇ることから、明朝再び太陽が昇るであろうとの推論は生じないのである。(類比がすぐれた発見的方法であっても本質的な関係をあらわす論理でないことについては武谷三男氏の「革命期における思惟の基準」(『科学と技術の課題』)の中に詳しく論ぜられている)。それ故にハイゼンベルクも確信をもって「普遍的長さ」の存在を予想したのではなく、かような考えが naheliegend であると述べているのである。

私共の素粒子論の研究における仲間であり、わが国における最もすぐれた科学史の研究者である武谷三男氏は「ニュートン力学の形成について」*その他において次のような見解が正当であることを明示された。即ち吾人の自然認識はヘーゲルの概念論における判断の三段階に相応した環をくりかえして螺旋的にすすむ弁証法的過程であるという見地である。** 氏はこれらを現象論的段階、実体論的段階、本質論的段階とよんでおられるが、第一の現象論的段階とは個別的事実が記述される an sich な段階をいうので、ニュートン力学ではチコ・ブラーエの業績が演じた役割によって示されるような段階に相当して居る。第二は現象が起るべき実体的な構造を知り、この構造の知識によって現象の記述が整理されて法則性を得る段階で、ここでは法則は実体の属性としての意味をもつ。これは特殊の構造は特殊な条件で特殊な現象をもつことを述べる für sich な段階で、ケプラーの段階である。最後に本質論的段階とは任意の構造をもつ実体が任意の条件のもとにいかなる現象を起すかを明らかにする an und für sich の段階を言い、ニュートンの段階に相当する。武谷氏はこの見方を中間子理論の現状に適用し、現段階は実体論から本質論への移行に当ってまず実体論的な整理を行ないながら本質論へ高まる路を探している状態であると規定された。

* 武谷三男『科学』一二巻(一九四二年)八〇七頁
** エンゲルス『自然弁証法』

さて発散の困難において最も明瞭に示されている素粒子の現段階の矛盾に対する解決策として種々な

理論が提唱されているが、私共はこれを以上に述べた見地に立って類型的に分類し、理論の正しい発展の方向を見出したいと思う。まずシェルツェル、マルヒ等の切断の方法、ディラック、バーバー、ハイトラー等の引算の方法、ウェンツェル、ディラックのラムダ極限過程等*はすべて現在の理論に或る操作(相対性論的不変な)を行ない発散を生ずる部分を切り棄てることにより困難を救おうとしたもので、現象論的段階に属する理論と見られる。これに対してミー、ボルン、ボップ**の新電磁場理論は素粒子の相互作用の実体的構造を明らかにせんとする意図を持つもので、電磁場の量と電子の位置の間に不可換な交換関係を導入したマルコフの理論等と共に、実体論的段階へ分類されてよいであろう。もとよりこのような分類は形式的に行なってはならないことに注意すべきである。

* Pauli: Rev. Mod. Phys., **15**(1943), 175.
** Bopp: Ann. d. Phys., **38**(1940), 345.

私共は一九四五年秋疎開地信州富士見高原に武谷氏を招き種々討論を行なったが、その時の同氏の示唆にもとづき実体論的段階にあるボルン＝ボップの系列の理論の構造を詳しく調べて見た。ボルンの理論は非線型の理論として有名で数学的興味を唆っているが、その本質は非線型性にあるのではなくラグランジュ関数の中にポテンシャルの二階以上の微係数がふくまれた点にあることはボップの指摘した通りであり、ボップは線型でありながら有限な自己エネルギーを与える理論をつくることに成功した。この理論の量子化は彼自身も行なっているが、最近ポドルスキー達が行なっている。その結果と同一であるが、私共の研究室でも、原治君*が正準変換の方法によって、ボップの理論は電磁場と負エネルギー中性ベクトル湯川場の混合場理論であることを証明した。混合場理論というのはかつてメラーおよびローゼンフェルトが核力の $1/r^3$ の特異性を除くためにベクトル場と擬スカラー場の混合を考え、それらと核子との相互作用の常数の間に特定の数値的関係を仮定したのと同じ類型に属するからである。電磁場の静電ポテンシャルは e^2/r の形をもち、負エネルギー中性ベクトル湯川場の静的ポテンシャルは $-g^2\exp(-\kappa r)/r$ であるから（e、g はそれぞれの場の相互作用の常数、$\hbar\kappa/c$ は中間子の質量、r は距離）、もし $e=g$ とおいた混合場を採ると全体の静的ポテンシャルは

$$e^2\left(\frac{1}{r}-\frac{\exp(-\kappa r)}{r}\right)$$

となり、自己エネルギーは $e^2\kappa$ という有限な値になる。ボルンやボップの本来の意図は一元論的見地の正当化にあったが、私共は次に述べる理由により混合場という点にこの理論の本質を求めたいと考えている。

* 原治：Prog. Theor. Phys., **3**(1948), 188.

従来は場の理論において個々の場の相互作用が単独に取出され、他と切離して研究されてきた。ところが私共は同一の粒子と作用するすべての場および同一の場の湧源となるすべての粒子の相互作用間の内部的な関連を探究することが今後の理論的発展の有力な方法であり、現在の理論の困難を解決する有

望な路であるということを主張したいのである。上に述べたボップの理論や、メラーおよびローゼンフェルトの混合場理論は確かにこのような方向を指示している。また核場の湧源である核子の状態の多様性(種々な大きさのスピンおよび荷電)を仮定したハイトラーおよびマの理論や、さらに正および負エネルギーの光子場の混合へ導くディラックの新量子化理論*等は、何れも私共の立場の正しさを証明するものの如くである。かつてディラックの電子論は単体問題に対する相対性論的量子力学の可能性を仮定して出発したところ、負エネルギーの困難に遭遇し、この問題を解決するために無限に多くの負エネルギー電子の存在を仮定する空孔理論へ移行せねばならなかった。これと同様のことが素粒子論の発散の困難についてもいえるのではないであろうか。私共は素粒子間の全体的関連を無視した従来の理論における形而上学的方法の偏狭さを示すものが発散の困難であるとみなしたいのである。自然を全体的関連から引き離してその個別において研究する態度は自然科学の発展の初期の段階においては極めて有力な方法であり、近代自然科学の偉大な進歩の根本条件であった。その結果われわれは自然を一つ一つ他から切りはなして考察できる、互いに孤立した独立な対象の偶然的な集りと見なすような考え方になれてしまった。しかしベーコンに始まるかような形而上学的方法は、その適用限界を超えればたちまち一面的な偏狭なものと化し、解くべからざる矛盾に迷いこむのである。これは個々の事物のためにその関連を忘れ、その存在のためにその生成および消滅を忘れ、その静止のためにその運動を忘れるからであり、樹を見て森を見ないからである。自然に存在するすべての対象や現象は、本来互いに有機的に関連し互いに制約するものであるから、一つの現象でもこれを孤立した形において周囲との関連を無視して取上げるならば、ナンセンスな結果にみちびかれる。上に挙げたディラックの電子論の例は特別な場合ではなく、形而上学的方法が不当に適用されたときはいつでも、充分徹底せしめられると出発点の正反対へ到達するものなのである。** 研究者の多数がなおかような方法の限界を意識していないために生ずる混乱と矛盾は、各領域において非常に多いのではないかと考えられる。私共は素粒子論においてもこの方法の適用限界をつねに自覚し、世界におけるすべての現象が相互に関連しあい、制約しあうものであるという弁証法的見地にたつことの必要性を指摘したい。

* Pauli: Rev. Mod. Phys., **15**(1940), 345.

** エンゲルス『自然弁証法』

私共はこのような方法論的見地から、まず混合場理論によって素粒子論の難点がどの程度まで除き得るかを検討しようと思っている。またさきに現象論的段階にあるといった切断の方法、引算の方法、ラムダ極限過程等がなんらかの形で混合場理論によって裏附けられるのではないかという点も研究中である。しかし混合場理論の如く単に相互作用の常数間に一定の数値関係を設けた理論は相互作用の相互関連についての外部的な偶然的な認識をふくんだ現象論的実体論的段階の理論であって、将来相互作用の間のもっと内部的な必然的な関連を明らかにする本質論的段階へ止揚されねばならない。メラーの五次元の理論はこの方向へ向う研究として注目すべきものであり、私共も理論を一層高い段階へ高めることに最後の目標のあることを常に忘れてはならない。この場合おそらく、武谷氏*が詳しく論じておられる如く、場と物質の対立の統一という問題が根本的に重要な役割を演ずるに違いない。またそのときにこそハイゼンベルクのいう「普遍的長さ」の存在が正しく考慮されるであろう。私共が湧源の多様性をも含めた混合場理論の綜合的研究の必要を説く所以は、本質論への移行に先立って現象論的実体論的研究の段階の整理が大切な仕事であると考えるからである。

（一九四六年）

* 武谷三男『科学』一六巻（一九四六年）一九九頁

追記　ボップの理論は湯川場のエネルギーが負になるという困難をともなっていたが、最近筆者と原治君（『科学』一七巻（一九四七年）、五七頁）は電磁場と中性スカラー湯川場（C中間子場と名付ける）の混合場理論を提出し、この困難を除去すると同時に陽子と中性子の質量差の理論的根拠を見出した。

（一九五一年）

10　素粒子論の現段階

――一九四七年――

素粒子に関する知識の大部分は最近における原子核および宇宙線の研究から得られたものである。前者は七〇万ボルトの高電圧発生装置の完成(一九三二年)とサイクロトロンの発明(一九三二年)を契機として発達をとげたもので、百万―千万電子ボルトという高いエネルギーのあずかる現象を経験範囲のなかにもちこんだ。また後者はこれよりさらに高エネルギー(一億―十億電子ボルト)のやりとりが行なわれ、地上ではとうてい実現できないような現象をまで観測の対象にひきいれた。かような高エネルギー現象の研究において明らかにされた重要な事柄は従来知られていなかった新しい素粒子が主役を演ずることで、中性子、陽電子、中性微子(ニュートリノ)、中間子(湯川粒子)等があいついで発見された。またすでによく知られていた素粒子である電子、光子、陽子もここではまた新しい性格を示すことが認められた。高エネルギーの領域において素粒子の示すもっとも特徴的な性質はその相互転化性である。原子現象のようにエネルギーのやりとりの少ない現象では、電子はその状態を変化することはあっても他の形態の素粒子へ転化することはない。ところが原子核や宇宙線の現象では素粒子の相互転化は日常茶飯事であって、光子が消滅して陰陽電子対を創生したり、地上には存在しない中間子がつくられたり崩壊したりする。

かように素粒子論の対象は高エネルギー現象であるから、その主要な課題は形式的にいうと相対性理論の要求をみたす量子論、すなわち相対性論的量子論をつくりあげることである。さらにまたこの領域における素粒子の特性である相互転化性を正しく記述するものでなければならない。一九二九年ハイゼンベルクおよびパウリにより提出された所謂場の量子論はこれらの要求を形式的にみたす美しい理論であり、現在の素粒子論の基礎となっている。ところが内容的にみると、この理論にはなお次にのべるような多くの困難がともなっており、この矛盾の解決こそ今日の素粒子論の最大の課題なのである。

電子と輻射場(光子)の相互作用をとりあつかう「量子電気力学」は素粒子論のなかでもっとも早く発展した領域であるが、ローレンツの電子論以来ひきつがれた本質的な困難として電子の自己エネルギーの問題をふくんでいる。ローレンツは電子の大きさを有限であると考えたが、その場合でも荷電を凝集せしめる非電気的な力を仮定しないかぎり、電子は自己の荷電のために爆発してしまう。この事情は電子の点模型を基礎とする量子電気力学においては一層深刻なものとなり、自己エネルギーが無限大になるという矛盾した結果にみちびくのである。さらに又この理論から電子や光子のあずかる諸現象を摂動論的に計算してみると、最初の近似においてはつねに実験ときわめてよく一致した結果が得られるにもかかわらず、高い近似まで考えると中間状態で関与する高エネルギーの項のために無限大があらわれてくる。これらの矛盾を総称して「発散の困難」といっている。

素粒子論の第二の分野は中間子理論であり、その主な対象は核子(陽子と中性子)と湯川場(中間子)の相互作用である。ここにおいても発散の困難があらわれるのは量子電気力学と全く同じであるが、新しい型の困難も加わっている。それは(一)摂動論の最初の近似がすでにしばしば実験と一致しないことと(二)中間子のあずかる諸現象のおこる確率が中間子のエネルギーとともに限りなく大きくなることであった。(一)の例としては、おそい中間子の核子による散乱の断面積や中間子の自然崩壊の確率がともに実験値の百倍も大きくでていたことがあげられる。

このような困難に直面し、これを克服する路を探すためには、まず現在の素粒子論の構造に注目することが必要である。素粒子論は三つの段階よりなり、その最初の段階はいかなる種類の素粒子が実在し、それらの間にどんな相互作用がはたらいているかという対象の構造についての知識である(これは武谷氏のいう認識の実体論的段階に対応するものである)。次はこの体系に場の量子論を適用する段階であり、さらにこれから実験と比較できる結果をみちびくためにこれをある数学的近似法の下に解く段階が必要である。最後の段階としては通常相互作用を小さい(ウィーク・カップリング)と仮定して、逐次近似法を用いる摂動論が採用されている。最近における素粒子論の研究はこれらの各段階に対応した三つの側面から困難の分析を行ないつつある状態にあった。

第一段階については中間子のスピンの大きさがどうであるか、質量の値が一種類であるかどうか、また中間子のあずかる素過程はいかなるものであるか等の議論が行なわれ、さらに核子にスピンや荷電の大きな状態を仮定する理論等もあらわれており、中間子理論に特有な困難とされたもののなかにはこの段階の問題として解決できそうなものがかなりあるようである。散乱の問題は最近の実験結果が理論値へ近づいてきたから論外におくとして、自然崩壊の問題は地上で観測される中間子をスピンをもたない擬スカラー場により記述されると仮定するのが正しい解決であるらしい。*

* これらの問題はそのご二種類の中間子の発見によって新しい観点から整理された。(一九五一年)

第二の段階に対応しては現在の理論が非常な高エネルギーの領域にまでそのまま適用できるかどうかという本質的な問題が議論されており、ハイゼンベルクの見解が代表的なものとなっている。彼によると発散の困難を結果するような高エネルギーの領域においては従来の量子論とは質的に異なった新しい法則性が支配しており、その認識は量子論を形式的に相対性論的な理論へ拡張しただけでは達せられないと考える。あたかも相対性理論の展開においては光速度の意味が正しく理解されねばならなかったごとく、また量子力学の形式において作用量子の演ずる役割を正しく認識することが必要であったように、高エネルギー領域においては従来の理論の適用限界を指示するような新しい自然常数が発見されねばならない。現在の理論がすくい難い困難をともなっているのは正にかような常数の存在を無視し、ふるい理論を新しい領域にまで無批判に適用した結果であるというのである。さらに彼は発散の困難が素粒子の点模型や高いエネルギーに対応した短い波長と関連してあらわれるところから、長さの最小限に対応するような自然常数の存在を予想している。かような常数はおそらく時空の微視的な構造と関係したものであるにちがいない。最近湯川秀樹博士はこの問題についての興味深い試みを提出されたが、私共はその成果に大きな期待をかけている(日本物理学会一九四七年度年会講演)。*

＊ この研究がのちに「非局所場の理論」へ発展した。(一九五一年)

新しい理論の出現のためには、将来の理論の性格を予想することも必要であるが、現在の理論をその矛盾がもっともすなおにあらわれるような形式にかきなおすことも重要な意味をもつ。古典力学から量子力学への移行はニュートンの形式をハミルトンの形式にかき直すことにより可能となったことを想起すべきである。朝永振一郎博士により完成された「超多時間理論」は現在の場の量子論の美しさを極度に示したものとして大きな期待がもたれている。この研究は戦争中になされたもっともすぐれた業績として世界に誇るにたるものである。なおこの研究にたいしては一九四七年度の朝日賞が贈られたことを附記しておこう。*

＊ この研究は今日世界を風靡している「朝永＝シュヴィンガー理論」を生みだす基盤となった。(一九五一年)

第三段階の問題は主として摂動論が与える近似の収斂性についてであって、相互作用の大きさと関連している。これは中間子理論においてとくに重要であるので、中間子と核子の間の相互作用の大きさが非常に強い所謂ストロング・カップリングの場合が摂動論と異なる近似法によって詳しく研究された(朝永、ウェンツェル、パウリ等)。しかし近頃では重陽子の磁気能率、重い核の安定性等を説明する上にウィーク・カップリング（摂動論）の方が実際に近いといわれている。中間子のあずかる諸過程の起る確率がエネルギーとともにかぎりなく増加するという困難は場の反作用を考慮して摂動論の近似度を高めることにより解決しうることが示されたが（ウイルソン、ハイトラー、朝永等）、最近谷川安孝博士は中性中間子の寿命の計算等のごとく中間状態においてあらわれる発散も自己エネルギー型のものを除いては同じような考えによって救いうることを証明された。その結果中性中間子の固有寿命は 10^{-24} 秒という値になった。*

* この結果はその後福田、宮本両氏の朝永＝シュヴィンガー理論を用いた計算によりかなりの変更をうけた。（一九五一年）

かように素粒子論の困難のうち中間子理論に特有なものは、第一段階および第三段階の研究により解決されそうな見通しがもたれてきた。ところが自己エネルギーの問題によって代表されている発散の困難は、現在の理論の適用限界と関連した本質的な問題としてのこされている。しかしさらにすすんで考えてみると、素粒子論はすでに現在の形式においても三つの段階が互いに切りはなされたものでなく密接な関連をもっている。たとえば発散の困難があらわれるのは現在の理論が物理的に意味のある解をもちえないことを示すものであるから、摂動論の最初の近似が実際とよく一致した結果を与えるといっても、それは全くの偶然であるかもしれない。もしそうだとすると第一段階または第三段階の問題としてとり除いた困難は必ずしも本当の解決を得ているとはいいがたい。また、摂動論がひろく用いられているのは単にそれが数学的に取扱いやすいためばかりではない。素粒子とか相互作用とかいう概念を理論の基礎においたとき、すでに個々の素粒子を他から切り離して考えうることを前提としているのである。したがって現在の理論の適用限界を明らかにするには、摂動論が正しい近似を与えているかどうかを単に数学的に論じただけでは不充分であり、さらにさかのぼってわれわれが従来用いなれている思惟方法にまで批判の眼を向けねばならない。

対象を全体的な関連から切り離し、孤立した形で調べる分析的方法は近代科学の発展においてきわめて重要な役割を演じた。ところがこの方法が極めて有効であった結果としてわれわれは自然を一つ一つ他から切り離して考察できる互いに孤立した独立な対象の偶然的な集りとみなすような考え方、すなわち形而上学的思惟方法になれてしまった。エンゲルスがいっているように、このような考え方は実際にきわめて広い範囲において正当であり、その範囲内では必要でさえあるが、その実用範囲をこえて無批判的に用いられると、一面的な偏狭なものとなって救いがたい矛盾にまよいこむ。それは個々の事物のために、その関連を忘れその存在のために生成と消滅を忘れ、その静止のために運動を忘れ、樹をみて森をみない結果にみちびくからである。自然におけるすべての対象や現象は本来有機的に互いに関連し互いに依存し、互いに制約しあうものであるから、一つの現象でもこれを周囲との関連を無視して孤立した形でとりあげるならばナンセンスになりうるものである。

素粒子論においても、しばしば無意識のうちに用いられている形而上学的思惟方法の適用限界を自覚し、すべての対象や現象を相互に関連し、相互に制約しあう、連結的な全体として考察する唯物弁証法的見地にたって研究することが必要である。たとえば従来素粒子の相互作用の研究は個々の相互作用をばらばらにして孤立した形で調べていた。このような方法を用いているかぎりはさきにのべたような困難があらわれても驚くにあたらない。われわれは相互作用の関連を探求することによって困難の解決の方向をもとめることができる。このような方向へむかう研究の第一歩としては混合場理論を指摘することができる。この研究をはじめたのはメラーおよびローゼンフェルトで、核力の特異性に関する困難をのぞくために核子と作用する湯川場としてベクトルおよび擬スカラー場により記述される二種の中間子を考え、両者と核子間の相互作用常数間に一定の数値的関係をおいたのである。われわれ名大素粒子論研究グループは電子にたいして電磁場と中性スカラー湯川場(C中間子場とよぶ)が同時に作用すると仮定し、両者の相互作用常数間に自己エネルギーの困難を除きうるような数値的関係の存在しうることを見出した。この理論は他の素粒子の自己エネルギーの問題へも拡張できるが、中性子と陽子の質量差を理論的に説明しうる点が注目に値する。自己エネルギーと同じ型の発散を与える核子の異常磁気能率の問題をいかに解決するかという点がこの理論の試金石となるであろう。しかし、いずれにしても混合場理論において見出されたような関係は素粒子の相互作用間の外部的偶然的な関連であるから、このような数値的関係を結果としてみちびきだすような内部的必然的な関連をあばきだす方向へすすまねばならないのである。

武谷三男氏は物理学における理論の弁証法的発展過程を、個別的事実を記述する現象論的段階、対象の構造を問題とする実体論的段階、その必然的な関連を見出す本質論的段階によって特徴づけられた(武谷三男『弁証法の諸問題』)。この立場からみると、発散の困難をさけるために従来しばしばとられている切断法とか引算法とかいうやり方は、最近問題となっているディラックのラムダ極限過程、ハイトラーの方法、ハイゼンベルクのSマトリックスの理論等にいたるまですべて現象論的段階に分類することができる。これらの理論の特徴は武谷氏のいわゆる「放棄の原理」を核心としている点にある。現象間の正しい関連を発見するには、まず古い理論によりみちびかれる誤った関連を放棄し、個々の現象を正しく記述することが必要である。しかしこれが認識の一つの段階であることを忘れ、この原理を信条として理論をこの段階で固定化するならば、すでに充分の必然性を証明している関連までも放棄する結果となり、ついには理論の全般的放棄へみちびくであろう。高エネルギーにたいする発散の困難を解決し得たと称するラムダ極限過程やハイトラーの方法が従来の理論において一応解決ずみとなっていた赤外異変すなわち低エネルギーの発散を再びひきおこすということは最近オッペンハイマーおよびベーテにより鋭く指摘されたとおりである。かつて負エネルギーの困難にたいする解決法としてシュレディンガーによりこころみられたオブザーバブルのオッド・パートを放棄する理論がすでに実験によりすばらしい確証を得ていたクライン＝仁科の公式の廃棄にみちびいたことを想起すべきであろう。

これにたいして相互作用の構造を明らかにしようとする混合場理論はボルン＝ボップの流れをくむ実

体論的段階の理論ということができるが、さきにも述べたごとく必然的な関連性を明らかにするためにはさらに本質論的段階への上昇を意図せねばならない。それを行なうには現段階における矛盾を充分に分析し、発展の契機となるような対立概念をあばき出すことが必要である。武谷氏が物質と場の対立ということを強調しておられるのは非常な卓見といえよう(『科学』第一六巻(一九四六)一二月号)。これに関連して興味をひくのは最近のホイーラーの研究である。従来の素粒子論はすべての力を場の媒介によると考えるばかりでなく、場の湧源である物質自身までも場としてとりあつかう場の理論であった。ところがホイーラーの理論は遠隔作用の見地にたって場という概念を物質の作用によっておきかえようとする考え方であって、従来の場の理論に対立した物質の理論である。さらに彼は一個の電子の運動方程式を問題とする場合ですら世界を全体的な関連においてとらえねばならぬという弁証法的見解をとり、この見地から従来の理論で場の反作用といわれていた項の本質を明らかにしている。このような物質の理論と従来の場の理論との対立が統一されたとき、素粒子論は本質論的段階へ到達できるのではなかろうか。そしてその際にこそハイゼンベルクのいう長さの次元をもった自然常数が重要な役割を演ずるであろうと想像されるのである。

(一九四七年)

11　素粒子論の進歩
——一九四八年——

一　概　観

平和回復後すでに三年の月日を経過したが、世界の物理学界はアメリカ合衆国をのぞき、依然として戦争の傷手から立直っていない。一九四七年のはじめローマ大学の物理学者達が極めて興味ある実験結果を発表し、戦後の物理学界に最初のトピックをもたらしたことはまことに注目すべき出来事であったが、最近イタリアの原子核物理学者アマルディはアメリカの雑誌『フィジックス・ツゥデー』(Physics Today)に自国の科学者の窮状をうったえ、「生活費が戦前の六十倍になっているのに、研究者の俸給は七倍にしかなっていない。このような状態が永くつづけば、かつてファシストの暴政が多数の優秀な科学者を国外に放逐したごとく、再び有能な研究者達を国内に止めておくことがむつかしくなるであろう」とのべている。研究者の生活不安はイタリアにかぎったことでなく、世界の大多数の国々の科学をまさに瀕死の状態におとしいれている。かつて世界に誇ったドイツの理論物理学とイギリスの実験物理学ももはや昔日の面影なく、物理学の中心はますますアメリカ大陸へと移動しつつある。科学研究費として莫大な金額を支出しているソビエト同盟に新しい科学が形成されつつあることは、われわれに大きな関心を抱かせるものであるが、まだ当分の間はアメリカ科学が世界をリードすることになるであろう。

さて、量子力学の発達により原子の構造を解明した現代の物理学は、さらに原子核の内部へと侵入し、今日では素粒子の研究をその中心題目とするに至った。しかも素粒子を支配する法則は量子力学よりももっと深刻な理論であろうと予想されるので、かかる意味での素粒子論の建設がすでに久しく待望されている。戦争はこの方向にむかう物理学の主流を一時せき止め、レーダーの研究や原子爆弾の製作に赴かしめたが、最近では再び素粒子の研究が最前線に押し出されてきた。素粒子に関する理論的研究は戦時中も各国で細々とつづけられ、アメリカではパウリの「強い相互作用の研究」が、ドイツではハイゼンベルクの「*S*マトリックスの理論」が、イギリスではディラックの「ラムダ極限過程」やハイトラーの「引算理論」があらわれており、また日本でも朝永振一郎博士の「超多時間理論」(昭和二一年度朝日文化賞の対象となった)のごときすぐれた業績があげられている。しかし一般的にいうと、新しい実験データの欠乏のため、中間子理論のごとき具体的な理論は十分に発達することがむつかしかった。ところが戦後二年をへた一九四七年に入ってから、まことに注目すべき新事実があいついで発見され、素粒子論の発達を著しく促進しはじめた。以下にのべる世界物理学界の最近の動向も、これらの発見を中心とせる素粒子論の新しい展開を主題とすることにしよう。

二　中間子に関する新発見

一九四七年はじめイタリアのコンベルシ、ピチオニ、パンチニらローマ大学グループは正および負の電気を帯びた中間子を分離し、その各々が種々の物質中で止ったのち、崩壊してできる電子を測定し、まことに驚くべき事実を発見した。一九四〇年朝永、荒木両博士が湯川理論を用いて計算された結果によると、負中間子は、原子核との間の電気的引力のため、直ちに核内に吸収されてしまい、決して崩壊しないはずである。ところがそれにもかかわらず、ローマ・グループの実験では、石墨のような原子番号の小さい物質中で、少なくともその一部が、百万分の二秒程度の平均寿命をもって崩壊することが示された。この報告をアメリカで受けとったフェルミとテラーは直ちに、朝永、荒木の計算を再検討し、理論と実験の間には10^{12}という桁はずれに大きな喰違いがあることを指摘した。これは宇宙線中間子の中には、原子核の結合力を説明するため湯川博士の導入された中間子(湯川粒子)よりも、ずっと物質と相互作用の小さいものが存在しているらしいということを示した。ところがこの発見の意味するところは、その後イギリスのブリストル大学のラッテス、オキアリーニ、パウエルらが行なった新たなる発見によって一層明らかにされた。彼らは海抜五五〇〇メートルの、南米アンデス山において写真乾板のエマルジョン中でとまった中間子の飛跡を研究し、宇宙線中には質量のことなる二種類の中間子があり、その重いもの(パイ中間子)は軽いもの(ミュウ中間子)に転化するという事実を見出した。さらにまた、パイ中間子と同時に爆発的に発生するおそい中間子群の中には、直ちに原子核に捕えられ、第二の爆発を起さすものがあることをも認めた。彼らはこれをシグマ中間子と名付けたが、これはパイ中間子と同じもので、ただその荷電が前者は負、後者は正であると想像される。ローマ・グループの実験が示したことは、彼らの観測した中間子が湯川粒子とは別物らしいという点であったが、ブリストル・グループの発見したシグマ中間子は、正に湯川理論の要求するごとく、物質と強い相互作用を行なうものであった。これから想像されることは、湯川博士の予言された中間子(湯川粒子)はブリストル・グループの発見した重い中間子であり、ローマ・グループの実験等にあらわれる地上で観測される中間子は前者の崩壊の結果発生した軽い中間子であろうということである。軽い中間子の質量は従来の観測から大体電子の一八〇倍程度であるが、重い中間子の質量は最近の人工中間子の観測から、電子の三一三(±一六)倍と報告されている。なおマンチェスター大学のロチェスターおよびバトラーはこれよりもさらに重い、電子の約一千倍程度の質量をもつ中間子の存在をも指摘している。

いずれにしても、中間子に関するこれらの発見によって、湯川理論の拡張が問題とされねばならなくなった。戦時中、谷川安孝博士と筆者は、当時における理論的矛盾の分析にもとづき、重軽二種類の中間子の存在を仮定する理論を提唱したことがあるが、最近の発見と関連してアメリカのマルシャックとベーテにより新しい「二中間子理論」が発表されている。これらの「二中間子理論」の中どれが正しいかをきめるには、今後中間子の崩壊現象等についての一層詳しい研究が必要であるが、すでにこの方向にむかって今日多くの研究が行なわれつつある。* 陽電子および中間子の発見者として著名なアメリカのアンダーソンはB29により一万メートルの高度における宇宙線の霧箱写真を撮影し、重い中間子が約二五〇〇万電子ボルトの陽電子に崩壊する事実を見つけているに対し、M・I・Tのトムソンはロッシの指導の下に地上で霧箱写真をとり、約四〇〇〇万電子ボルトの陽電子が放出されることを示し、かつてのウィリアムスらの結果を確認している。ごく最近運転をはじめたバークレイの一八四インチの大サイクロトロンは、三億八〇〇〇万電子ボルトに加速されたアルファ粒子により一〇分間に約五〇個の中間子を人工的に創生することに成功したと伝えられ、ブリストル・グループのラッテスをむかえて中間子の研究に拍車をかけている由であるから、近い将来ここからさらにおどろくべき発見が続出し、中間子理論の発達に著しい寄与がなされるであろうと期待されている。人工中間子に関する詳しい報告は未だ日本に到着していないが、これは今年度の物理学界における最大の出来事となるであろう。

* 宇宙線の研究や人工中間子の実験の発展にもとづき武谷三男博士らが詳しい分析を行なわれた結果、現在のところ筆者の展開した二中間子論がもっともらしいということになっている。(一九五一年)

三 量子電気力学の進歩

電子と電磁場の相互作用を論ずる量子電気力学は中間子理論とともに素粒子論の二大分野を形成している。しかも前者は後者よりも早く発達し、ディラックの電子論のごときは多くの注目すべき成果を収めた。しかも所謂「発散の困難」をふくむ点において両者とも同様で、これらの成功はむしろ偶然的なものとさえいえる。さきに引用したディラックの「ラムダ極限過程」やハイトラーの「引算理論」等はすべてこの困難をのぞくために考案されたものであるが、理論の中の実験と矛盾する部分を放棄することを原則とするこれらの修正理論は結局すでに正しく把えられている現象の関連をも放棄する結果にみちびき、単なる現象の記述(理論の放棄)になり下る危険をもっている。この点はすでに一昨秋アメリカ最大の理論物理学者であるオッペンハイマーがベーテとともに鋭く指摘したところであった。すなわちハイトラーらの理論は従来の理論ですでに解決ずみであった「赤外異変」の困難を再び生ずることを示した。いずれにしても、戦時中のごとく新しい実験データの供給のない時代においては、理論物理学は現象論から抜け出ようとしてもますます現象論に落ちこむ傾向をもっている。この危険を救うものは、武谷三男博士がニュートン力学や量子力学の形成過程についての科学史的研究から獲得されたごとき、強力な科学方法論を意識的に用いる以外にはない。武谷氏のすぐれた研究がこの国の所謂暗い谷間の中であらわれたことはわれわれの大いに誇りとするところであるが、主題からはなれるので、これ以上触れることを止める。

以上にのべたごとき量子電気力学の行詰りを打破し、理論に新しい光明を投げたのは、アメリカにおけるレーダーの研究に伴い最近急速に発達した極超短波分光学の成果であった。コロンビア大学のラムとラザフォードは水素の原子核に極超短波をあて $2S_{1/2}$ 準位と $2P_{1/2}$ 準位のずれを発見し、センセーションをおこしたが、その後さらに同じ大学のネーフとネルソンは水素および重水素の基準状態の超微細構造の研究から、またクッシュとフォリーはナトリウムとカリウムの超微細構造の測定から、電子の異常磁気能率を見出した。すなわちディラックの電子論によると、電子の固有磁気能率は一ボーア・マグネトンであるに対して、〇・〇〇一一二ボーア・マグネトン程度の付加磁気能率が発見された。この事実は水素準位のずれとともに、量子電磁気学から得られた従来の結論に修正を要求するものである。これに対して、アメリカの理論物理学者達(ベーテ、ワイスコップ、ルイス、シュヴィンガーら)は電子と電磁場の相互作用のうち、これまで発散項として無視されていたものをもう少し詳しく検討し電子の自己エネルギーとして質量に寄与する無限大の慣性項と、場の反作用としてエネルギー準位のずれ、また異常磁気能率に寄与する有限な項とを分離する方法を提唱し、この新しい事実を説明している。同様の方法はわが国においても、朝永振一郎博士、木庭二郎氏らにより自己無撞着引算法として独立に展開され、極めて興味ある結果がえられつつある。* これらの理論がこれまでの理論と異なる本質的な点は、後者がさきにのべたごとく放棄の原理を基盤としているのに対して、再調整(renormalization)を方法としていることである。すなわち、これまでは発散項を十把一からげにして棄て去っていたのに対して、発散項の物理的意味を考察したのち質量や荷電等の再調整を行なうのである。その結果、発散項の分類が可能となり、質量型、真空偏極型等のいろいろな種類のあることが明らかにされた。これは最近における理論物理学の著しい進歩として将来の飛躍にたいして大きな意味をもつことになるのであろう。武谷博士は理論の発展の段階を三つに分類し、現象論→実体論→本質論と環をえがいてラセン的に進歩することを明らかにされたが、量子電気力学の現段階は正に実体論へ一歩をふみ出した段階であり、現象論的実体論的と規定すべきであろう。筆者達は、武谷博士との協力により、電子の自己エネルギーの発散を救う実体論的方法として以前から凝集力中間子理論(またはC中間子理論)を提唱している。この理論は戦争中オランダのパイスによっても独立に展開されたが、質量型の発散を救う方法としては再調整法より一層合理的である。またわれわれの研究室の梅沢博臣君により真空偏極型の発散の中のあるものも実体論的方法によって合理的に処理されることが示されている。** 現在のところ、かような実体論的理論と再調整理論の優劣を云々することはむつかしいが、すくなくとも将来再調整理論がもっと実体論的な形態に発展するであろうということは期待してよいであろう。***

* この方法はそのご超多時間理論を基盤として著しい展開を示し、現在、朝永＝シュヴィンガー理論とよばれているものにまで体系化された。(一九五一年)

** 実体論的方法はその後パウリにより一般化され「レギュレーターの方法」へと発展した。(一九五一年)

*** 筆者はその後この両者を「具象性」と「捨象性」の関係として把握すべきことを主張した。(一九五一年)

四　湯川秀樹博士の渡米

わが国の素粒子論は湯川博士の中間子論の提唱以来すぐれた伝統をもち、戦時中および敗戦後の困難な情勢の中にあってもなお撓《たゆ》まざる発展をつづけてきた。各学会の雑誌が殆んど休刊の状態にあった一昨年七月、早くも欧文雑誌『理論物理学の進歩』(Progress of Theoretical Physics)が湯川博士を編集者として刊行され、日本科学の国際交流の魁となったが、あたかもこれにこたえるごとく昨秋プリンストン大学のオッペンハイマー博士により湯川博士に招請状が到着し、博士はいよいよこの九月より約一年間招聘教授として彼の地に滞在されることになった。博士の渡米によりわが国の素粒子論の現状が一層正しく世界に紹介されることになったのはまことによろこばしい出来事である。最近オッペンハイマーが所長となったプリンストンの高等学術研究所(Institute for Advanced Study)にはアインシュタイン(現在は引退)、パウリ、ノイマン、ワイルなどドイツから亡命した一流の物理学者も多数集っており、今日ではあたかも第一次大戦後量子力学の揺籃の地となったコペンハーゲンのボーア教授の研究所を思わせるものがある。ここには今次大戦後すでに世界各地の有名な科学者が招かれており、たとえばイギリスのディラックらも訪れている。彼は最近ここで新しい理論を発表したが、これは戦時中朝永博士の提唱された「超多時間理論」と殆んど同じ内容のものである。素粒子論の現状はちょうど量子力学出現のごとき様相を呈しているが、量子力学を脱け出た新しい理論はおそらくこの土地に誕生するのではあるまいか。最近の実験的諸成果が中間子理論や量子電気力学の新しい展開をもたらしたことはすでにのべたが、これらはなお近い将来に行なわれるであろう偉大なる飛躍の序曲にすぎない。来るべき発展がいかなる形であらわれるかは全く予想できないけれども、近頃湯川博士の提唱された「一般化された場の理論*」のごときはもっとも有望なものの一つであり、博士がプリンストンにおいてこの理論をさらに展開され大きな収穫をあげて帰国される日が鶴首されるのである。

（一九四八年）

＊　この理論はそのご非局所場理論へと展開している。（一九五一年）

12　素粒子の構造*

――一九四九年――

＊　この稿は湯川先生のノーベル賞受賞を祝賀するために怱卒の中に草したものである。混合場の方法に代表される素粒子の相互作用の構造に関する博士の研究は、この時期において、素粒子そのものの構造との関連のもとに把握されねばならぬことが強調された。これはやがて数年後の、素粒子の複合模型の構想へと連らなるものである。（編者）

現代の原子論の特徴は単に物質がいくつかの基本的粒子から構成されているというだけでなく、その構成単位に分子、原子、素粒子のごときいくつかの段階が見出されている点にある。ところで素粒子とよばれているものはもはや構造をもたぬものであろうか。

湯川理論が最も明白に示したように、素粒子の特性はその「相互転化性」にある。従って素粒子にたいしては、どれが「単一的」であり、どれが「複合的」であるかを問うことができない。つまり素粒子においては単一性と複合性が両立し得ぬ対立の関係にあるのではなく、相互に滲透しあった性質となっているのである。*　勿論今日素粒子といわれているものの中になおこの意味において本当の素粒子でないものが含まれているかも知れない。これらを本当の素粒子から区別するには、武谷博士が指摘されているように、この粒子が基本過程において創生されうるか否かをためしてみればよいであろう。

＊ 素粒子の特徴を単一性と複合性の対立と統一と見る立場は武谷三男氏の素粒子性の規定と深く結びついている。また最近オッペンハイマーも同様の見解を披瀝している(『ライフ』一九四九年一〇月二四日号)。なおこの問題については『基礎科学』第二巻、第四巻所載の玉木英彦氏の論文「要素性について」も参照されたい。

本当の素粒子では単一性と複合性が統一せられているのであるから、ただ一個の素粒子の問題を取扱う場合においてすら、これと作用しあうあらゆる素粒子の存在を考慮する必要があり、もしこれを無視するならば、たちまち救い難い矛盾におちいってしまう(ディラックの電子論、電子、光子等の自己エネルギー、赤外異変等)。混合場の方法＊がしばしば成功を収めた所以はまことに素粒子のかかる性格にもとづくものであって、この意味において、**混合場の方法は素粒子の構造に関する研究の第一段階なのである。**すなわち、一個の素粒子はそれと相互作用を行なうすべての素粒子から構成されているといえるのである。

＊ 「素粒子論の方法」――一九四六年――〔本論集論文9〕参照。

ところが、最近のごとく毎月のように次々と新しい素粒子が発見されつつある時代においては、各種の素粒子間の内部的関連を明らかにし、それから質量スペクトル等を導きうるような理論の成立が緊急に要求される。これまでの混合場の方法は(C中間子理論のごとき実体論的なものも、またパウリのレギュレーターのごとき形式論的なものもともに）素粒子間の外部的偶然的関連を明らかにしたにすぎなかったが、今後さらにその背後にある内部的必然的関連をあばきだす方向に努力し、素粒子の構造についての研究を第二段階へと押しすすめねばならないのである。

これに関連して興味があるのは、中間子が陽子と反中性子、あるいは陰子〔反陽子〕と中性子からできているというフェルミの新しい試み、相反性の原理に導かれたボルンおよびグリーンの理論、場の一元論の方向をすすむボップの理論の新展開等であり、これらの発展に大きな期待がかけられる。とくに湯川博士が最近発展されつつある「非局所場」の理論がここで重要な役割を演ずることは確実であろう。

（一九四九年）

13　素粒子論の新展開

――一九五〇年――

一

H君、御手紙うれしく拝見しました。ますます御元気に御勉学の由、何よりと存じます。おおせのごとく、先だって湯川先生がノーベル賞をおもらいになりましたことは、本当によろこばしい事件でした。しかし、私はこの事件についての世間の騒ぎ方を見ていますと、日本の社会一般の科学に対する認識が根本的にまちがっているのではないかと思われてなさけなくなりました。

日本は文化国家として生まれかわるのだといわれていますが、文化国家とは文化を基礎とした国家、科学の最高の成果の上にくみたてられた国家でなければなりません。それなのに日本では未だ文化とか科学とかいうと床の間の置物のように考えられています。文化は大衆の生活を豊かにするためのものではなくて、むしろ生活のみじめさをおおいかくす飾り物でしかありません。

したがって私共の仕事は暇人のなぐさみごとであり、ぜい沢品を生産しているように見られていますので、国としてそんなものに沢山の研究費を出す必要はなく、ときたま美しい作品ができたときちょっと賞めておけばよいだろうということになってしまうのです。

しかし近代科学というものはけっしてそんなものではありません。原子エネルギーの解放からでも分りますように一見空理空論をもてあそんでいるような研究からこそ自然を征服する驚くべき力が湧きでるのです。生活と科学の直結などといって卑近な実用性だけを追っていては、到底偉大な文化を築き、大衆の生活をほんとうに高めることはできません。私は社会一般が近代科学のもつこの性格を正しく理解し、もっと基礎的な学問を尊重するようになってもらいたいと思います。

二

さて最近の素粒子論の発展の模様を知らせてくれとの御依頼でしたが、少し脱線してしまいました。近頃新聞紙上等にも報道されたビッグ・ニュースは中性中間子の実証と湯川先生の新理論の発表でありました。

中間子に電気を帯びたもののほか中性のものもあるだろうということは湯川理論の発展の初期である一九三七年の夏ごろから私どもが予想していたところでしたが、中性中間子を実験的につかまえるのは中々むつかしい仕事でした。

一九四〇年に私は中性中間子は自然崩壊により光子になることを指摘しましたが、この光子を捕えるのが中性中間子を実証するもっとも有力な手がかりだろうと考えられていました。その後、武谷三男博士は宇宙線の分析によってこれを明らかにしようと企てられましたが、宇宙線についてのそのころの知識だけからでは中々確かな証拠をつかむことがむつかしかったのです。ところがご承知のとおり一昨年からカリフォルニアのバークレイにできた大きなサイクロトロンにより人工的に中間子がつくられるようになり、二種類の中間子(すなわちパイ中間子とミュウ中間子)の性質が詳しく研究されています。

この実験で高速度の陽子をベリリウムに当てたとき発生するガンマー線の強度は陽子のエネルギーを一億七五〇〇万電子ボルトから三億四〇〇〇万電子ボルトまでかえた場合に、二億三〇〇〇万電子ボルト以上で急激に増大し一〇〇倍ちかくになります。このときの光子の数はこれと同時につくられる荷電中間子の数とほぼ等しく荷電中間子と同程度に中性中間子が創られ、これが直ちに光子に崩壊したものと考えれば説明がつくのです。なおこの際の光子のエネルギー分布と方向分布の測定から、中性中間子の質量は電子の約三〇〇倍で、千億分の三秒以下の短い寿命をもって二個の光子に分れることがわかりました。

この結果は理論的に言いますと中性中間子が「擬スカラー型の場」で記述されることを示しており、最近エックス線による荷電中間子創成の方向分布が一様であるという実験から、パイ中間子は擬スカラー場であらわされる事が結論されているのと比較して興味があります。

中性中間子の実在についてのもう一つの直接的な証拠はロチェスター大学で撮られた非常に大きな宇宙線スターの写真です。これは一〇万フィートの上空でNTB3という電子の飛跡まで写る乾板の「エマルジョン」の中で見つかったもので、二〇個以上の荷電中間子が一ヵ所から創られている事実を見事にとらえています。ところがその中に十数組の「電子対」が混っており、これは恐らく荷電中間子と同時にいくつかの中性中間子がつくられ、それが直ちに光子にこわれ、光子がさらに電子対をつくりだしたものと考えられます。これらの実験やその他宇宙線についての最近の知識を綜合しますと、中性中間子の実在はもはやゆるがしがたいものになったといえましょう。

なおこの問題につき最近湯川先生からいただいたお手紙(一九五〇年二月九日ニューヨーク発)の中に大変興味ある実験の話が書いてありましたのでお知らせしましょう。それはバークレイのパノフスキーという人が負のパイ中間子を陽子にぶっつけ、中性子とガンマー線に変る反応を調べた実験です。湯川理論によりますとこの際放出されるガンマー線のエネルギーは一億三〇〇〇万電子ボルトであるはずなのですが実際には予想に反して六五〇〇万電子ボルト辺りに極大を持つ連続スペクトルらしいことが見出されたのです。これは非常に注目すべきことで、マルシャックによると、中性中間子の質量がパイ中間子より少し小さく、右の反応よりも中性子と中性中間子になる過程の方が起りやすく、そうしてできた中性中間子が直ちに二個の光子になるのではないかというのです。湯川先生も他に解釈の仕方がなさそうだといっておられます。そうだとすると中性中間子の質量の決定が非常に重要な問題となります。

三

次に湯川先生の「非局所場の理論」について書きましょう。これは最近アメリカの雑誌に発表されましたため急にジャーナリズムが驚いたのですが、すでに日本におられるころから考えておられたものです。ただはじめのうちは漠然としていて、私ども頭の働きの鈍い人間にはなかなか理解できなかったのですが、こんどの論文はプリンストンでゆっくり構想をねられ、多くの学者と十分話合われた結果を発表されたものでありまして、理路整然として非常に流暢な英語で書かれており、まことにノーベル物理学者としての貫録を示しておられます。

ところで、日本の理論物理学は湯川先生の中間子の研究とともに、もう一つ誇るべき業績をもっています。それは朝永振一郎先生のお仕事です。朝永先生の研究は素粒子論の発展に一つの大きな区切りをつけた理論でありまして、アメリカのシュヴィンガーという人が同じようなことをやりましたため「朝永＝シュヴィンガー理論」とよばれ、現在アメリカでも日本でも、またその他の国でも盛んに研究されています。

私どもは朝永理論が成立するためには凝集力中間子が実在するだろうとか、種々な素粒子が一定の割合で存在せねばならないだろうとかいう事を主張していますが、それでも未だ十分ではないのです。私どもは素粒子の相互作用を一つずつばらばらに研究すべきでなく、あらゆる相互作用の相互関連を問題にしなくてはならないという立場からこれらの主張を導いたわけでしたが、そこでとらえられた関連はなお外面的偶然的なものであり、その故に満足すべき理論とは考えられません。パウリはこれを形式的に拡張して「レギュレーターの方法」というものを案出しましたが、これも最終的な解決法とはいえないでしょう。

外面的偶然的関係から内部的必然的関連の把握へと進むためには、もはや素粒子の構造を研究する以外に道はなくなってきました。湯川先生の新理論はまことにこのような方向へ一歩前進したものであります。先生はここで有限な大きさをもつ素粒子というものを相対性論的量子力学のなかでとらえることにはじめて成功されたのです。最近のお手紙には非局所場の相互作用を問題にしようと努力された最初の試みの結果が書いてありました。

しかし、この理論の成果はなお今後の研究に期待すべきでありまして、果して素粒子の相互関連が見事にとらえられるかどうか、特に最近ますます種類の増えた「素粒子の質量スペクトル」を巧みに説明できるかどうか等、前途には難問が山積しています。偉大な哲学者のいった「電子といえどもこれをくみ尽すことはできない」という言葉は永遠の真理として残るでありましょう。

（一九五〇年）

14　素粒子論の方向
――一九五〇年――

かつて筆者は「素粒子論の方法」〔本論集収録論文**9**〕において当時(一九四五年)の素粒子論の情勢を分析し、当面の研究の方向を指示した。この分析は武谷三男博士が多年にわたる科学史的研究の結果獲得された方法論にもとづいて行なったものであり、且つ同博士との討論に負うところが多かった。それ以後、素粒子についての研究は理論的にも、また実験的にも著しい進歩をとげ、新しい局面を展開するに至ったが、私共の分析による見透しはその全発展において誤っていなかったことが確められた。武谷博士の方法の有効性は戦後における素粒子論の新展開の中でも再び実証されたのである。ここにとくに注意しておきたいのは、私がけっして武谷博士の方法論を意識的に適用している私共の研究室の仕事についてだけ語っているのではなく、世界における素粒子論の全発展についてのべているということである。

武谷博士の方法論に反対する人は、これが理論の発展に対していずれかの定まった路を指定するかのごとく誤解しているが、実際にはいろいろな路の関連を明らかにし、それぞれの路においていずれの方向に歩むべきかを指示する地図とコンパスの役割を果しているのである。また彼等はたとえばC中間子理論が正しいかどうかということだけでこの方法論の正否が決められるかのように誤解している。しかし、どんな理論でも必ず「正しい面」と「誤った面」を兼ねそなえているのであって、その故にこそ理論はたえず発展するのである。理論を発展においてとらえ、その発展の方向を正しく見透すのが私共の方法論の特徴であって、もしC中間子理論の誤った面が見つかったならば、それは理論の発展のいとぐちにこそなれ、けっして方法論の失敗にはならないのである。理論の誤った面があらわれたとき、しばしば実験と矛盾する箇所を単純に切り棄てる方法が用いられるが、このような方法が無批判的に適用されると、理論の正しい面すなわちすでに正しくとらえられた自然の関連までも同時に放棄する結果となり、理論の発展を逆行させてしまうことが多い。紫外異変を除くために案出されたハイトラーの引算法がすでにこれまでの理論で解決ずみであった赤外異変の困難を再び生ぜしめたことはオッペンハイマーおよびベーテの鋭く批判したところであったが、この方法の失敗は私共の立場からすればまことに当然の運命といわねばならなかった。浴水とともに赤ん坊まで流すような愚行は方法論の貧困により起るのである。C中間子理論がオッペンハイマーおよびベーテの批判に耐えるものであることは、朝永振一郎博士が木庭二郎氏とともに具体的に示されたところであって、これは私共の方法論による見透しの正しさを最も明確に実証したものといえよう。

朝永博士はこの仕事を契機として「自己無撞着引算法」あるいは「くりこみ理論」を展開されることとなったが、これはC中間子理論のなかの正しい一側面を抽象した理論と見てよいであろう。アメリカでも時を同じくしてルイス、シュヴィンガー等の「再調整の方法」が提唱されたが、これらの理論がオッペンハイマーおよびベーテの批判の直後にあらわれたことはまことに論理的必然性を示すもので注目に値する。以後ひきつづいて朝永博士の超多時間形式を用いての「朝永＝シュヴィンガー理論」の輝かしい行進がはじまり、素粒子論の画期的な発展がなしとげられた。しかも、この発展は極超短波分光術を用いた原子エネルギー準位の精密測定と電子の異常磁気能率の発見とによって、見事な実験的裏附けを獲得することができた。

朝永＝シュヴィンガー理論の出現は素粒子についての認識を著しく前進せしめたが、これによってもなお素粒子の性質のすべてがくみつくされたわけではなかった。この理論の欠陥は中間子の問題において一層明白となるが、一応の成功を収めた量子電気力学においてさえ真空の偏極にもとづく光子の自己エネルギーが零とならず不定になるという困難な事情があらわれてくる。これは理論のゲージ不変性を損うという意味において非常に重大な難点なのである。この問題にたいする解決の方向は梅沢博臣君たちによって最初に示された。彼等は真空の偏極が電子対のみによって起るものでない点に着目し、自然界に存在するあらゆる種類の素粒子によりひき起される効果を同時に考慮するならば、光子の自己エネルギーをちょうど零となしうる場合があることを指摘した。しかも、この理論が自然界に存在する素粒子の種類や質量の間にいくつかの関係を導き出す点は極めて興味が深い。

朝永＝シュヴィンガー理論がたくみに避けてとおった困難もけっして本当に解決されたとはいえない。

質量または電荷の中にくりこまるべき量が無限大であったり、不定であったりすることは到底許されない。ここにC中間子理論のごとく、これらの量を有限にする理論の活躍する余地がのこされている。この意味において、朝永＝シュヴィンガー理論は、その背後に素粒子の具体的なモデルを隠している抽象的理論ということができよう。私共が具体的なモデルといっているのは、C中間子理論や梅沢理論などによってあばきだされるような素粒子の相互関連だけでなく、将来明らかになるかも知れない素粒子の構造までもふくめているのである。量子電気力学におけるがごとく、このようなモデルが単に朝永＝シュヴィンガー理論の中にふくまれている操作（たとえば、くりこみ）の合理性を保証する役割しか演じていない場合には、モデルについての詳しい知識は必要でないから、捨象された理論形式を用いることが許されるであろう。ところが中間子理論におけるがごとくかかる理論形式の欠陥がおおいがたくなるや否や、背後のモデルをあばきだす具体的な理論の展開が強く要望されてくるのである。

かかるモデルの一例として提唱されたC中間子理論と梅沢理論はともに、「素粒子の相互作用はそれぞれが単独に研究されるべきではなく、その相互関連を問題にしなくてはならない」という「素粒子論の方法」においてのべた立場から導かれたもので、多くの場を同時に研究するところから「混合場の方法」とよばれている。パウリはこれらの理論を形式的に拡張した「レギュレーターの方法」を案出し、朝永＝シュヴィンガー理論のもつすべての欠陥を同時に解決しようと企てた。この方法は混合場の方法と大変よく似ているが、同時に考慮する他の場を実在的なものと考えず、有限確定な結果をうるための操作において導入される補助的な場と見なす点が異なっている。これは、朝永博士がいわれたごとく、結果は有限確定となっても、操作自身が不定であるという点で到底満足すべき理論として評価することはできない。かようなフォーマリスティックな見地に立っている限りは、この不定性を決める唯一の手段は直接経験事実と比較することであって、たちまち現象論へ逆戻りしてしまう。もし、操作の一義性を理論的に保障しようとするならば、再び混合場の方法のごとくリアリスティックな見地をとらざるを得なくなるが、フェルドマンが示したごとく、このようなリアリズムは今のところ到底貫徹されそうもない。この点につき、最近ハイゼンベルクが極めて興味のある見解を発表したが、これはすこし楽観論にすぎるようである。

これに対して、私共はすべての困難を一挙に解決しようとする短気なやり方を採らず、むしろ混合場の方法によって解決しうることと解決しえないことを明確に分離する点に理論の発展の契機を把えようと努めている。理論にはいろいろな段階があり、その各々の段階はそれぞれに固有な一定の適用限界をもっている。この限界を超えた問題を処理しようとすると、理論はたちまち矛盾に遭遇するが、この矛盾を契機としてより高い段階の理論が形成される。私共はかような歴史的見地から、まず現在の場の理論にあらわれる矛盾を「自己エネルギー型」と「相互作用型」に分類し、前者は混合場の方法により処理できるもの、後者はその適用限界を越えるものと想像している。われわれはこの点をよりどころとして高い段階の理論へと進まねばならない。

しからば、混合場の方法をのりこえて前進するにはどうすればよいであろうか。かつて「素粒子論の方法」においてのべたごとく、混合場の方法は実体論的段階の理論であって、素粒子間の外面的偶然的関連しかとらえていない。われわれはこの外面的偶然的関連を内部的必然的なものへと深め、本質論的段階の理論へと飛躍すべきである。これはまさに素粒子の構造を探ぐる理論であって、湯川博士が最近展開されつつある「非局所場の理論」へとつらなるものであろう。

かかる理論の出現をもっとも待望しているのは、電子の問題よりも、中間子の問題においてであるが、後者においてはなお実体論的整理が不充分な実状にある。近来原子核乾板を用いた宇宙線の研究とか、人工中間子の実験とかが非常に進展し、二中間子仮説の実証、中性中間子の確認等多くの成果が得られたが、中間子の型、相互作用の形等についてなお検討すべき事柄が沢山のこされている。さらにまた、朝永博士が早くから指摘されているように、中間子理論においてはもはやこれまで量子電気力学で用い慣れていた「弱い相互作用」の近似が成り立ちそうもないから、摂動理論にかわるべき新しい数学的方法の展開が要求されている。したがって、素粒子の構造の探究も、これらの問題と切り離して行なうことはむつかしいであろう。ここに現在の課題の困難さがあるのである。

（一九五〇年）

15　相互作用の構造

――研究の方針――

一九五三年二月九日から一一日まで名古屋大学で行なわれた日本物理学会主催素粒子論シンポジウムの報告である。（編者）

この問題を初めて提起しましたのは一昨年二月当地で行われたＲＥＫＳ（素粒子論研究班関西地方連絡会）のときでありましたが、その際私が強調しましたことは、これは現在の理論において扱うべき問題であるというよりもむしろ将来の理論が解くべき目標の一つだという点でありました。

ある理論の適用限界が何処にあるかを明らかにするには詳しい議論を必要とするでありましょうが、どんな理論についても必ず適用限界が存在しているということは容易に指摘できるところであります。何故ならば如何なる理論の中にもその理論によっては決して解くことのできない要素が必ずふくまれているからであります。このような要素を扱うには、その理論の適用されるレベルよりももう一つ深いレベルへ進み、そこで成立する理論を見出さなくてはなりません。

現在の素粒子論についていえば、素粒子の質量スペクトルの問題がこのような要素の一つとしてよく知られておりますが、このほかにどんな種類の相互作用がどんな強さであらわれるかという問題もやはり今日の理論によっては解きえない性質のものであります。私が「相互作用の構造」と申しますのは正にこの問題を指しているのでありまして、その故にこれは将来の理論に解決を委ねている問題の一つであります。もとより「π中間子」の研究や、「素粒子の相互転換」の研究等により相互作用についての現象論的知識は漸次豊富となって行くでありましょう。しかし、何故にある特定の形の相互作用が特定の強さをもってあらわれるかについては現在の理論からは何もいうことができません。くりこみの方法が最もすばらしい成功を収めた量子電気力学の分野においてさえ、何故に出発点となる相互作用として$e\bar{\psi}\gamma_\mu\psi A_\mu$という型のものだけが許され、$\frac{e^2}{\hbar c}$は$\frac{1}{137}$に近い数値をもつかという問題については現在の理論は何らの解答をも与えることが出来ないのであります。ボーアは一九三〇年に行なったファラデー講演の中で、将来の理論がねらうべき目標として陽子と電子の質量比の問題と$\frac{e^2}{\hbar c}$の問題を指摘しておりますが、この二つの目標は、素粒子の種類が著しく増加した今日においては、そのまま質量スペクトルの問題と相互作用の構造の問題へと連なってゆきます。

さて「相互作用の構造」の研究はどこを出発点とし、どのような方向に進むべきでありましょうか。既にのべましたように、この問題の本質的な解決は現在の理論よりももう一つ深いレベルで成立する理論の出現を待つほかないのであります。しかし一挙にこのような理論を見付け出そうという革命的な方法は「非局所場」の研究においてとられているところでありますから、私たちはむしろ「反動ならざる保守主義」の立場に立ち、科学方法論の常道にしたがい、まず研究の第一歩を、現在の理論の中にあらわれてくる種々な相互作用を形式的に分類することと、その間の現象論的な規則性を探究することからはじめ、次にその背後にある必然的な関係をあばきだして行きたいと考えております。

これまでのところ、形式的な分類としては、くりこみの方法が閉じた理論をつくるか否かを一般的な相互作用について調べた梅沢・亀淵の研究がもっとも重要であります。両君の研究は二つの段階に分れていまして、その第一は相互作用を個別的に扱い、くりこみの方法の成否により第一種と第二種に分類した仕事であり、第二は相互作用の相互関連を考慮し、第二種相互作用の強い減衰効果を利用してくりこみ理論を拡張しようとした試みであります。第一段の仕事により得られた最も重要な結果は、自然界に第二種相互作用が存在しているか否かを調べることが理論の将来の形を予想する上に決定的な役割を演ずるであろうという点でありました。この問題はπ中間子と核子間の擬ベクトル型のカップリングとか、フェルミ粒子間の直接の相互作用とかについて詳しく検討せねばならない点でありましょう。第二段の仕事については未だ問題点があるようですが、もしうまく行くものとすれば、くりこみの方法の拡張というだけでなく、C中間子理論のごとき混合場の方法の発展として興味深いものがあります。

現象論的な規則性についてはV粒子の問題と関連して行なわれたパイス、大根田、西島等の研究が注目されますが、最近ウィグナーが指摘したスーパー選択律とか、一般フェルミ相互作用の問題等も詳しく検討せねばならないだろうと思います。このような規則性は「素粒子の相互転換」の研究で調べられている問題でありますから、その方のグループと充分連絡をとり、その成果を利用させて頂きたいと考えております。

私たちの研究は今後どういう方向へ進むか分りませんが、どこかで「非局所場」の研究と握手しそうな予感が致します。最近湯川教授が企てておられるような形状関数を素粒子の内部構造から導きだそうとする行き方などを拝見しますと益々この感を深くします。

（一九五三年）

16　マヨラナ・ニュートリノにまつわる迷信

ニュートリノの性質についてはこれまで実験的困難のため余り議論されていないが、ともかくどの文献[1]を見ても「ディラック・ニュートリノかマヨラナ・ニュートリノか」という問題が理論的見地から興味のあるものとして挙げられ、これを決定するにはダブル・ベーター崩壊または逆ベーター過程の測定を行なえばよいと記してある。最近実験技術の進歩に伴い、この示唆に沿う実験が段々行なわれるようになったが、この際私が指摘しておきたいのは「ディラックかマヨラナか」というような問題提起が適切でないこと、ならびにその解答がダブル・ベーター崩壊とか逆ベーター過程の測定によって得られるという主張[2]は迷信に過ぎないという点である。私がこの点に気付いたのはもう一〇年も以前のことで、一九四三年に行なわれた素粒子論討論会の際ディラック・ニュートリノとマヨラナ・ニュートリノの関係を議論したときからである。昨年一〇月コペンハーゲンのコロキュームでM・I・Tのフリッシから Ca_{20}^{48} のダブル・ベーター崩壊についてのマッカーシーの実験の話[3]を聞くまですっかり忘れていたが、そのとき、彼から何故こんなに永く黙っていたかとあきれられたので、とりあえずこのノートだけでも発表しておく。

さて、一九四三年私が行なった議論というのはマヨラナ理論はディラックの理論と対立さすべきものでなく、後者において相互作用が特別な構造をもつ場合に対応しているという点であった。即ちディラック・ニュートリノの場ϕ_ν(ならびにその荷電共役な場ϕ_ν^L)は常に正準変換

$$\phi_\nu = \frac{\phi_\nu+\phi_\nu^L}{\sqrt{2}} \qquad \phi_\nu' = \frac{i(\phi_\nu^L-\phi_\nu)}{\sqrt{2}} \qquad (1)$$

により二つの独立なマヨラナ・ニュートリノの場ϕ_νおよびϕ_ν'と同等であることが示されるが、ニュートリノと他の場との相互作用を考慮した際、もし相互作用ハミルトニアンが特別な構造をもち、ϕ_νとϕ_ν^Lが常に和の形$(\phi_\nu+\phi_\nu^L)$でのみ現われる場合があったとしたならば、(1)の正準変換を行なった後にはϕ_ν'は他の場と全く相互作用を行わないから結局ϕ_ν'は理論の中から消去されてしまい、現実にはϕ_νだけが姿を現わすことになる。これはちょうど粒子と反粒子との差別を無くし、自由度の数を半分に減らした所謂マヨラナ理論に他ならない。ディラック理論からマヨラナ理論を導くこの操作は中性中間子の理論において始めから実数場を採る代りに複素数場から出発した相互作用常数間に特定の関係を設定して自由度を半分に減らしたケンマーの手法[4]に対応している。

これまでマヨラナ理論とディラック理論を鋭く対立させていた原因は後者において相互作用を不必要に狭く選んでいたためである。今この点をベーター相互作用を例にとって説明しよう。通常ベーター放射能の理論では

$$n \to p + e^- + \bar{\nu} \qquad (2)$$

という基本過程を導入し、これに対応する相互作用ハミルトニアンとして

$$H_\beta{}' = \sum_{i=1}^{5} G_i(\tilde{\Psi}_p O_i \Psi_n)(\tilde{\psi}_e O_i \psi_\nu) + (\text{複素共役形}) \qquad (3)$$

から出発する。ただしΨ_n、Ψ_p、ψ_e、ψ_νはそれぞれ中性子、陽子、電子、ニュートリノのディラック場、O_iはよく知られた五つの不変なディラック・マトリックス、G_iはそれぞれに対応した相互作用常数である。ヤンとチオムノ[5]が指摘したように、ディラック場の空間反転に対する性質を適当に定めると、もっと違った形の相互作用をとることが出来るが、ここでは簡単のためΨ_pとΨ_nは同一の変換性をもち、ψ_eとψ_νは共にC型の場または共にD型の場としておく。

ところでフェルミの最初の論文ではベーター相互作用の基本過程として(2)の代りに

$$n \to p + e^- + \nu \qquad (4)$$

をとった。これに対応したハミルトニアンは(3)の代りに

$$H_\beta{}'' = \sum_{i=1}^{5} G_i{}^L(\tilde{\Psi}_p O_i \Psi_n)(\tilde{\psi}_e O_i \psi_\nu{}^L) + (\text{複素共役形}) \qquad (5)$$

と書ける。ただし$G_i{}^L$は相互作用常数である。ニュートリノの質量が零である限り、(2)を基礎とした理論と(4)を基礎とした理論は全く同等で、要するに何れをニュートリノと呼び、何れを反ニュートリノと呼

ぶかという命名法の問題に過ぎない。

ところが注目すべきことは(2)と(4)が共存しうるという点であり、両者が共存した場合に対応したもっとも一般的な相互作用

$$H_{\beta} = H_{\beta}' + H_{\beta}'' \qquad (6)$$

を基礎におくと事情は一変する。すなわち、例えば(2)だけしか存在しない場合にはニュートリノは中性子によっては吸収されるが陽子によっては吸収されず、反ニュートリノは陽子によっては吸収されるが中性子によっては吸収されない。またニュートリノを放出するのは陽子だけであり、反ニュートリノを放出するのは中性子だけである。これに対して(2)と(4)が共存する場合を考えるとニュートリノも反ニュートリノも共に中性子によっても陽子によっても吸収されるし、また放出もされる。(勿論一般に G_i と G_i^L の大きさは違っているから放出と吸収で確率は異なる)。したがってこの場合にはダブル・ベーター崩壊とか、逆ベーター過程についていえば所謂マヨラナの理論と同様の結果を与えることになる。

例えばダブル・ベーター崩壊の場合を考えて見よう。原子番号 Z の核がダブル・ベーター崩壊により原子番号 $Z+2$ の核へ転移する際、もし通常の理論にしたがい(2)の相互作用だけしかないと考えれば

$$Z \rightarrow (Z+1) + e^{-} + \bar{\nu} \qquad (7)$$

$$(Z+1) \rightarrow (Z+2) + e^{-} + \bar{\nu} \qquad (8)$$

のごとき相つぐ二つのベーター過程を媒介とした

$$Z \to (Z+2) + 2e^- + 2\bar{\nu} \tag{9}$$

のスキームに従って起り、二個の電子と共に二個の反ニュートリノが放出される。ところが、これに対して(2)と(4)が共存する場合を考えると例えば(8)と共に逆ベーター過程

$$(\bar{\nu} + Z + 1) \to (Z+2) + e^- \tag{8'}$$

が起り、

$$Z \to (Z+2) + 2e^- \tag{10}$$

のスキームにしたがうニュートリノを伴わない転移が可能となり、その結果

$$G_i^L \sim G_i \tag{11}$$

であるかぎり(9)よりも(10)の方が遙かに速かに起ることとなる。

マヨラナ・ニュートリノを用いた理論ではニュートリノと反ニュートリノの区別がないから当然(9)と共に(10)の過程が起る。ファーリーの計算により、マヨラナ・ニュートリノがディラック・ニュートリノに比し遙かに大きな確率でダブル・ベーター崩壊をひきおこすといわれているのも、この場合に(10)が起るからである。しかしディラック・ニュートリノでも(6)のごとき一般の相互作用を採用すれば(10)の過程が起るのであるから、(11)が成り立つ限りマヨラナの理論と同等の結果を与えることとなる。

さて(6)においてもし

$$G_i^L = G_i \tag{12}$$

という関係が正確に満たされていたと仮定してみると

$$H_\beta=\sqrt{2}\sum_{i=1}^{5}G_i(\tilde{\Psi}_pO_i\Psi_n)(\tilde{\phi}_eO_i\phi_\nu)+(\text{複素共役形}) \qquad (13)$$

と書ける。これはちょうどさきにのべた相互作用ハミルトニアンの中に(1)で定義される二つのマヨラナ場の中ϕ_νのみが入り、ϕ_ν'は全然姿をあらわさないという場合に当っており、このときにはディラック場ϕ_ν、ϕ_ν^Lを用いた記述からマヨラナ場ϕ_ν、ϕ_ν'を用いた記述に移るとϕ_ν'が消去され、所謂マヨラナ理論が成立することになる。従来の文献にはダブル・ベーター崩壊の研究でマヨラナ理論の正否が確められるかのごとく記されているが、この実験で決定出来るのは(11)が成り立っているかどうかであって(12)の関係を証明することは極めて難しいだろう。

またたとえ(12)が成立していた場合でもこれだけから直ちにマヨラナ理論が正しいという結論を下すのは早計である。何故ならば周知のごとく今日ではベーター相互作用の中だけに限らず、種々な相互作用(π-μ崩壊、μ崩壊、μ捕獲などに)の中にニュートリノが現われるからである。上の議論は簡単のためベーター相互作用だけを例にとっていったが、ディラック理論から消去の手続きでマヨラナ理論へ移行しうるためには、いやしくもニュートリノの関与する相互作用はすべてϕ_νのみで表わされる特別な構造をもたねばならない。すなわちベーター相互作用に限らずあらゆる相互作用につき(13)と似た関係が成立っていることを確かめねばならない。

さらに注意しておかねばならない重要なことは上の議論でϕ_eとϕ_νがCまたはD型の場に属するものと仮定した点である。もしこれらがAまたはB型の場に属するものであるならばϕ_νとϕ_ν'は空間反転で相互に移り変るから、もはやマヨラナ場ということが出来ないばかりでなく、相互作用の中から片方を追い出す操作が遂行できなくなる(つまり自由度を半分に減らすことができない)。したがってこの場合には、たとえ(12)に類する関係が成立っていたにしても、ディラック・ニュートリノの概念を用いた最初の記述のままで議論した方がむしろ簡単である。しかしこの場合でも(6)に相当する充分一般的な相互作用をさえ選んでおけば、当然(10)の過程が現われ、マヨラナ理論と同等の結果をうることが出来るから、ダブル・ベーター崩壊についての従来の主張が誤りであった点に関しては全く同じ議論を行なうことが出来る。この点はすでに一九四九年タウシェック(6)により指摘されていたところであったが、不幸にもこの論文の存在は不当に見逃されていた。これはおそらく『フィジカル・レビュー』万能の風潮がしからしめたのであろう。先般チューリヒにハイトラーを訪ねたとき、彼はしきりに世界を風靡するアメリカニゼーションの風潮を歎いていたが、彼がアメリカ的物理学の欠点として第一に挙げたのが『フィジカル・レビュー』以外の雑誌に出た論文を不当に軽視し、誰かがとっくに見出したものをずっと後になって再発見して知らぬ顔をしているという点であった。また第二に挙げた欠点は理論を不必要に複雑化し、本質的な問題の所在をぼやかしている点であったが、数式と数字の洪水の中に案外単純な迷信が残されているのではなかろうか。ここに挙げたマヨラナ・ニュートリノにまつわる迷信もその一例であり、敢えてこの一文を草したのはこれらの迷信を粉砕したいからである。

最後にもう一言附け加えるならば、ここで指摘したことは単にニュートリノだけに限らず、あらゆる中性フェルミオンに関連した問題であるから、とくにハイペロン等の問題においても充分検討されることが望ましい。また最近流行しているヤォッホ場[7]の問題は量子化に関連したアカデミックな問題としては意味をもつかも知れないが、亀淵および田中が論じているように、この記述によってはニュートリノの自由度の数は減らないばかりか、粒子像が歪められてしまうから現実には大して興味のある問題とはならないのであろう。

参考文献

（1）例えば Annual Review of Nuclear Science, Vol II, 1953 の中の E. J. Konopinski and L. M. Langer の項。

（2）W. H. Furry, Phys. Rev. **54**(1938), 56, *ibid* **56**(1939), 1184.

（3）$Ca_{20}^{48} \to T_{22}^{18} + 2e^{-} + 2\bar{\nu}$(？)($\Delta E$=4.4 MeV)において放出電子のエネルギーの和が大体一定であるところからニュートリノを伴わない転移を支持するらしいという話。また寿命も10^{17}年のオーダーでディラック理論(Goeppert Mayer, Phys. Rev. **48**(1935), 8)から予想される10^{24}年にくらべると遙かに短く、マヨラナ理論からの予想10^{16}年に近い。詳しくは尾崎氏より小生宛の手紙(『素粒子論研究』Vol. 7, No. 4(1954), 474)参照。

（4）N. Kemmer, Cambr. Phil. Soc. XXXIV(1938), 354.

（5）C. N. Yang and J. Tiomno, Phys. Rev. **79**(1950), 495.

（6）B. Touschek, ZS. f.Phys. **125**(1949), 108.

(7) J. M. Jauch, Helv. Phys. Acta **27**(1954)89；高橋康：『素粒子論研究』Vol. 7. No. 1(1954), 46.

(一九五五年)

Ⅳ　素粒子の新概念をめざして

一九五〇年頃から次々に発見された一群の新粒子の性質は、既知の素粒子とは著しく異なるものであった。この謎を解くため、二中間子論の経験から学んで新粒子対発生の理論がわが国でつくられ、これにもとづいて一九五四年には中野＝西島＝ゲルマンの新粒子に関する現象論的法則が確立した。

博士はただちにこの理論に鋭い関心をよせ現象の規則性の背後にある「物の論理」を与えるものとして、一九五五年秋、「新粒子の複合模型」という構想に到着した。この着想は同年一〇月の学会で発表され、翌年に欧文で『プログレス』誌に掲載された(論文18)。これは朝永博士の言葉を借りれば「その考えの出る前と、そのあととで、人々の素粒子論のやり方が一変した」画期的な業績であった。通常の素粒子概念を超えた新しい物質の階層において素粒子の構造をあばき出そうとする博士のこの展望は、しかしながら発表当時は決して学界に素直に受け容れられたわけではなかった。

この構想を発展させるため、一九五九年以来、基礎物理学研究所の研究計画の一環として、最初は「素粒子の構造」、その後は「素粒子の模型と構造」なる名称の研究会が博士を中心として開かれてきた。この研究会を通して、質量公式の検討、対称性の発見、名古屋模型および新名古屋模型の提唱等の成果が生まれ、また一九六三年には博士により、ハドロンの基本的構成要素として「ウルバリオン」概念が導入された。研究会の指導的中心にあった博士はその都度、方法論的立場からの分析と展望を会のしめくくりとして話されたが、数多い記録の中から三篇(論文20-1、2、3)を選びここに収めた。

17 「場の理論」研究会から

ここに提案された研究計画（論文**17**-1）に基づく研究会は、一九五五年一一月一五日から一二月九日まで約一月近くものあいだ、京大基礎物理学研究所で博士を中心として行なわれ、主として場の量子論の適用限界、将来の理論、新粒子論などをめぐって討論がなされた。翌年三月一九日に基研研究部員会議においてシンポジウムが開かれた折に、博士は前年の秋の研究会の討論をうけてここに収めた講演（論文**17**-2）を行なった。（編者）

17-1 秋の研究計画の提案

去る四月末開かれた研究部員会ならびに運営委員会の決定によりますと、今秋一〇月後半より約二カ月にわたる基研の研究はかねてより出版委員会で立案されていた綜合報告誌（『プログレス』誌の別刊、サプリメント）第三号（核力）および第四号（中間子反応）の完成を目的とし、それに必要な研究や討論を行なうことに重点をおいて計画されることになりました。これらの号の編集は第三号を武谷氏、第四号を小生が担当しますので、秋の会合の世話も私共が引受けることに致しました。

元来『プログレス』誌別刊の刊行目的はとかく不当に評価されがちであるわが国の研究を正しく位置付け、これを広く海外にも認めさせる点にあります。したがって今秋の集りもただわが国における中間子論の研究をまとめるということだけを目的とせず、むしろその成果をより基礎的な見地から正しく評価する点に主眼がおかれねばならないと思います。それ故第一期には執筆に直接あるいは間接に関係のある人々だけが参加することになりましょうが、第二期には広く「場の理論」の研究者が集り、現在の理論の適用限界と将来への見透しについて種々な立場から充分に議論しあうことが必要だろうと思います。かような討論の結果として各人各種の見方が統一され、基本的問題についての一致した見解が見出されたとしたならば、単に中間子論の成果についての正しい評価が可能となるばかりでなく、今後の素粒子論の発展に対しても好ましい基盤を形成することになるだろうと思います。したがって第二期への参加者は直ぐさま中間子論の発展に役に立つかどうか等といった狭い目的意識をもつ実用主義的見地にとらわれることなく、自由な立場から素粒子論の現状を批判し、将来を語って頂きたいと思います。

しかし問題の焦点が余りぼやけてしまうことは望ましくありませんので、湯川先生の御意見に従い、今度の計画は「相互作用の問題」に中心をおくことに致しました。相互作用の大きさや型が現在の理論の限界と密接に関連したものであることは私たちがかねてより指摘しているところでありますが、実験的に要求される選択則を導く各種の不変性の問題とか、強い相互作用と弱い相互作用の分類や普遍性の問題など「相互作用の構造」の諸様相は将来の理論への足掛りを与えるものとして深く検討する必要があるでありましょう。相互作用とは何かという問題は裏返しにすると素粒子とは何かという問題であり、両者は本来決して切離して議論することの出来ないものであります。素粒子の統一的記述を目指す野心的企てとして提出されている非局所場理論や非線型理論は申すに及ばず、今後あらわれるであろうすべての試みの正否は、これらの理論が相互作用の扱いに成功するか否かにかかっているようにみえます。したがってこの際相互作用の問題をあらゆる角度から検討してみることは大変意義のあることだと思います。また量子電気力学の異常な成功と中間子論の一応の成果をいかに評価するかという問題にしても相互作用の本質的究明がなされない限り解くことが出来ないでありましょう。

以上の諸点を議論の中心におき理論の適用限界と将来の見透しについて討論したいと思います。参加御希望の方々は申込手続と同時に討論の基礎になる御意見を四〇〇字詰原稿用紙五枚以内にまとめて七月一〇日までに基研山崎宛に御寄せ下さい。

（一九五五年）

17-2 素粒子論の新しい展望

この報告は、博士外遊中のため、テープをもとに喜多秀次氏がまとめたものである。（編者）

最近、素粒子論がいろんな面で進歩し、今までの成果がかなりはっきりしてきました。その結果、今後は何か今までとはちがった行き方をしなければならないのではないかという見通しをもたねばならなくなったのではないかと考えられます。

戦後数年間における大きな成果は、何といっても、第一に、朝永先生達の努力に負うところの、場の理論におけるくりこみの方法、いわゆる朝永＝シュヴィンガーの方法の非常な成功であって、殊にこれが量子電気力学を非常に精密なものにしました。

次に中間子の研究が進み、昨年秋の基研における研究会では、その綜合報告が書かれました。その結果は武谷君の核力の研究方針の正しかったことを示しています。核力の問題のみならず、中間子の問題でも、「切断仮説」を用いることにより、大体実験を説明することができました。これは殊にP波の中間子に対しては非常に具合よくゆきます。しかし、S波中間子の問題は、P波ほど成功していません。S波の問題は核力のコアの問題とともに将来にのこさねばなりません。

一方、量子電気力学(QED)におけるくりこみ理論の分析は、量子電気力学の内部矛盾がやはり隠すことができないものであることを示しているように思われます。殊に「ゴースト」問題以来、最近のチェレン＝パウリ、ランダウ、ポメランチェクの研究結果は、量子電気力学の場合にも、今までの場の理論がどこまでも正しいものではないということを示しているように思われます。QMD(量子中間子力学)においては、量子電気力学のときほど場の理論は信用できぬと考えられていますが、QMDの場合には、切断という操作の背後にかくされていた問題がより現実味を帯びてきます。これらのことは、場の理論に何か大きな変更を加えねばならないのではないかということを示しているように思われます。勿論、数学的近似度をかえるともう少しうまくゆくのではないかという見方もありうるでしょうけれど。

第三に、新粒子に対する最近の成果は、西島＝ゲルマン、マルコフにより現象論的法則性がかなり確立されたことであります。素粒子は何種類かの族に分類しなければならないということがはっきりしてきました。まず強い相互作用をする粒子の中にも中間子族と重粒子族とがあること、また、強い相互作用をする粒子の崩壊産物の中にある電子、中間子、ニュートリノ等が、また一つの族レプトンをつくっているということです。そしてこれらの粒子間に働く相互作用は、大体、強、電磁的、弱の三つに分類されます。西島＝ゲルマンの成功は、この強い相互作用をもつ粒子に関する規則性に対してであります。これら三つの相互作用のそれぞれには、結合常数の値にある種の普遍性が成立っていることが一つの特徴で、これは族の存在とも関係していることが予想されます。相互作用の普遍性については、クラインをはじめ、大根田、小川君の仕事があります。

以上三つの事柄が最近の成果と考えられます。これに基いて現在の理論の限界がどこにあって、将来どうすべきかという問題に入りたいと思います。そのために、今の場の理論のもつ構造を調べてみましょう。

現在の場の量子論の基礎は、ハイゼンベルク＝パウリの理論によって打建てられました。場の理論の発展は朝永＝シュヴィンガーの理論において、最も明白にあらわれています。

さて、この理論の基礎には、もう一つの大きな仮定が含まれております。これは武谷君達が量子力学の構造ということに対して絶えずいわれていることですけれども、つまり、まず最初に、そこに何があるかという問題がありまして、その後で、それがどういう法則に従っているかという二重の構造になっているわけですけれども、現在の場の量子論でも一番最初に、何があるかという問題があるわけです。すなわち、素粒子に対するモデルの問題が一番はじめにあるわけです。素粒子のモデルというのは、どういう種類の素粒子があって、それがどういう相互作用をしているかというふうなことに関する知識であります。これがたてられた上で、今のハイゼンベルク＝パウリあるいは、朝永先生の定式化されましたような場の量子論がこれに適用されるわけであります。

そこでは、あらゆる種類の素粒子というものが、それぞれ何か一つの場であらわされる。そして、そういうものの相互作用はただ一つの点だけで行なわれる。いろんな種類の場がありますけれども、いろんな種類の場の相互作用が一つの点で行なわれている。つまり素粒子がただ一つの時空の点の関数であらわされるという仮定と、それから、そういうものの相互作用がやはり点であること、つまり湯川先生の言葉を使えば場としては局所場を使い、相互作用としては、局所相互作用を使うこと、これが今日の理論の基礎となっております。今日の理論のいろいろの困難の原因がこの点モデルにあるということ、これは既に昔からいわれていることでもありますし、これを変えようという試みとしましては、湯川先生の非局所場をはじめといたしまして、いろいろなことが行なわれたわけであります。しかし、とにかく最近まで、このモデルに基いての理論というものが、先程から申しましたようないろいろな成功をもたらしたので、このモデルについての反省というものが、まだそれほど感じられていないような、というかむしろ忘れられていたという面があるのではないかと思われます。

そして朝永＝シュヴィンガー理論の成功以来、今日の理論というものが、まだかなりの程度までの適用範囲をもっている。したがって近似をあげさえすれば、幾らでももっと精確な結果が得られるのではないかというふうな考え方があるわけですが、しかしながら、先程から申したように、もう今日では、そういう時代は去ってしまった、といってはいいすぎかも知れませんけれども、少くとも革命が必要だというふうな見方というものも必要なのではないかというふうに考えられます。そこで結局問題は、模型を変えるか法則を変えるかということが、どうしても必要な段階になっているわけです。勿論この「模型の変更」と「法則の変更」というものが必ずしも切りはなして、別々に行なわれないであろうということは、これは湯川先生が、非局所場理論を出されました頃からのお考えでありまして、例えば非局所場理論の出されました頃、ボルンの相反性の原理というふうなものを新しい指導原理として使おうというふうなことをされたことがございます。

また、ハイゼンベルクなどの考え方に致しましても、いわゆるこの長さの次元の普遍常数を導入するというハイゼンベルクなどの考え方には、やはり、そういう見方がとられていると思います。

現在、ことにアメリカとかあるいはヨーロッパにおきまして、この模型とか法則とかいうふうなものがかなり固定されてしまった考え方が出てきている。そういう固定化された偏向の結果として、模型自身が偶像に転化しており、法則が儀式に転化しているということをこの前の秋の研究会のとき、申したのですけれど、そういう危険性に対する警鐘として、革命が必要だというふうな言葉も使ったわけです。そこで革命の方になってしまいますけれども、今申しましたように、革命としましては、模型の変更という問題と、法則の変更という問題があり、この二つがあるいは互いに、からみあっているだろうという見通しがあります。こういう革命的なと申しますか、あるいはそういう点について一番野心的なゆき方として、ハイゼンベルクの最近の研究があるわけであります。ハイゼンベルクはすべての素粒子というものは、ただ一つの種類の始原物質がいろいろな形をとってあらわれた結果であるというふうな考え方をしたいわけで、昔、ターレスが水からすべてのものを組立てようとしたのと同じような考え方をしようというのですが、その結果、この何か始原物質の波動方程式として、ディラックの波動方程式で、相互作用としては、ϕの四つかかった自己相互作用項をもつ方程式を基礎方程式としてとり、すべての素粒子をそれからつくりあげようとしております。

ところでハイゼンベルクの考え方の中には——これはここから先は私自身の考え方になるわけでありますけれども——二つの要素が含まれるように思われます。一つは何か素粒子というものの形を出してこようというふうな考え方、つまり非線形方程式の「粒子状」の解を出して、これから素粒子というものの形を出してこようという考え、もう一つは素粒子自身が、さらに根源的な物質の複合的なものであるという考え方、つまり複合性の考え方、この二つの考え方がハイゼンベルクの中にあるように思われます。

この前者の方、つまり形をもっているという考え方は湯川先生の非局所場とつらなるものでありまして、あるいはこの非局所相互作用、一般に何か形状因子を導入しようというふうな見方と対応しているわけであります。ところが形状因子を理論の中に導入しようという今までの試みでは、マルコフの批判にもありますように、硬い、力学的に変形可能でない形状因子をあつかっております。その結果、フィールツ等の研究の結果にもありますが、相対性理論から要求されますところの因果性というものが成立たなくなってしまう。形状因子を硬いものにとる限り、因果性がただ単に小さい世界で破れるだけではなくて、そういう変更が大きい世界にまで影響を与えずにはおかないというのがマルコフの批判であります。それに対しまして、形状因子自身が何か適当な法則、相対性理論に従ったような法則によって支配されるように変更すれば、そうした矛盾がさけられるのではないかとマルコフはいっていますが、ハイゼンベルクのような考え方から出てくる形状因子というものには、ある意味では、そういう力学的に変形可能な性質をもたせうる可能性もないわけではないと思われます。また、非局所場にしても、非局所相互作用よりかは、はるかに力学的に変形可能な性格をもたせうるであろうと思われます。

次に現在の素粒子論が、どういう段階にあるかということについての私自身の意見を申し上げたいと思います。これはこの前、やはり研究会のときに申し上げたのですが、現在の場の理論の段階というものを、たとえばニュートンの力学に対応させますと、量子電気力学はボーアの水素原子の理論のようなものに対応している。それに対して、中間子とか、あるいは新粒子の理論とかいうものは、ヘリウム原子の理論に対応しているという見方――私も最近までこういうふうに考えておりましたのですけれども――とにかくこのような対応のさせ方があると思います。ボーアのいろいろの仮定には、ニュートン力学の中で必ずしも証明されていないような、あるいはむしろ矛盾しているような仮定が含まれているわけですが、量子電気力学では例えば、くりこみの操作、あるいは「レギュレーター」の操作というふうなものがこういうふうなものに対応する。ところがそういう操作ではもはや中間子や新粒子の問題をあつかいえなくなって、例えば、くりこみの他に切断ということが必要になってきて、そこでニュートン力学を量子力学へもっていったように、何か新しい革命が必要とされた。この革命が、ニュートン力学の場合には$\hbar$の革命でありましたけれども、今度の場合は何か普遍的長さlの革命であるという見方が、かなり沢山あるわけであります。これは法則の方の革命でやろうという行き方であります。これに対しまして、今こういう見方も可能なのではないかというのが私の見解であります。それは、この現在の場の理論というものを、むしろニュートン力学に対応させないで、量子力学に対応させる。この量子力学といいますのは、非相対論的な量子力学でありますが、そして量子電気力学の成功というものを、原子核の外の原子とか分子とかいうような問題に対する量子力学の非常な成功にたとえるといたしますと、新粒子とか中間子とかの問題というのは、むしろ原子核の問題に対応させるべきではないかという考え方であります。原子核の問題に対しては、量子力学が適用できないという、非常にペシミスティックな見地というものが、今から二五年ばかり前、とられたわけでありますけれども、これが中性子の発見によりまして、非常に見事に解決されて、次の段階に進むことができた。

この点については、昨日お話し申し上げたのですが、*そういうこの法則と模型と二つありますうちの、いきなり法則の変更をやるよりも、むしろ今日、西島＝ゲルマンとか、あるいはいろいろの人々により分析されました新粒子のデータでありますとか、あるいは中間子に関するいろいろなこれまでの成果を基礎にして、いろんな種類の沢山の素粒子というものが、すべて同じレベルのもの、同じ段階のものであるというふうなモデル、そしてしかも、それに対してみんな点を考えているような、そういうモデルというものを、まず改革しなければならないのではないかということであります。もちろん私自身は、こういう改革というものが、一ぺんの改革によって終局に到達するものとは考えません。こういう改革というものは、何べんも何べんも行なわれて、むしろ無限に続くというのが私自身の見解で、その点、昔から湯川先生といろいろ議論したことがありますけれども、この点に関するハイゼンベルクの哲学の欠陥はハイゼンベルク自身が、ちょうどヘーゲル哲学のように、これまでのいろんな見解に対して批判しながら、自分自身はまるで神様のような態度をとっていることであります。

* 三月一八日に基礎物理学研究所において「パウエル博士を囲む会」が催され、坂田博士は複合模型について

の講演を行なった。（編者）

私自身は、昨日、例えば先程のいくつかの素粒子の族の中の強い相互作用をするものは、何かここに書きましたような複合粒子として見た方がよいのではないかという考えを申し上げました。これは今後あるいは偶像になってしまうかも知れませんけれども、偶像にするかしないかは、むしろ皆様におまかせするとしまして、私はむしろ古い偶像の破壊として出したものであります。とにかく私の強調いたしたいことは、将来どのような方向へ、われわれが理論をもってゆかねばならないかというときに、模型の問題と法則の問題との二つあるということであります。いつでも法則といいますが、これによっていろんな計算をするとき、近似の問題があるわけでありますが、近似は最初から近似だということを意識しない人はありませんから、大てい議論されますが、とかく、この模型とか法則とかにつきましては、忘れがちで、偶像や、あるいは儀式に転化してしまうおそれがありますので、ことに素粒子のようなわからないものをあつかいますときに、そういう点が非常に重要なのではないかと考える次第であります。

（一九五六年）

18　新粒子の複合模型について*

＊　この論文の内容は、一九五五年一〇月に行なわれた日本物理学会の年会で発表された。また同じ主題の論文は Bulletin de L'Academie Polonaise des Sciences (Cl. III-Vol. IV No. 6, 1956) にも発表されている。

本論文は英文で発表されたものである。この論集を編集するにあたり、編者達の責任で訳文を用意した。（編者）

新粒子の分類に関する西島＝ゲルマンの規則(1)は、宇宙線および高エネルギー加速器の実験によって得られた種々の事実を説明するうえで最近大きな成功を収めている。しかしながら、この規則の背後に隠されたより深い意味を見出すことは、理論的な立場から望ましいことであろう。この論文の目的はこの点に関係したものである。

新粒子の理論の現状は二五年前の原子核のそれと非常に似ているように私には思われる。当時原子核のスピンと質量数の間に美しい関係が知られていた。即ち、原子核のスピンは、質量数が偶数であれば常に整数であり、奇数であれば半整数である。しかし、残念ながらわれわれはこの偶奇則のもつ深い意味を理解することができなかった。この事実は原子核の他の神秘的な性質、例えばエネルギーの保存が成立しないかに見えたベータ崩壊などと共に量子論は原子核の領域では適用できないのではないかという甚だ悲観的な見方にわれわれを導いたのである。しかしながら中性子の発見の後に事態は全く一変した。イワネンコとハイゼンベルク(2)は直ちに陽子と中性子がその構成要素であるとする原子核の新しい模型を提唱したのである。彼らは、中性子がスピン1/2を持つと仮定することによって、原子核のスピンの偶奇則をその構成要素の角運動量の合成則の結果として説明した。さらに、彼らは原子核の理解し難い諸性質を内部に含まれている中性子の性質にすべて還元することができた。

同様の事態が現在おこっているものと想定し、私は西島＝ゲルマンの規則を説明するために新しい不安定粒子に関する複合〔粒子〕仮説を提案する。われわれの模型においては新粒子は、四種類の真の意味での基本粒子、即ち核子、反核子、Λ^0粒子および反Λ^0粒子から構成されていると考えられる。Λ^0粒子が西島とゲルマンによって指定されたような固有の属性を持つものと仮定すれば、通常のスピン、アイソトピック・スピンおよびストレンジネスに関する合成則の結果として、われわれは容易に複合粒子に関する偶奇則を得ることができる。次の表に、新粒子の模型とその諸性質が真の意味での基本粒子のそれらとともにあわせて示されている(3)。

ここでNと$\bar{N}$は各々核子と反核子を表わし、Λと$\bar{\Lambda}$は各々Λ^0粒子と反Λ^0粒子を表わす。内部構造を問題にしないかぎりでは、われわれの新粒子の模型は西島＝ゲルマンのそれと同一である。

名前	模　　型	アイソトピック スピン	ストレンジネス	スピン
N		1/2	0	1/2
$\bar{N}$		1/2	0	1/2
Λ		0	−1	1/2？
$\bar{\Lambda}$		0	1	1/2？
π	$N+\bar{N}$	1	0	0
$\theta(\tau)$	$N+\bar{\Lambda}$	1/2	1	0？
$\bar{\theta}(\tau)$	$\bar{N}+\Lambda$	1/2	−1	0？
Σ	$N+\bar{N}+\Lambda$	1	−1	1/2？
Ξ	$\bar{N}+\Lambda+\Lambda$	1/2	−2	1/2？

しかしながら、原子核の神秘的な諸性質が中性子の諸性質に還元させられたのと全く同じように、新粒子の奇妙な性質がΛ^0のそれに還元させられうることは強調されねばならない。したがってわれわれの理論は西島＝ゲルマンの理論そのままの場合に比して不定な要素をより少ししか含んでいないのである。

われわれの模型の厳密な取り扱いは甚だ大変な仕事であるが[4]、次の点は注目に値する。即ち強い相互作用に対して安定であると思われる複合粒子の大部分は、よく知られた新粒子と同一物であるとみなすことができ、そしてさらにいくつかの未発見の新粒子をも予言する可能性が存在することである[5]。

最後に、素粒子の複合仮説にとって好都合な議論が他にもいくつか存在することは注意されねばならない。朝永＝シュヴィンガーの手法の出現によって著しい成功がおさめられたにもかかわらず、素粒子の点模型を採用する限り、場の量子論の内部矛盾を避けることができないであろうことが最近明らかになってきた。さらにパイ中間子の場合には、切断の方法が実験結果を説明するために大変有力であることが最近示された。これらの事実は、すでにくりこみの手法の発見によっていくらかの変更がなされてはいるものの、素粒子の模型における根本的な革新が行なわれる必要があることを強く示している。ランダウは電子の模型はおそらくは重力場の影響によって変更を受けるであろうと指摘した。しかしパイ中間子の場合にはわれわれは別の効果を捜し求めねばならない。なぜならばその切断半径は、量子電気力学[6]の場合に現われた $e^2/mc^2 \cdot e^{-137} \sim 10^{-58}$cm なる値とは対照的に、核子のコンプトン波長程度に大きいことが見出されているからである。

（一九五六年九月三日受理）

参考文献

（1） T. Nakano and K. Nishijima, Prog. Theor. Phys. **10** (1953), 581.
K. Nishijima, Prog. Theor. Phys. **12** (1954), 107; **13** (1955), 285.
M. Gell-Mann, Phys. Rev. **92** (1953), 833.

（2） D. Iwanenko, Nature **129** (1932), 798.
W. Heisenberg, Z. Physik **77** (1932), 1.

（3） マルコフ(Rep. Acad. Sci. USSR, 1955)もわれわれのものとよく似た複合模型を提唱した。われわれの模型はフェルミとヤンによって提案されたパイ中間子の模型(Phys. Rev. **76** (1948), 1739)の一般化と考えることもでき、またただ一種類の「始原物質」が仮定されているハイゼンベルクの素粒子の理論(ZS. Naturf. **9 a** (1954), 291; **10 a** (1955), 425)に新たな光を投げかけるものであろうことに注意されるべきである。

（4） S. Tanaka, Prog. Theor. Phys. **16** (1956), 625.

Z. Maki, Prog. Theor. Phys. **16** (1956), 667.
(5) K. Matumoto, Prog. Theor. Phys. **16** (1956), 583.
(6) M. A. Markov, Uspekhi Fiz. Nauk **51** (1953), 317.
L. Landau et al., DAN. **95** (1954), 497, 733, 1177 ; **96** (1954), 261 ; **102** (1955), 489.
S. Kamefuchi and H. Umezawa, Prog. Theor. Phys. **15** (1956), 298 ; Nuovo Cimento **3** (1956), 1060.

（一九五六年）

19　素粒子の新概念をめざして

本論文は英文で発表されたものである。この論集を編集するにあたり、編者達の責任で訳文を用意した。(編者)

宇宙を狭めて、いままで人類の実践で達しえた理解力の限界にまでひきさげるべきではない。かえってこの理解力を伸長させ拡大させて、これで発見されるだけ益々多く宇宙の映像を取り入れていかねばならない。

——フランシス・ベーコン『受難日』格言四——

1　われわれはこの号*において、素粒子概念に関する新しい観点からおこなわれたわが国の物理学者の仕事を系統的に眺めることにしよう。

＊　この論文が掲載されている『プログレス』誌別刊(サプリメント)第一九号全体を指す。(編者)

素粒子を物質の窮極的構成要素とみなす通常の考え方と反対に、われわれは、自然は全体として決して汲みつくし得ぬ深さの構造をもつものであって、分子、原子、原子核、素粒子等のごとき相異なる原子論的諸概念は、いずれも研究の進展にしたがって次第にあばき出されてきた物質の質的に相異なる諸階層を表わすものであると信じている。自然科学の発展のいかなる特殊な段階においても、そこにおいてわれわれが知り得るよりも更に多くの要素が、物質には存在していることは確かであるから、その最も深い階層が明らかにされるであろうという期待を決して抱いてはならない。また、質的に新しい諸法則の発見は新しい諸階層においてなされるであろうから、素粒子の場の理論を、物質の終局の理論とみなしてはならない。

通常の素粒子観は、第一に、現在の理論を無制限に正しいものとする誤った信念から生じたもので、そこでは素粒子は局所的な場によって記述される数学的な点であると仮定されているのである。素粒子が構造をもたず空間を全く占有しないと仮定することは、われわれの認識の特定の段階における実在に対しての単なる一近似にすぎない。しかしながら、点模型にもとづく場の理論の著しい成功によって、数学的な点は明らかに分割不可能であるという理由から、大多数の物理学者は素粒子が物質の構造の最も深い階層であると信ずるようになった。その後、現在の理論に現われる発散の困難を克服するために、いわゆる「普遍的長さ」、あるいは「切断因子」を用いて点模型を修正しようとする数多くの試みがなされた。しかし、それにもかかわらず、素粒子は物質の最も深い階層であり、この階層を支配する力学法則は物質の終局の理論であるという誤った信念が、これまで殆んど疑われたことはなかったのである。

素粒子の「構造」という言葉が大部分の物理学者にとって、犯罪的なものと思われた第二の理由は、彼等の間に実証主義的信条が広く浸透していたことによるものであったろう。よく知られているように、現在の量子論の論理は次の二つの段階からなる二重構造をもっている。まずはじめに、いかなる種類の粒子が自然界に実在しいかなる相互作用の下にあるか等を考慮して対象の模型に関する仮説が設定される。そして次の段階でその体系に対して量子化が適用されることとなるのである。ボーアは、このような二重構造を認識することの重要性を、彼の対応原理の中で正しく述べている。しかし、理論の役割は、単に種々の観測結果間の確率的な関係を算出する数学的手段であるにすぎないという実証主義的な態度の結果として、第一の段階の存在は、多くの物理学者にとってしばしば無視されあるいは完全に拒否されてきた。*

* この第一段階の重要性は武谷によって、量子力学の解釈についての彼の先駆的な仕事の中でより一そう明確に述べられている。この仕事はこの四半世紀の間われわれの間での哲学的背景をなしてきたものである。（武谷三男『弁証法の諸問題』理論社（一九四六年）〔勁草書房（一九六八年）〕、坂田昌一『科学』**29**(1959), 626)

現在の理論の適用可能な範囲にわれわれがとどまっている限り、どのような観点をとろうとそれは単に趣味の問題にすぎない。しかしながら、その適用限界が問題になるにつれて、通常とられている観点がいかに一面的なものであるかが明らかになる。

現在の理論によっては答えられない二つの問題が確かに存在することは、一九三〇年にはじめてボーア(1)によって指摘された。それは次元《ディメンション》をもたない二つの常数の値、すなわち、電子の質量と陽子の質量の比、および微細構造常数$e^2/\hbar c$の値を予言するという問題であった。これらは、種々の素粒子が発見された過去三十年間の物理学上の大きな成果を考慮するならば、「素粒子の質量スペクトル」および「相互作用の構造」の問題に置きかえられるべきものであろう。もっと厳密に言うならば、それは、いかなる種類の素粒子が存在し、それらの間の相互作用の強さ、型および対称性はどのようであるかという問題である。

素粒子が物質の終極的構成要素であるとする通常の観点をとる限り、質量スペクトルや相互作用の「現象論的」な型は、物の論理(logic of matter)によっては決して説明され得ぬ「神の摂理」とみなされねばならない。なぜならば、それらは、「特別な目的のための(ad hoc)」仮定として最初から理論の中に導入されているからである。言い換えるならば、通常の観点は、あたかもピタゴラス学派がギリシアの科学において行なったごとく科学の中に宗教的な要素を持ち込み、科学的思考をその段階でおしとどめてしまうことになるであろう。*

＊　事実これまで、道徳や美の価値をも数学上の諸関係に結びつけて考えたピタゴラス学派の流儀で様々なタイプの対称性の模型が提唱されてきた。

これに反して、素粒子の概念に対し新しい観点をとるならば、これらの要素の「形相因」(causa formalis)を、物質のくみつくせぬ構造の中で一歩一歩探究してゆくことが可能になる。* われわれの立場は、かつて自然の神話的理解と闘ったギリシアの科学におけるイオニアの自然学派のそれにたとえられるであろう。

＊　このことを言いかえれば、現象において与えられた「形の論理」を「物の論理」に深めるということである。

論文22をみよ。(編者)

よく知られているように、ハイゼンベルク(2)はただ一つの基本的な物質、それは特定の対称性をもつ非線形スピノル方程式をみたすものであるが、そのさまざまの様態《モード》の中にそれらの「形相因」を追求しようと試みている。にもかかわらず、彼の立場はわれわれの立場とは本質的に異なっている。なぜなら彼はこの基本的物質が、物質の最も深い階層であり、彼の非線形方程式の型は「神の摂理」によって与えられたものであると信じているからである。これはあたかもプラトンが、地、火、空気、水の諸原子を、それぞれ立方体、正四面体、正八面体、正二〇面体として、基本的な物質から神が創造したと信じたのにひとしい。

2　近年さまざまな素粒子のあいだの相互作用に関する実験的知識が急速に進んできた。われわれは、この号で、物質の無限の階層構造をもとに、もろもろの相互作用の「現象論的」な形を一歩一歩理解することを試みよう。言いかえれば、相互作用の「現象論的」な構造の「形相因」を探究することによって次々と物質のより深い階層を明らかにすることを試みる。

強い相互作用に関しては、荷電独立性とストレンジネスの保存という概念を基礎に、中野＝西島＝ゲルマンによる美しい選択規則(3)(4)が発見された。通常の観点に立つ限り、この規則は「神の摂理」の与えた天上の原理とみなされる。しかし、もしわれわれが正しい観点をとるならば、その物理的基礎は物質のより深い階層に求められなければならない。

この考えに沿って、私は一九五五年にハイペロンと中間子の複合模型を提唱した[5]。陽子、中性子、ラムダ粒子を基本粒子とし、他のハイペロンおよび中間子がこれらの粒子とその反粒子から構成されると仮定することによって、私は中野＝西島＝ゲルマンの法則の「形相因」を物質の論理の中に見つけ出すことに成功した。さらに、ストレンジネスの保存という神秘的な概念も、ラムダ粒子の保存というような自然論的な用語(naturalistic term)で理解された。

ハイペロンと中間子の複合理論は、原子核の理論との密接な類似のもとに発展した。次の図に示されるように、複合粒子は物質の無限の階層の序列の中で原子核と同格に分類されるからである。

――分子――原子――{原子核／超重核／複合粒子}――基本粒子――

原子核理論の歴史において、最もいちじるしい出来事は、イワネンコとハイゼンベルクが原子核の神秘的な諸性質を説明するための正しい道を示したことであった。彼等は、一九三二年、中性子の発見の直後に、中性子と陽子をその基本的構成要素とみなす原子核の新しい模型を提唱した。この模型の出現する以前は、大部分の理論物理学者は原子核の理論を発展させることについて甚だ悲観的であったのである。われわれの複合模型がハイペロンと中間子の理論の中で、このような輝やかしい役割を果すであろうことが私の本来の希望であった。

このプログラムに従って、原子核の質量欠損に関するワイツゼッカーの公式に対応するものとして、松本[6]は複合粒子の質量公式を提唱した。驚くべきことに、彼の公式は通常の場の理論に全く基礎をおかぬ簡単かつ大胆な仮定から導き出されたにも拘らず、それは質量の観測値をかなりよく再現したばかりでなくいくつかの未知の粒子をも予言したのであった。

次に、われわれの模型に対する場の理論的追求は牧[7]によって行なわれ、π中間子が基本粒子からいかにつくられるかが示された。彼の仕事は原子核理論における重水素核の問題に対比されよう。しかし、複合粒子の内部を支配する力学法則は、通常の場の理論のそれとはきわめて異っているかも知れぬということを常にわきまえていなければならない。場の理論的取扱いはそれ故に、対応原理の精神において理解されなければならないのである。

複合粒子の理論における一つの著しい進歩が三種の基本粒子間に完全対称性を仮定した群論的方法を用いて達成された。この完全対称性の概念は、小川[8]および彼と独立にクライン[9]によって荷電独立性の素直な一般化として導入されたものである。池田、大貫および小川[10]は完全対称性に従う群の数学的構造を研究し、複合粒子の理論にたいする群論的方法を展開した。この方法から得られた主要な結果は、素粒子の散乱の実験で見出されたK^*あるいはY^*のような様々の共鳴状態を予言したことであった。沢田と米沢[11]は松本の質量公式に改訂を加えて共鳴状態のエネルギーの値を計算し、実験事実との驚くべき一致を得た。さらに、われわれの理論から予言された新しい粒子 π^0 は、K_{l3} の崩壊過程においても重要な役割を果すであろうことが強調されねばならない。

これらの結果から、散乱の問題も原子核反応との類比によって扱われ得ることが期待される。とりわけ、素粒子の超高エネルギーでの衝突の理解し難い性質もまた、この線に沿って解決されるであろうと私は考えたいのである。

ここで、弱い相互作用に眼を転じてみよう。ファインマンとゲルマン[12]によれば弱い相互作用の「現象論的」な構造は、$J_\mu^\dagger \cdot J_\mu$ のようなカーレント・カーレント相互作用という型をとっている。ここで、カーレント（流れ）J_μ は重粒子、中間子および軽粒子にたいする $(V-A)$ 型の荷電交換カーレントの総和である。複合模型の観点をとるならば、ファインマン＝ゲルマンのカーレントにおける重粒子、中間子の部分は $(\bar{\mathfrak{y}}, \mathfrak{z})$ および $(\bar{\mathfrak{y}}, \Lambda)$ カーレントだけでつくられる簡単な形に還元される。面白いことに、こうして単純化された形のカーレントは、実験的知見から要請される規則をことごとく満足する。まず第一に、$\Delta S/\Delta Q = -1$ の場合を排除した、$\Delta S = 0, \pm 1$ のような選択規則が得られるが、これは重粒子や中間子の崩壊の諸過程について成立していると見られる。第二に、β 崩壊のフェルミ結合常数と μ 中間子の崩壊のそれとが正確に等しいことの説明のために仮定された、ファインマン＝ゲルマンのカーレントのベクトル部分に対する保存則は、この立場から自明の事柄として出てくる。さらに、複合模型から導びかれた擬ベクトル・カーレントを用いれば、π 中間子の寿命に関するゴールドバーガーとトライマン[13]の計算は、ゲルマンとレヴィ(14)のような新らしい仮定を行なわずに自然な方法で正当化できることを最近大貫が証明した。

ハイペロンと中間子の複合理論がもし正しいということになれば、重粒子の三つ組（$p\ n\ \Lambda$）と軽粒子の三つ組（$\nu\ e\ \mu$）との間に、何らかの関係があるかどうかをさらに想像してもよかろう。事実、キエフ国際会議でのマルシャック(15)の指摘によれば、弱い相互作用の現象論的な構造は、これら三つ組の間の次のような入れ換えに関して対称となっている。

$$p \leftrightarrow \nu$$
$$n \leftrightarrow e$$
$$\Lambda \leftrightarrow \mu$$

弱い相互作用におけるこのような「キエフ対称性」をわれわれが重要視する限り、さきにも言及したように物質のより深い諸階層のなかにその「形相因」を求めていかなければならないのである。「キエフ対称性」に加えて、重粒子の三つ組の間になりたつ「完全対称性」もまた、物質のより深い階層へ別な形でふみ込むための糸口たりうるものであろう。

一九五九年、名古屋グループ(16)はこれらの対称性を自然論的な用語で説明できる新しい模型を提唱した。この名古屋模型によれば、軽粒子の三つ組が基礎粒子とみなされ、それにB物質と呼ばれる正の荷電をもったある種の塗料のような物質を塗りつけることによって重粒子の三つ組が生成される。かかる関係を次のように表わしてよいであろう。

$$p=\langle B^{+},\nu\rangle,\quad n=\langle B^{+},e^{-}\rangle,\quad \Lambda=\langle B^{+},\mu^{-}\rangle$$

この模型を採用することによって「完全対称性」と「キエフ対称性」の両方がともに自明のものとなる。なぜならば、強い相互作用の原因になるのは「B物質」だけであり、弱い相互作用の源になるものが、まさに軽粒子の三つ組だからである。ここで強調されねばならぬことは、名古屋模型を採用すると理論の中にアイソスピン空間のような人為的な空間を導入する必要がなくなることである。すでに繰返し述べてきたように、神話的な諸概念を、自然論的な用語で理解することがわれわれの方法論の特徴なのである。

「B物質」の正体に関しては、今のところ何も言えない。「B物質」について種々の型の模型を想像することはできるであろうが、私には、それが正の荷電をもったボーズ粒子の如くふるまうというような、単純なものであるとは思われない。* 恐らくそれは、現在の理論がもはや役立たぬ「超量子力学的階層」(sub-quantum level)に属する実体であろう。想像をたくましくしてよければ軽粒子の三つ組は量子力学的な粒子のようにふるまう三人の異なる人にたとえられ、「B物質」は、飲むと彼等を強くし、またその目方を重くするようなビールのごときアルコール分にたとえてもよかろう。

＊　この点は、しばしば多くの人々によって誤解されてきた。例えば、R.E. Marshak and S. Okubo, *Nuovo Cimento* XIV (1961), 1226.

物質のより深い階層に向って更に一歩を進めることは、「中性微子統一模型」を提唱した武谷によって行なわれた。彼によれば、電子と μ 中間子は中性微子に電荷(ε^-charge)を帯びさせることによってつくられ、それらの質量差は帯電の仕方の違い即ち荷電分布の差によって生ずる。この考えは最初彼自身と片山によって一九五八年にサンパウロで、提唱されたものである。[17] しかし名古屋模型が提案された後、彼は、「B物質」が荷電のようなもの(B^+荷電)としてふるまうと仮定して、このアイデアを重核子をも含むように拡張することを示唆した。[18]「B物質」を荷電に似たものとする模型は、その本性がわかるまでは現象論的かつ対応論的なアプローチとみなされねばならないが、それは松本の質量公式[19]にたいして一つの理論的基礎を与えることができるのである。

「中性微子統一模型」は、次のように述べられる。すなわち中性微子は物質の唯一の始原粒子(ur-particle)であり、これからあらゆる種類の基礎粒子や基本粒子がε^-荷電またはB^+荷電を帯びることによってつくられる。そうしてちょうどハイペロンと中間子が重粒子と反重粒子から構成されるように、光子もまた電子と陽電子から構成されているかも知れない。

物質についてのわれわれの視野は中性微子統一模型をもって殆んど完成されたように思われようが、自然全体は、汲みつくすことのできぬ深さの構造をもつものであるという事実を決して忘れてはならない。物質のより深い階層に向う次の一歩として、われわれは超量子力学的階層に属する「B物質」やε^-荷電の本性をあばき出さなければならない。そして、中性微子の背後においてすら、その存在様式の

「形相因」を探究していかねばならないのである。

参考文献

（1）N. Bohr, Faraday Lecture, 1930.

（2）W. Heisenberg, Rev. Mod.Phys. **29**(1957), 269.
H.P. Dürr, W. Heisenberg, H. Mitter, S. Schlieder and K. Yamazaki, Z. Naturforsch. **14 a**(1959), 441.

（3）T. Nakano and K. Nishijima, Prog. Theor. Phys. **10**(1953), 581.

（4）M. Gell-Mann, Phys. Rev. **92**(1953), 833.

（5）S. Sakata, Prog. Theor. Phys. **16**(1956), 686.

（6）K. Matumoto, Prog. Theor. Phys. **16**(1956), 583.

（7）Z. Maki, Prog. Theor. Phys. **16**(1956), 667.

（8）S. Ogawa, Prog. Theor. Phys. **21**(1959), 110.

（9）O. Klein, Archiv Swed. Acad. Sci. **16**(1959), 209.

（10）M. Ikeda, S. Ogawa and Y. Ohnuki, Prog. Theor. Phys. **22**(1959), 715 ; **23**(1960), 1073.

（11）S. Sawada and M. Yonezawa, Prog. Theor. Phys. **23**(1960), 662.

（12）R. P. Feynman and M. Gell-Mann, Phys. Rev. **109**(1958), 193.

（13）M. L .Goldberger and S. B. Treiman, Phys. Rev. **110**(1958), 1178.

（14）M. Gell-Mann and M. Lévy, Nuovo Cimento **16**(1960), 705.

（15）A. Gamba, R. E. Marshak and S. Okubo, Proc. Nat. Acad. Sci. **45**(1959), 881.

（16）Z. Maki, M. Nakagawa, Y. Ohnuki and S. Sakata, Prog. Theor. Phys. **23**(1960), 1174.

（17）M. Taketani, Y. Katayama, P. Leal Ferreira, G. W. Bund and P. R. de Paula e Silva, Prog. Theor.

Phys. **21** (1959), 799.
(18) M. Taketani and Y. Katayama, Prog. Theor. Phys. **24** (1960), 661.
(19) K. Matumoto and M. Nakagawa, Prog. Theor. Phys. **23** (1960), 1181.

（一九六一年）

20 「素粒子の模型と構造」研究会から

「素粒子の模型と構造」研究会は、基礎物理学研究所の長期研究計画の一つとして、一九六〇年以来坂田博士を中心として毎年行なわれてきた。数多くの会の記録の中から、ここに博士の三つの講演記録を収めた。**20**-1は一九六三年三月に三日間にわたって開かれた研究会の最終日になされた講演で、ここではじめて基本粒子としてウルバリオン(ウルp、n、Λ)概念が提唱された。その後ウルバリオンの可能なさまざまな模型が提案され群論的なアプローチも盛んに行なわれた。そのような情況の中で一九六五年三月に開かれた研究会での講演が論文**20**-2である。その後次第に豊富になってきた実験データとの対比から、ウルバリオンについていかなる描像が具体的に与えられるべきかが論議されるようになった。その時期において研究会の拡大世話人会(一九六七年六月)で講演されたのが論文**20**-3である。(編者)

20-1 結びに代えて ——一九六三年三月——

1 *S*行列学派の哲学について

チューによれば、現在の場の理論は「老兵が消えてゆく」ごとく消え去るのではないかという。場の理論を絶対的かつ最終的なものと考えるべきでないという点では同感である。チューのいう「反《アンチ》-場の理論」がやがて場の理論にとって代わるかも知れない。たしかに現在でもレッジェ・ポール理論に基づく議論は有用な道具である。しかし、それにもかかわらず、私がS行列学派の哲学に不満なのは、一口にいえば、彼らにおける「物質の喪失」である。「道具のための道具」という感じが強く、道具を使ってあばき出すべき「対象」が忘れられている。ギリシア以来の物質観の発展にどう寄与するのか分らない。「解析性」と「対称性」の論議にだけ終始すれば、もはや「物理学」ではなく、「摂理学」になるだろう。

もっとも、この点については、場の理論の正統派も同罪である。彼らの多くは場の理論を絶対視し、対称性を神の摂理のごとく扱っている。「反-場の理論」派が素粒子はレッジェ・ポールだというのと、場の理論派が素粒子は$\varphi(x)$だと信じているのと大した変りはない。彼らはともに「物質」を忘れ、素粒子を数学の断面でしかとらえていないのである。ただ、行列力学派の影響をうけついだS行列学派の方が「物質の喪失」の度合がより強いということはできる。ことにレッジェ・ポール理論には「物質なき運動」というそしりをうける面が感ぜられる。

ともあれ、反-場の理論が健全に育つには、なによりもまず「物質の回復」が必要である。幸いにしてチューはそのエピゴーネンよりも健康であり、自分のゆき方は始原物質からすべての素粒子を導き出そうとするハイゼンベルクのやり方と相補的な関係にあり、ハイゼンベルクが内から外へむかおうとしているのに対し、自分は外から内への道をとっているのだといっている。

2 複合模型について

私が提唱した複合模型の背景には、物質には無限の階層性があるという思想と、p、n、Λの「異質性」を強調し、これらからすべての素粒子が導かれるという観点があった。これに対し小川とクラインはp、n、Λの「同質性」に着目し、これにもとづいて、池田＝小川＝大貫がU_3対称性の議論を展開した。その後いろんな対称性の議論が盛んになっているが私の模型とI-O-O〔池田＝小川＝大貫〕の理論を同一視するのは正しくない。たとえば、よくゲルマン＝ネーマンの模型と私の模型を比較するといった言い方が行なわれているが、ゲルマン＝ネーマンに対比さるべきものはI-O-Oである。私の模型に比較されるのはゲルマン＝ネーマンの模型ではなく、八つのバリオンを基本粒子と考える「マルコフの模型」であろう。もし実験的にI-O-Oよりゲルマン＝ネーマンがよいということになれば、まず、マルコフのように、八つのバリオンを同一の階層に属するものと考えた上、さらにその背後にウルp、ウルn、ウルΛをおくといった行き方に進むのが私の模型である。対称性の背後につねに「物質の論理」があるというのがその特徴である。

なお私の模型はこれまで場の理論の言葉に依存するところが多かった。しかし、将来の反-場の理論が場の理論にとってかわるかも知れないということを考えると、反-場の理論の言葉で表現しておくことも必要であろう。その際、私の模型は、ハイゼンベルクのように一種類の始原物質から一挙にすべての素粒子を導こうという行き方ではなく、まず、p、n、Λに相当する三種類の始原物質を考え、そのレッジェ・ポールとして素粒子をとらえるという行き方になるであろう。そして、これらの三種類の始原物質とその対称性の「存在の理法」は始原物質よりも更に深い階層のなかに求められるにちがいない。その際、これまでもしばしば主張してきたごとく、ローレンツ不変性もその例外ではないだろう。ローレンツ不変性を「物の論理」によって保証しようとすれば新しい意味でエーテルを復活させねばならないが、ヤノッシイが主張しているごとく、ローレンツ解釈を絶対視するのは、あたかも量子力学のコペンハーゲン解釈を絶対視するのと同じぐらい危険だと思う。

（一九六三年）

20－2　やまとたにはてしもなく——一九六五年三月——

午前中に真打ちの話がすみましたので、私から申し上げることはなにもありません。ただ閉会の辞を述べさせていただければよろしいかと思います。この研究会の前に、どんな会をもつか、名古屋で二日ばかり討論しましたが、その結果は、最初の日の牧君の「エレガント」なお話につきています。私は、この研究会で問題になりましたところをくみ入れて、もう少し「泥臭く」お話しして閉会の辞にかえたいと存じます。

名古屋で致しました議論と申しますのは、一九六一年に「素粒子の構造」をテーマにした『プログレス』の別刊(Supplement)一九号を出させていただいたわけでございますが、その後実験面でも理論的にも新しい発展がありまして、現在われわれが素粒子の模型についてどんな考え方をしているのか、どんな点を改め、どんな点を残してゆくか、六一年の時点でまとめたものを、現在の時点でまとめなおしたらどんな処に問題点があるか、ということでございました。現在われわれがとっている観点をはっきりさせておくことはたいへん重要なことだと存じますので、いくつか質問の形にまとめて、新しい観点、新しい取組み方を、求めてゆきたいと思います。

私が『サプリメント』に書きました論文*(同様な内容を物理学会誌『物理』**16**(1961), 210)に「新素粒子観対話」として書きましたが**)は、二つの部分にわかれておりまして、その第一の部分——すなわち方法論に関した部分——は現在も変えるつもりはございません。方法論に関連して度々同様なことを申し上げて恐縮ですが、「三害」、即ち、「歴史の忘却」、「固定化」、「経験主義」があってはこまる、ということを申してきました。

* 本論集に論文**19**として収録されている。(編者)

** 本論集に論文**4**として収録されている。(編者)

物理学の発展の歴史をふりかえってみますと、山もあれば谷もある。山の形、谷の形もさまざまに、それがつらなっております。私達は、無限に多くの山や谷が《この先にも》存在するであろうという立場

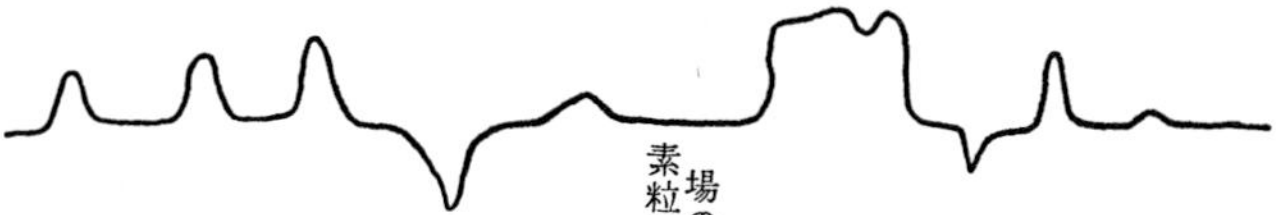

場の量子論
素粒子

をとるものです。素粒子のあたりで平坦になるという見方もありますが、私共はそういった常識的な見方への反逆、正統的な見方への異端をとなえたわけでした（湯川先生は山がひとつだけだとおっしゃるのですが……）。山がなければ「物理学の散歩道」になるわけですが、山はなかなかけわしくて、越えるのは大変です。山のあなたの不思議の国についての空想をめぐらすには、高次の対称性なども有用かと思いますけれども、われわれは、空想にも走らず、現実につきながら、散歩道でない道なき道を切り拓いてゆく観点を『サプリメント』に書いたわけです。その頃のオーソドックスな見方では、素粒子を物質の窮極であるとするのに対し物質のひとつの階層《レベル》にすぎないことを主張し、それと裏腹のことですが、場の量子論もこの段階での近似としてはよく成り立っているが、先の段階では本質的に変わっているのではないか、と想像したのです。特に、素粒子が物質の窮極であり、場の量子論を終局的なものとする見方をはびこらせている原因は、量子力学のコペンハーゲン解釈にあること――コペンハーゲン解釈にも幅がありますけれども、それを誤らせたのは、ノイマンの二つのテーゼ（対象と観測者との間の「切れ目」を入れる位置の任意性と「隠れたパラメーター」の非存在と）の「固定化」であること、またこれと対決するものとしては武谷解釈があって、中間子論の発展に重要な役割を果たしたことを述べたわけでした。

また、どのような理論にも仮定として外から与えられているものがあるわけですが、それを神の摂理とかんがえないで、もうひとつ先の階層での「物の論理」としてとらえる、「形の論理」を「物の論理」として把握するところに私たちの方法論の特徴があること、以上が『サプリメント』の論説《アーティクル》の前半分に述べたところです。この部分は今でも全然変える必要はないと思って居ります。

こういった観点に基づいて、当時の状況から考えました素粒子の具体的な模型が複合模型および名古屋模型で、そのことを書いたのが『サプリメント』の論文の後半であったわけです。

この後半についてはいろいろ変えてゆかねばなりません。

旧いモデルでは、ハドロン中、現実のp、n、Λを複合模型の基本粒子と考え、さらにそれらは、ν、e、μにB物質がついたものと見なしました。あるいはさらに片山＝武谷流に、e、μをνにε荷電がついたと見た結果が『サプリメント』に書かれたところでした。その後、ニュートリノが二種類あることが実験的にわかったので、二つのニュートリノの重ね合せの場、ν_1、ν_2の中ν_1だけにB物質がつくという見方に改めました。また共鳴準位がたくさん発見されるにつれて、ハドロンの複合模型において、現実の、p、n、Λをモデルの基礎にとることは好ましくなく「ウルバリオン」を基本的なものとした方がよさそうだということが解ってきました。このウルバリオンを対称性を考える上でのオモチャと見る人もありますが、形の論理から物の論理へという立場からは、なんらかの意味でウルバリオンがハド

		(コースA)	(コースB)
正統派的観点 レベルI	中間子 …(?第一問) バリオン	ハミルトニアン(?)	ローレンツ不変なハミルトニアン
複合模型的観点 レベルII	ウルバリオン	⟹ SU_6不変なハミルトニアン	⟹ ハミルトニアン(?)
名古屋模型的観点 レベルIII	レプトン(B物質)		

ロンの陰にかくれている、とせざるを得ません。ウルバリオンには現在さまざまなモデルが提唱されていますが、ともかくウルバリオンからバリオンや中間子がつくられる際、一体、「バリオンと中間子とは同一階層に属するものであるか？」という問題があります。これが今後の研究会で明らかにしてほしいと私の望む第一の問題点です。つまりバリオンはウルバリオンからつくられますが、中間子はウルバリオンから直接つくられなくてバリオンと反バリオンから分子のような形でつくられたと考えられないか？　ということです。

二番目の問題は、「ウルバリオンとバリオンの間の階層のちがいをはっきりとらえてもらいたい」ということです。ウルバリオンについてはいろいろな考え方があり、観測されるかされないかということもありますが、それ以上に、果して今までの粒子と同じようなものであるかどうか、ことによったら全くちがうものではなかろうか、という疑問が、今度の研究会でも表明されました（統計性、角運動量1/3、など）。とくに先程湯川先生は励起子（エキサイトン）ということをおっしゃったのですが、最近の非局所場の研究などを拝見しておりますと、ウルバリオンは物性論でいう準粒子に似たところもあって、ひとりあるきできるものであるかどうか、こういった疑問を強く感じます。

ウルバリオンをオモチャと考える立場では、バリオンとウルバリオンの関係はあまり真面目に扱われていないように思えます。対称性に重点をおいた議論では、しばしばウルバリオンのレベルで話しているのか、バリオンのレベルで話しているのかがアイマイです。私の第二の質問は

「バリオンのレベル（レベルI）に立った議論とウルバリオンのレベル（レベルII）に立った議論とがどうちがうのか」を明確にしてもらいたいということです――この質問にはさらに

「名古屋模型的観点（レベルIII）に立ったときどうなるか」という第三問が続くわけですが――例えばウルバリオンの段階、すなわちレベルIIで特殊六次元ユニタリー群SU_6不変なハミルトニアンがあったとき、これをレベルIのハミルトニアンに遺伝させることができるのか、ウルバリオンの三体系に対して量子力学的合成則が成り立っているのか等々（コースA）の問題があります。またバリオンの段階では場の量子論が成り立っているように見えますが、レベルIでローレンツ不変な、そしてある対称性をみたすハミルトニアンが存在するとしたとき、これを導くレベルIIのハミルトニアンはどうなっているのか（コースB）。こういった問題は大変重要だと思うのです。

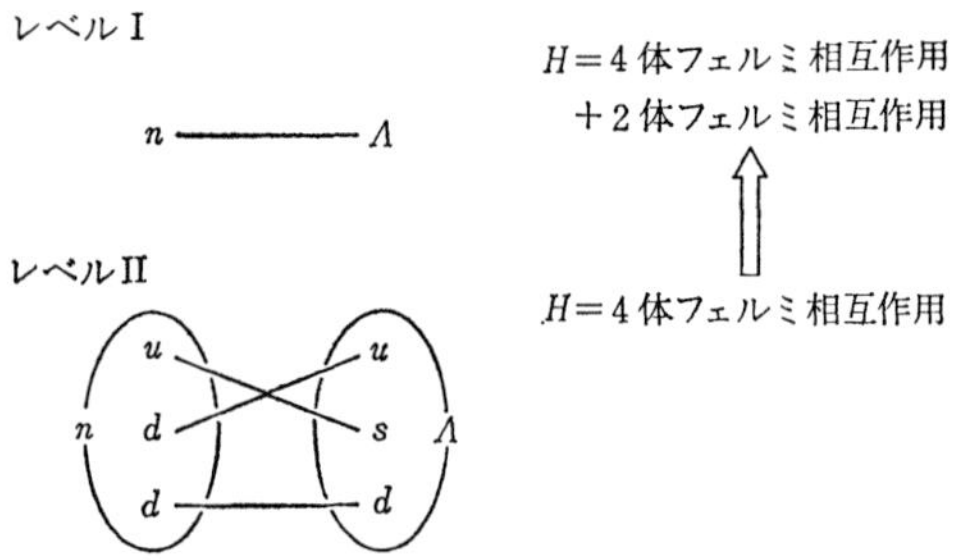

金沢の研究会で磯さんからきいたお話ですと、レベルIでは《偶然的》な事柄がレベルIIからは《必然的》に導かれる例として、こんな場合があります。すなわち、レベルIでバリオンの弱い相互作用のカーレントを考えますと、SU_3不変性を仮定したときカーレントは$8\times 8=1+8+8+10+\overline{10}+27$といったいろいろな表現に属しておりカーレントを八次元表現にえらぶのは偶然的でありますが、レベルIIの立場にたち、クォークの弱い相互作用のカーレントをつくり、これからバリオンのカーレントをみちびきますと、八次元表現に属するものだけが許されるということが分ります。

これと関連して、またこんなことがいえます。バリオンの弱い相互作用を問題にする際、バリオンが三個のクォークからできているという立場にたって考えますと、バリオンの内部で二個のクォークが互いに弱い相互作用を媒介とするボーズ粒子のやりとり(あるいは四体フェルミ型相互作用)を行ない、その結果例えばnがΛに変わるといったことが可能になります。これはレベルIでいえば、二体フェルミ相互作用を導入したことに対応します。換言すれば、レベルIIのハミルトニアンの中ではクォークに対し四体フェルミ相互作用だけしか仮定しない場合でも、レベルIではバリオン間の四体フェルミ相互作用のほかに二体フェルミ相互作用が誘起されるということです。これが$|\Delta I|=\frac{1}{2}$規則と

どう関係するのかといったことは、第二問のなかの具体的な問題であります。

以上は複合模型的観点の枠内での話でしたが、さらに名古屋模型的観点まで下げて考えたものとしては、牧＝大貫の模型、片山＝武谷の模型などがあります。この観点まで下がって考えると考えないとでは大きな差がありますから、質問の第三は、

「いろいろなウルバリオン・モデルは名古屋模型的段階まで下がるとどんな異同があるか？」

はっきりさせていただきたい、ということです。金沢の研究会で申しましたように、レベルIIではいろいろな模型があり、バラエティーに富んでいますけれども、レベルIIIまで下がってみると、それ程ちがいはなくて、かなり共通に言えることがあるのではなかろうか(特に弱い相互作用について)、と思われます。どの模型でも、結局、ν、e、μにB物質がついたことになり、その差異はB物質のちがいに還元されます。先程メソンとバリオンとはちがう段階ではないかと申し上げましたが、名古屋模型的観点まで下がると、ウルバリオンという階層は自由粒子としては存在しなくて、量子力学的概念がよく成り立っているレプトンからバリオンが直接につくられるものかもしれません。あるいはウルバリオンに対しても量子力学的概念が成り立ち、階層としては存在しても、エキサイトンといったB物質の性質に還元されるかも知れません。ともかく、その意味で、「B物質の〝物性論〟」が検討されねばならないようにも思えます。パラ統計に従う粒子、「非局所場」それに原さんの混合状態(Gemisch)のお話などは、B物質の問題と裏腹になっており、何か新しいことが出てきそうに見えます。こういうわけで、名古屋

模型的観点まで下がりますと全体としての観点は、旧いモデルとあまりちがっていないと思いますが、レベルIIではいろいろな可能性がありそうなので、立場をはっきりさせた上で、種々の解答をいただきたいと存じます。

対称性の話につきましては、いろいろ抽象化が進んでいるようですが、新しい世界を空想する上に役立つものと思います。あまり旧いモデルにとらわれますと、「固定化」の害で、新しい可能性を考えるさまたげとなり、一方、抽象化を進め過ぎますと「経験主義」の害毒を流すこととなって、そのかねあいがむつかしいところです。「コペンハーゲンの霧」を撒き散らすようになつたのは、対応原理的なものを忘れノイマン・テーゼを固定化したことに拠るわけで、「歴史を忘却」せずに、「三害」を避けて進まねばならぬと思います。

私は対称性が成り立つのは、その背景に物の論理があるという立場なので、相対論でのローレンツ解釈にしても、「物の論理」の観点からはローレンツの解釈に立ち戻って考え直すべきでないかということとも前から申し上げていましたが、今度の研究会で、田地さんとか、ブロヒンチェフのお話がでてきました。その方々に期待したいと思います。

なお、この前の『サプリメント』で触れられなかった問題、弱い相互作用がJ・J-タイプおよび$(1+\gamma_5)$-タイプであることを「物の論理」に直してゆくというこころみ——谷川さんと町田さんとかのお話も——今まで申し上げたことと関係させて発展させていただきたいと思います。

また先程、湯川先生のおっしゃった相互力(interactive force)と構成力(constructive force)の問題ですが、私共のように階層性を主張する立場では、レベルIのハミルトニアンとレベルIIのハミルトニアンの一部とに対応しています。私の立場では力にも無限の階層があると考えているわけですからどういうレベルに立って考えるかで、相互力とみるか構成力とみるかもわかれてまいります。どういう階層に立って考えるかを明確にした上で、その観点観点で言えることをはっきりとさせて欲しいというのが私の希望であります。研究会の間、皆様から結構なお話を聞かせていただきまして有難うございました。

（一九六五年）

20-3 断章 ——一九六七年六月——

1 類推について

「類推」が、その素朴さにも拘わらず、しばしば有効性を発揮したのは、「自然の論理」の一面を正しくとらえているからである。自然の無限の階層のなかで、私たちの認識が一つの階層から次の階層へと深化してゆくとき、質的に飛躍する面と連続的につながっている面の二つの面が楯の両面のように表裏一体となって存在していることに注意せねばならない。ボーアの対応原理の役割も、この観点からとらえるべきで、対応原理はつねにディスパリティの原理との統一において考えねばならない。

類推の方法が有効性を発揮したもっとも著しい例は、核力の場を電磁場と対比して展開した湯川中間子論であった。その後くりこみ操作の出現により量子電気力学が大きな成功を収めて以来、この類推の線に沿って物理学の将来を考える人はますます多くなった。彼らはくりこみ操作の量子電気力学(QED)における成功をボーアの前期量子論における水素原子に対比し、レギュラリゼーションを量子条件のごとく見なした。そしてQMD(量子中間子力学)はヘリウム原子にたとえられ、量子力学のような完結した理論に到達するためには量子化と同じようなことがくりかえされるであろうと考えられた。例えばハイゼンベルクが早くから主張していたごとく、普遍的長さr_0が、プランク常数hの役割を演ずるのではないかと予想された。

しかし、私はくりこみ操作の量子電気力学における成功が第一種相互作用しかあらわれぬという相互作用の構造の偶然性にもとづくものであることを明らかにしたところから、量子電気力学とQMDないしはQHD(量子ハドロン力学)との類推の限界を強く感じはじめた。私が複合模型を提唱したのはちょうどその頃であった。私は他の類推にしたがった。私には量子電気力学の成功は原子や分子の階層における量子力学の勝利に対比され、QMDないしはQHDの困難は原子核理論の初期にたとえられるように思われた。しばしばのべたように、ハドロンがp、n、Λからつくられているという私の最初の模型は、今後の素粒子論は原子核理論との類推の線に沿ってすすむのではないかという予想から出発したのであった。この基本的観点はウルバリオンとしてp、n、Λのかわりにウルp、ウルn、ウルΛをとらねばならなくなった今日においても変わっていない。

2　デモクリトスとエピクロスの差異について

ところで、「類推」の立場をこえた「自然の論理」の観点に立つとき、基本的に重要なことは素粒子の背後にくみつくすことのできない無限の階層が存在しているという点である。私たちはけっしてこの無限の階層がいれこのダルマのようになっていて次から次へと似たようなものがあらわれると考えているわけではない。ハイゼンベルクがいうように、ハドロンの背後には連続した始原物質が存在しているかも知れないし、また湯川先生が主張されているごとく素領域が重要な役割を果たしていることもありうる。これらの立場と複合模型の立場の差異を『矛盾論』の表現を用いて言えば、ハイゼンベルクや湯川先生の立場では次の階層との質的差異すなわちディスパリティの原理がハドロンの単一性と複合性の矛盾における主要な側面としてとらえられているのに対し、ハドロンはウルバリオンからできているという複合模型の立場では対応原理が主要な側面とみなされているのである。

ハイゼンベルクは、最近日本で行なったいくつかの講演でものべているごとく、ゴールドストーンの定理の重要性に着目し、これをみたす対称性を絶対視することによって、デモクリトスからプラトンへの道を歩もうとしている。しかし、私はこの方向には賛成できない。何故ならば、これも私がしばしばのべているごとく、この方向は物理学の発展をその点で固定化し、神学へ席をゆずることになるからである。

これに対し、湯川先生とは素粒子論がそのうち終わるかどうかで永年論争を続けてきたが、近頃になって先生との論点は主要な側面がどちらにあるかという点だけにあることが分った。湯川先生がしばしば引用される荘子の哲学の方が、ハイゼンベルクが説くプラトンの哲学よりははるかに健康であると思う。

マルクスは、彼がマルクス主義者になる以前、その学位論文において原子に完全性を求めたデモクリトスの原子論と、原子に不完全さを許したエピクロスの原子論の差異を論じているが、この論文は前者のなかに科学を神学へ転落させるプラトンの道に通じる危険性を見抜き、後者のなかに科学的原子論の健全な芽を発見した最初の仕事として高く評価されるべきものだと思う。エピクロスの道こそ原子論的諸概念を物質の階層とみる弁証法的自然観へ通じていたといえよう。

3 クラスター模型、準粒子について

1でのべたごとく、複合模型の立場は最初から核理論との類推を貫徹させる意図をもって出発した。その観点からこんどの研究会で発表された大槻、沢田その他の諸君の仕事は大変興味深く感じた。また私の最初の模型には、p、n、Λが他のハドロンと質的に異っているという観点がふくまれていた、その後、中間子は分子型か、原子型かという疑問を提出したのも、ハドロンと総称されているもののなか

に質的に異なったものがまざっているのではないかという思想を背景としていた。クラスター模型の話をきいて、私の感じたことの一つは質量の小さい八つのバリオンと共鳴粒子とをお互いに質的に区別して扱った方がよいのではないかという点であった。準粒子表現で明らかにされたごとく、たとえクォークがハドロンの理論においてなんらかの役割を演じているとしても、ウルバリオンは何かという問題はもう一つさきの階層の問題へ押しこんだ方がよさそうな気がする。

次にもう一つ感じたことは、飯塚の規則の解釈についてである。準粒子表現による解釈は見事であるが、もっと素朴に考えることの好きな私にとっては、むしろクラスター模型に戻り、ハドロンのなかに現実にクラスターとしてふくまれうるものだけが、外にしみ出してくるとした方がよりリアルにとらえられるような気がした。

ともあれ、新しい考え方の芽をいろいろふくんでいるこの模型の一層の発展を期待したい。

(一九六七年)

21　新原子論の思想

古代ギリシアの科学思想が現代科学の発展に与えた影響は大きいが、とりわけ万物が私共の感覚によってはとらえることのできない微視的な粒子からできているという原子論的思想が与えた影響は決定的であった。古代ギリシアの原子論というと、誰でもすぐデモクリトスの名を想いおこすであろうが、私がここで指摘したいのは、現代科学の発展により支えられ、また現代科学の方法として有効性を発揮している新しい原子論は、哲学的思想として、デモクリトスの原子論とは決定的にちがい全く異質的なものをふくんでいるということである。

よく知られているように、近代科学において原子論を復活させたのはドルトンであるが、彼が発見した原子はデモクリトスの原子のように物質のもはや分割することのできない窮極ではなかった。実際今世紀に入ってからの原子物理学の異常に急速な発展は原子の奥に電子と原子核を発見し、また原子核の背後にこれを構成している素粒子を見出したのである。

最近まで物理学者の大多数は、素粒子こそ物質の窮極であろうと考えていたが、この二、三年のうちに素粒子もまたより根源的な粒子——基本粒子——からできあがっているという見方が急速にひろまってきた。いまや分子―原子―原子核―素粒子といった現代の原子論が発見した諸概念は巨視的物体―天体―星雲などにつらなる自然界の無限の階層の一つとみるべきであり、素粒子といえどもけっしてデモクリトスのアトムのごとき物質の可分性の限界と考えてはならない。

このような立場は、前世紀のおわり、エンゲルスにより主張されたのであったが、今世紀に入ってからの原子物理学の発展が実証したといえる。それにも拘わらず、なお多くの物理学者が古い立場を固守しているのはいかにデモクリトスの影響が大きかったかを物語っているといえよう。私は十年ばかり前から素粒子の複合模型を提唱しているが、これは素粒子が物質の階層であるという新しい原子論の立場にたち、素粒子の背後にさらに基本粒子という階層を仮定した理論であった。当時では未だ素粒子が物質の階層であるという観点にたつ人はほとんどなかったが、その後、大加速器により、素粒子の共鳴準位とよばれるものが非常に沢山発見された結果、今日では素粒子の背後になにものかを考えるという立場にたつ物理学者が急速に増えた。

しかし、彼らにしても、まだデモクリトスから完全に脱けきったとはいえない。例えば、ドイツのハイゼンベルクは、はやくから、素粒子の背後に始原物質(ウルマテリエ)を考え、もろもろの素粒子はウルマテリエの形相(フォルム)であるという観点をとっている。彼の思想は、自らもいっているように、プラトンが地水火風の原子を四個の正多面体と対応させたのと同じ思想だといえる。

原子を物質の窮極だとみるデモクリトスの原子論は、原子は神の創造したものであり、完全なものでなくてはならないというプラトンの思想へ行きつかざるをえない。ところが、原子は物質の階層だという立場にたつと、原子のもつもろもろの性質は、神の摂理によって与えられた終局的なものではなく、次の階層、たとえば原子のなかの電子の運動からみちびかれ、説明されるものとなる。

これと関連して、最近私の興味をひいたのは、大阪大学の相原信作教授が『展望』六月号に掲載された論文であった。マルクスの学位論文は「デモクリトスの自然哲学とエピクロスのそれとの相違について」というものである。この論文は普通にはマルクスがマルクス主義者になる以前にヘーゲル左派の学徒として書いたものだといわれており、あまり高く評価されていない。ところが、これに対して相原教授はこの論文を高く評価され、そのなかに『資本論』にまでつらなるマルクスの一生涯の思想の輪郭がみられると主張されている。

原子が物質の窮極でなく、物質の階層であるという思想はエンゲルスがマルクスとの手紙のやりとりのなかで最初にのべた考えであるが、この考え方もデモクリトスを脱けでたエピクロスの自然哲学を基礎にしているといえるのではないかと思う。デモクリトスは原子は直線的な落下運動しかしないとのべたのに対しエピクロスは原子はときたま直線軌道からはずれることがあると主張した。エピクロスは原子の運動のなかに偶然性をゆるしたのであるが、この偶然性の認識こそ次の階層の存在を予想させ、追求させる契機となるものである。

神によって創造されたものは完全であってもはや科学の対象となりえないが、完全なもののからのずれこそ科学的探究の緒となる。デモクリトスに停まるかぎり、プラトンやハイゼンベルクのごとく、原子論は神学に譲り渡されるが、エピクロスの立場にたてば原子論はどこまでも科学として追求されることになるであろう。近年アメリカなどでは、対称性(シンメトリー)を素粒子論の基礎だとする考え方が支配的であるがこれもデモクリトスの原子論にとらわれたプラトン主義的な思想だといえる。最近も荷電対称性がやぶれたらしいというニュースで大さわぎをしているが、もともと対称性が基礎なのではなく、対称性を現象として導き出す本質――より深い階層の構造――こそが問題なのである。湯川博士がしばしば引用される「天地の美にもとづき、万物の理に達する」という荘子の言葉の深い意味を悟るべきであろう。

今世紀における原子物理学の急速な発展は原子とか、原子核とか素粒子とかが物質の無限の階層の一つであるという新しい原子論の思想を導いたが、さらに他の分野の学問をも根本的に変貌させ、自然全体が互いに関連し、互いに質的にことなった無限に多くの階層からでき上っており、それぞれの階層ではそこに固有の法則が支配しているという弁証法的自然観を確立させるに至った。

前世紀までは、自然科学の各分野がばらばらであったのに対し、現代では各分野の相互関連が密接になり、古代ギリシア以来かつてなかったほどの統一性がえられている。不変なる元素と不可分割な原子を基礎とする化学は、その根底がゆすぶられ、現代の物理学の実験室では、たえず新しい元素が生み出され、原子が破壊されている。その結果、星のエネルギー源が解明され、宇宙の進化、元素の起源などをあとづける天体核物理学が発展しつつある。

さらに、生命現象を分子レベルでとらえようとする分子生物学や生化学の発展は、生命の起源、遺伝の機構(メカニズム)をあばきだすことに成功した。いまや、私たちは、自然の歴史を人間の歴史につなぎ、自然と社会の全域を広く、深く、徹視しうる世界観を獲得した。前世紀までの学問のごとく、ある特定の階層だけを切り離しこれを固定化してとらえようとするかぎり、どうしても「神の摂理」の導入が必要となり、科学の発展はそこで停止する。ところが自然全体が互いに関連し、互いに転化しあう無限の階層からなることを意識した弁証法的自然観に立脚するならば、科学の発展は無限であり、とどまることがない。

以上のべたごとく、現代の科学は一方において、自然と社会の全域を徹視しうる統一的な自然観を背景として飛躍的な進展をとげようとしているのであるが、他方において近年十九世紀までのような専門化の弊害が一層強められようとしている。その主要な原因は、直接実用へ結びつかない基礎科学の研究においてさえも、大加速器や大型計算器のごとき巨大設備を使い、多数の人間が協力しあわねばならなくなった点であろう。その結果、現代の科学者は、大企業のなかではたらくサラリーマンと似たような事務家的性格を帯びはじめ、科学の発展についての全体的見透しと、人類の幸福に役立たせるという科学の本来の目標を見失なおうとしている。ここに退廃と堕落につながる現代科学の危機があるといえる。

(一九六六年)

22　素粒子の新概念と複合模型の方法について*

＊　中間子論の第一論文の三十周年に際し、この論文を湯川秀樹教授に献げる。

本論文は牧二郎、大貫義郎と連名で英文で発表されたものである。この論集を編集するにあたり、編者達の責任で訳文を用意した。(編者)

一

四年程前、著者の一人(坂田)[1]は「素粒子の新概念をめざして」と題する論文を『プログレス』誌(Progress of Theoretical Physics)の別刊号(Supplement)に発表した。その論文の目的は、複合模型[2]、名古屋模型[3]などのわれわれの仕事の背後にある方法論的観点を述べることにあった。この論文では、実験的にも理論的にも発展した現段階において、さらに付け加えねばならぬいくつかの見解を述べることにする。

前論文において、われわれの観点は、次のように述べられた。「素粒子を物質の窮極的構成要素とみなす通常の考え方と反対に、われわれは、自然は全体として決して汲みつくし得ぬ深さの構造をもつものであって、分子・原子・原子核・素粒子等のごとき相異なる原子論的諸概念は、いずれも研究の進展にしたがって次第にあばき出されてきたところの物質の質的に異なる諸階層を表わすものであると信じている。自然科学の発展のいかなる特定の段階においても、そこにおいてわれわれが知り得るよりもさらに多くの要素が、物質には存在していることは確かであるから、その最も深い階層が明らかにされるであろうという期待を決して抱いてはならない。また、質的に新しい諸法則の発見は新しい諸階層においてなされるであろうから、素粒子の場の理論を、物質の終局の理論とみなしてはならない」と。

通常の見方を採るかぎり、理論の中にアドホック(ad hoc)に持ち込まれる素粒子の質量・スピン・対称性・相互作用の強さおよび型などといった諸性質は「神の摂理」によって与えられたものとみなされねばならないことになる。最近、靴ひも理論(bootstrap approach)のごとく、これらの要素を自足的な機構から導き出そうという試みがいくつかなされているが、事態は依然として変っていない。なぜならば、このような試みは、それが通常の観点と結びつけられたとき、宇宙は予定調和の中にあるというライプニッツの思想にわれわれを導くからである。かくして通常の観点は、常に科学の中に宗教的要素を持ちこみ、科学的思考をその段階で停止させてしまうことになるであろう。

これに反してもし新しい観点に立つならば、このような要素の「形相因」を、物質の汲みつくすことのできぬ階層構造の中で一歩一歩追究してゆくことが可能になる。言いかえれば、素粒子に関する現象論的な知識の「形相因」を探究することにより、物質のより深い階層を次々とあばき出すよう試みることができるのである。

この考え方に沿って、著者の一人(坂田)は、陽子・中性子・ラムダ粒子およびそれらの反粒子をその基本的な構成要素であると仮定したハドロンの複合模型[2]をはじめて提唱した。つづいて、名古屋模型[3]が、ハドロンと軽粒子の統一模型として提案されたが、この模型においては、ハドロンの基本となる三個の粒子は、軽粒子の三つ組――中性微子・電子・ミュウ中間子――に「B物質」と名付けられる正に帯電した塗料のごときある種の実体を塗りつけることによってつくられると考えられた。物質のより深い構造へ向ってさらに一歩を進めることは武谷[4]によって行なわれた。彼は、電子とミュウ中間子は、ε《イプシロン》荷電が中性微子に二つの異った仕方で付くことによってつくられるとする中性微子統一模型を提唱したのである。その段階で明らかにされた物質の階層構造は表Iに示される。

前論文[1]で強調されたように、われわれの「複合模型[2]」は、ハドロンの諸反応において確立された中野＝西島＝ゲルマンの規則の「形相因」をなすものとして提案された。基本的な構成単位の存在こそがハドロン反応における中野＝西島＝ゲルマンの規則の実現を保証しているとするわれわれの考え方は、原子の存在がまさしく化学反応での定比例の法則、倍数比例の法則の成立を保証しているという、ドルトンの原子論に対比することができよう。中野＝西島＝ゲルマンの規則は、ハドロンの階層における「形の論理」によってハドロンの反応を記述するものであるが、複合模型は、ハドロンの背後にあるより深い階層での「物の論理」によってそれを説明するものであると言ってよい。われわれが、p(陽子)、n(中性子)、Λ(ラムダ粒子)を基本的な単位に選んだことは、単に偶然的なことである。むしろ、「複

表Ⅰ　前論文(1)で提案した物質の階層構造

ハドロン (複合模型)(2)	中間子 重粒子	$m=t\bar{t}, \cdots$ $b=t, tt\bar{t}, \cdots$
基本的な三重子 (名古屋模型)		$t: p, n, \Lambda$ $t=\langle l \mid B^{+}\rangle$
軽粒子の三重子 (中性微子統一模型)		$l: \nu, e, \mu$ $e=\langle\nu\mid\varepsilon\rangle, \mu=\langle\nu\mid\varepsilon\rangle'$

合模型の方法」の真髄は、形の論理から、物の論理に達することにあったのである。湯川教授が大変好んでおられる古代中国の哲学者荘子の言葉を借りるならば、これは次のように表現される。

原天地美　達万物理[35]

複合模型の提唱のあと、非常に多くの共鳴状態(共鳴粒子)がハドロン反応において発見された。もし従来の観点にたつならば、このような現象を理解することは困難であったろう。むしろ逆に、共鳴粒子の発見は、ハドロン自体がより基本的な単位から構成されているとするわれわれの観点の強力な証拠であるとみなしてよい。

さらにまた、通常の観点を採る限り場の理論の方法はハドロンの研究に対する唯一の正統的なアプローチであるかも知れぬが、しかし、「複合模型」の立場に立つならば、原子核の研究におけると同様に多面的なアプローチが可能となる。われわれの観点の特徴はあらゆる種類のアプローチ――群論・S行列・非局所場など――を互いに排他的なものとしてではなく、相補的なものとして評価し得ることであろう。なかんずく、われわれは対称性を物理学の第一原理であると信じてはいないのであるから、相異なる種類の対称性が互いに共存することはありうることであろう。

複合模型の立場からする多くのアプローチのうちで、群論的方法はハドロンとその共鳴状態の分類、ならびに予言において最も実りある結果をもたらした。一九五九年、小川[5]および、彼と独立にクライン[6]は、強い相互作用に関する限りではハドロンの三個の基本的要素はあたかも同じ粒子であるかのごとくふるまい、完全対称性が近似的に成り立つであろうということを最初に指摘した。この提案につづいて、ハドロンの研究に対する群論的考察が、池田、小川および著者の一人(大貫)[7]によって創始された。彼らは完全対称性群の数学的構造を調べ、ハドロンとその共鳴状態を三次元ユニタリー群U_3の既約表現を用いて分類することを試みた。彼らによれば、基本三重子(fundamental triplet)とその反粒子の二体系であるπ中間子およびK中間子は、それらと同じスピン、パリティを持ちアイソスピンがゼロの中間子とともに、U_3の八次元表現に属している。当時、後者の中間子の存在は未だ知られていなかったが、それは後に発見されてη《エータ》中間子と名付けられた。η中間子を予言したことはこのアプローチのもっとも輝かしい成功であった。

共鳴粒子に関する実験事実の蓄積は、一方において複合模型の基本的アイディアの正当性を証明したが、他方において模型の幾分の修正を要求した。とくに、ゲルマン[8]とネーマン[9]は、バリオン族の分類において、陽子、中性子、Λ粒子は、Σ粒子、およびΞ粒子とともに八次元表現に属するとみなすべきことを指摘した。もしこのような対応づけが正しいとすれば、陽子、中性子およびΛ粒子をハドロンの基本的な単位として選ぶのは不適当となり、したがってわれわれは陽子、中性子およびΛ粒子と非常に似かよってはいるが、しかしもっと基本的な「ウルバリオン」[10](urbaryon)の存在を仮定しなければならないことになる。

ウルバリオンの選び方については多くの提案[11-14]がなされているが、現在の段階ではそのいずれが正しいかを決定することは困難である。しかし、ゲルマン[12]とツヴァイク[13]によって提唱された「クォーク」(quark)あるいは「エース」(ace)はもっとも簡単なものであり、しかももとの模型ときわ立って類似していることは注目に値する。クォークは、分数値の荷電、分数値の重粒子数など甚だ奇妙な性質をもつが、しかしながら、これが恐らくは、超量子的階層に属するものかも知れぬということを想起すれば、これは何ら驚くべきことではない。むしろ憂うべきことは、群論的方法の進歩につれて、ウルバリオンをば単に対称性を発見するための数学的手品にすぎないとする実証主義的傾向が理論物理学者の中でますます強くなっている事実である。かかる実証主義者達にとって対称性は「神の摂理」によって与えられる物理学の第一原理とされるのであって、それ故科学的思考がハドロンの階層を超えることは実際には封ぜられてしまうであろう。

このような実証主義的観点とは反対に、われわれの方法論はいかなる特殊な段階においても決してとどまることなく、さらにより深い階層を絶えず追究し続けるであろう。事実、われわれは一九五九年、ウルバリオンの背後にある次の階層に属するものとして「名古屋模型」[3]を提唱した。名古屋模型の特徴は、ともに「形の論理」として表わされていた、ハドロンの三つの基本粒子間の「完全対称性」と、ガンバ、マルシャックおよび大久保[15]の見出した弱い相互作用における「バリオン－軽粒子《レプトン》対称性」との双方が、「物の論理」によって統一的に説明された点にあった。さきに述べたように、名古屋模型では、ハドロンの三つ組は、B物質が軽粒子の三つ組に付着することによってつくられ、前者は強い相互作用を、後者は弱い相互作用を荷うものであると仮定される。さらに、B物質は、量子的段階における通常の粒子とは似つかぬものであり、恐らく超量子的な階層に属するものであろうということを強調せねばならない。ここに見たように、複合模型の名古屋模型への発展は、――形の論理から物の論理へ――というわれわれの方法論の忠実な適用によって達成されたのである。

一九六二年に二種類の中性微子の存在[36]が実験的に確証されるや、われわれは直ちに名古屋模型を修正し、B物質は二種類の中性微子に特定の重みをつけて重ね合わせたある一つの状態 $\nu_1=\cos\theta\,\nu_e+\sin\theta\,\nu_\mu$ にだけ付着するものと仮定した。ここでν_e、ν_μは、各々、電子中性微子、ミュウ中性微子である。[16]修正名古屋模型がいわゆる「カビボ・カーレント」[17]を自然に導くという利点を持っていることはここに強調されねばならない。

前述のように、ハドロンの基本的な構成単位が何であるかという問題は、複合模型にとって甚だ重要なことである。しかし、広い意味でウルバリオンとは軽粒子にB物質が塗りつけられてつくられるものであるとする名古屋模型の立場を採るならば、現在提出されているいろいろな模型はもとのものとそれほどは違わないし、それらの相違は各々の模型において導入されたB物質の性質の差に完全に帰着されよう。表IIに、名古屋模型の立場から再解釈したウルバリオンの諸模型のリストを示そう。

表II　名古屋模型の立場から再解釈したウルバリオン模型

模型	原型 (坂田)(2)	クォーク(エース)模型 (ゲルマン(12)=ツヴァイク)(13)	四元模型 (牧=大貫)(11)	トリオン模型 (バークリ=ヌイッツ=ファン・ホーヴ)(14)
ウルバリオン	$p\ \ n\ \ \Lambda$	$u\ \ d\ \ s$	χ_0 ┆ $\chi_1\ \ \chi_2\ \ \chi_3$	$\Theta^0\ \ \Theta^+\ \ \Theta'$; $T^+\ \ T^0\ \ T^{0'}$
	$B^+\ \uparrow\ \uparrow\ \uparrow$	$B^{+2/3}\ \uparrow\ \uparrow\ \uparrow$	$B^0\ \uparrow$ ┆ $\uparrow\ \uparrow\ \uparrow$	$B^0\ \uparrow\ \uparrow\ \uparrow$; $B^+\ \uparrow\ \uparrow\ \uparrow$
軽粒子	$\nu_1\ \ e\ \ \mu$	$\nu_1\ \ e\ \ \mu$	ν_0 ┆ $\nu_1\ \ e\ \ \mu$	$\bar{\nu}_1\ \ \bar{e}\ \ \bar{\mu}$; $\nu_1\ \ e\ \ \mu$

表IIで、B^+は重粒子数1、荷電1の普通のB物質であり、B^0は、それの中性のものであるが、$B^{+\frac{2}{3}}$は重粒子数1/3、荷電数2/3の普通とは異なるB物質である。また、$\nu_0=-\sin\theta\,\nu_e+\cos\theta\,\nu_\mu$であり、かつ$\bar{\nu}_1$、$\bar{e}$、$\bar{\mu}$は、反軽粒子の三つ組を表わしている。

最近、崎田(18)および独立にギュルセイとラディカチィ(18)は、ユニタリー・スピンと通常のスピンを結びつけて、ウィグナーの超多重子理論を複合模型に拡張する試みを展開した。このアプローチの注目すべき成功は、B物質のみが、軽粒子の種類やスピンの状態とは無関係に、ウルバリオン間の強い相互作用を受け持っているとする名古屋模型の立場をとれば最も容易に理解されることが著者の一人(大貫)(19)により指摘された。

二

この章においては、われわれの観点からみて重要であると思われるいくつかの問題点を指摘しておきたい。

1　中間子と重粒子の関係について

前述のように原型の複合模型では、中間子の場合に著しい成功をおさめたが、重粒子の場合にはいくつかの困難が生じた。この困難を取り除くために、ハドロンの複合模型について、いろいろの修正が提案されている。にもかかわらず、中間子についていえばこれらの模型は少くとも群論的な観点からは、すべて同等なものと見なしてよい。しかしながら、われわれの観点からすれば、中間子と重粒子が、物質の序列の中で果たして同一の階層に属するものであるか否かという重要な問題がなお残されている。実際に、われわれは次の二つの立場を取りうるのである。

(1)　中間子は、重粒子と同様に、直接ウルバリオンと反ウルバリオンとから構成されている。

(2)　あたかも分子がそれ自身もまた複合系である原子から構成されているように、中間子は、それ自身がウルバリオンからつくられた重粒子と反重粒子とから構成されている。

この二つの立場のいずれが正しいかを決定することは困難であるが、パイ中間子の核子との大角度散乱の理論的分析の或るものは(2)に有利なように見うけられる。[20]

2　ウルバリオンの本性について

この問題に入る前に、われわれはウルバリオンの階層が果たして実際に存在するものかどうかを、まず問題にしよう。われわれは、重粒子が物質の究極の階層であるとする実証主義の立場を斥けてきたがそれでもなお、このような問題は残るのである。例えば、片山と武谷[21]が最近提唱した「中性微子芯模型」を採れば、三個の中性微子が二種類のB物質を接着剤として結合し重粒子をつくっている。このような場合には、ウルバリオンの階層を経ずして、軽粒子の階層から直ちに重粒子の階層に進むことが可能になるわけである。

ウルバリオンの本性に関しては、もしそれが存在するとすれば、次のような問題点がある。

(i)　ウルバリオンは、量子論の諸法則に従うか？

(ii)　ウルバリオンは、重粒子の外で単独で存在しうるか？

(iii)　ウルバリオンの理論から出発して、中間子と重粒子にたいする普通の場の理論——特にパイ中間子の湯川理論——はどのようにすれば得られるか？

われわれは、現在これらの問題に答えることはできないが、それらに関連して、いくつかの要点を述べよう。最近、グリーンバーグ[22]は、クォーク或いはエースは、新しい型の統計性[37]に従わねばならぬであろうと指摘した。この事実は、前に述べたそれらの奇妙な属性とならんで、クォークの超量子的な本性を示しているようにみうけられる。たとえ、ウルバリオンが量子論の諸法則に従っている場合でも、ウルバリオンが通常の粒子ではないということは有り得ることであろう。ウルバリオンはそれに作用するポテンシャルが深いものであるにも拘わらず、重粒子の内部で非相対論的に振舞うかもしれないし、また励起子のような、ある種の準粒子なのかもしれないのである。後者の場合には、ウルバリオンが、重粒子の外に単独で見出せない理由は容易に理解されるであろう。この点で、湯川教授とその協力者達[23]が最近提唱した四点非局所場のアプローチは、始原物質(urmatter)のこのような性質を見出すのに非常に重要なものであろう。

群SU_6を使ったハドロンの超多重子理論は、最近、他の方法では得られなかった甚だ注目すべき結果をもたらしている。しかし、(iii)の問題と関連して注目すべきは、[24]ハドロンの静的な性質を説明しうるようにウルバリオンのハミルトニアンを近似的に特殊六次元ユニタリー群SU_6不変にすることはできても、中間子と重粒子に関する通常の場の理論はSU_6のもとでは決して不変にすることができぬということである。このことは、中間子と重粒子はもはや普通の意味で要素的なものではなく、より基本的な単位から作られているとするわれわれの観点を強く支持するものである。

3　種々の模型の比較

以上に述べた諸問題と関連して、それぞれの模型の特徴を論じておくことは重要であろう。第一章に示したように、諸模型の間の相違は、それぞれの場合に導入されたB物質の性質の違いに還元することが可能であった。しかし、ハドロンの対称性の問題に関する範囲で各模型から得られる群論的および力学的な性質の比較から、模型の長所、短所をある程度指摘することができる。

(i)　「単三元模型」(single-triplet model)についていえば、もとの模型[2]では重粒子の分類においてよく知られた困難があり、クォークあるいはエース模型は、荷電数ないし重粒子数が分数値になるという問題をもたらす。しかし、ウルバリオンがユニタリー群U_3の三次元表現ではなくそれの反傾表現として振舞うような整数の荷電数および重粒子数を持つ新しい三元模型を最近中川[25]が提唱したことは注目すべきである。この模型《スキーム》では、八個の重粒子は、もとの模型とは異なり、一五次元表現に分類され、名古屋模型の観点を採るならばこの三重子はB^0物質を軽粒子に付着することによって構成される。

(ii)　「四元模型」(quartet model)の場合には、$U_3\times U_1$[11]なる形をとるもとの模型《スキーム》以外に、なおいくつかのウルバリオンの配列の方法が可能である。表IIIには、相異なる四種の四元模型を示す。

ここで、$\chi_\mu\,(\mu=0,1,2,3)$は四個のウルバリオンを示し、$l_\mu\,(\mu=0,1,2,3)$は、それぞれν_0、ν_1、e、μを表わしている。名古屋模型の観点からみて興味があるのは、ただ一種類のB物質を使った模型をつくりうることである(bとdの場合)。群論的には、このような形のものは近似的なSU_4対称性に導くもの

表Ⅲ

型	名古屋模型からみたウルバリオンの構造	対称性
a（原型）	$x_0=\langle l_0\|B^0\rangle$, $\chi_k=\langle l_k\|B^+\rangle$ $(k=1,2,3)$	$U_1\times U_3$
b	$\chi_\mu=\langle l_\mu\|B^+\rangle$ $(\mu=0,1,2,3)$	U_4
c	$\chi_k=\langle l_k\|B^0\rangle$ $(k=0,1,2)$, $\chi_3=\langle l_3\|B^+\rangle$	$U_3\times U_1$
d	$\chi_\mu=\langle l_\mu\|B^0\rangle$ $(\mu=0,1,2,3)$	U_4

であって、多くの人々[26]によって議論されてきた。

四元模型と、クォークあるいはエース模型との本質的な相違は、とりわけ、重粒子の記述においてあらわれ、たとえば前者にあっては、一〇次元表現の重粒子は、八次元表現のそれとは全く異なる構造を持たねばならぬことになる。ただし、第四番目のウルバリオンから引力をもつ芯[27]を導き出すような何らかの修正が行なわれるならば、四元模型においても超多重子理論の主要な特徴が再現されうるであろうことに留意せねばならない。

(iii) 最後のコメントは、分数値の荷電数あるいは分数値の重粒子数を消去するために提唱された「二重三元模型」(double-triplet model)[14][28]に関するものである。(i)、(ii)の場合と同様、この種の模型が示す対称性はこれを詳細に検討しなければならない。しかし六次元シンプレクティック群Sp(6)に導くトリオン模型[14]は、多くの人々から指摘されているように、あまりにも多くの共鳴状態の存在を予言するので、幾分不利な面があるように思われる。この困難を克服するために、ウルバリオン間の「構成力」[29]の性質についていくつかのアドホックな仮定[14][18]を導入することが提案されているが、このような仮定の「形相因」を名古屋模型のごときより深い階層において追究することが必要であろう。

何れにせよ、ここに述べなかったものをも含めて、いろいろな模型の持つ物理的な内容をわれわれの立場から詳細に検討することが重要であろう。なぜならばこのような検討を通してのみ、ウルバリオンの真の性質が解明されるであろうからである。

4 弱い相互作用の問題

前論文[1]で指摘したように、弱い相互作用の特徴のいくつか、例えば、重粒子の弱い相互作用のカーレント(流れ)のベクトル部分の保存則や、ストレンジネスに関する規則――$\Delta S=0, \pm 1$ かつ $\Delta S/\Delta Q \neq -1$――は複合模型から素直に導き出すことができる。複合模型はいろいろの形で改訂される必要があるとしても、殆んどの場合に同じ結果が得られるであろう。とくに、名古屋模型の立場からの再解釈が可能な模型は、この場合に属する。さらにこの場合、カビボのカーレントが八次元の変換性をもつという性質が自動的に得られることは注意されねばならない。反対に、もしわれわれが一般に複合模型一般を断念して対称性を物理学の第一原理とみなす旧来の(実証主義的)観点に戻るならば、われわれはこのような規則性を決して導くことはできないであろう。

弱い相互作用に関して、なおわれわれの立場から答えるべき次のような問題がある。
(i) $V-A$ 型[30]のカーレント・カーレント型相互作用の背後にかくされた「物の論理」は何であるか？

(ii) ハドロンの軽粒子を含まぬ崩壊に関する $\Delta I=1/2$ 規則がどうすれば得られるか？

(iii) 角度「θ」の大きさは何を意味しているか？

(iv) 中性 K 中間子の二個の π 中間子への崩壊においては、CP不変性が破れているようにみえる[31]のは何故か？

周知のように、カーレント・カーレント型相互作用は、湯川教授の最初の考え方に従ってこれに新らしい種類のボーズ粒子を導入すれば、容易に理解できる。しかし現在に至るまで、このボーズ粒子は発見されていないのであるから、それが果たして量子的階層に属しているものかどうかは今後の問題である。なお $V-A$ 型に関してはカイラリティ (chirality) の固有状態にあるボーズ粒子を導入すること[32]によりこれを説明するいくつかの試みが存在する。(ii)については、ここでは単に、名古屋模型に立てば $\Delta I=1/2$ 規則を説明する余地があるとだけ述べておこう。実際に、松本[33]は最近四元模型で B 物質に関する荷電交換型のカーレントを導入して $\Delta I=1/2$ 規則を導いた。

角度「θ」の大きさを得るための試みはいくつかあるが、今のところわれわれは(iii)については何も言うべきことはない。しかしながら、広い意味での名古屋模型の立場を採るならば、重粒子の弱い相互作用のカーレントにたいして、第一章に述べた特定な模型[16]で導かれたよりもさらに一般的な表現を与えることが可能となろう。これは B 物質を軽粒子に付着する別の可能性があるためである[34]。したがって、この問題を検討するに際しては、こうした可能性を考慮することが必要であろう。この点もまた(iv)に関して重要であろうことを強調せねばならない。

（一九六五年六月二九日受理）

参考文献

（1） S. Sakata, Prog. Theor. Phys. Suppl. No. 19 (1961), 3.
（2） S. Sakata, Prog. Theor. Phys. **16** (1956), 686.
（3） Z. Maki, M. Nakagawa, Y. Ohnuki and S. Sakata, Prog. Theor. Phys. **23** (1960), 1174.
（4） M. Taketani and Y. Katayama, Prog. Theor. Phys. **24** (1960), 661.
（5） S. Ogawa, Prog. Theor. Phys. **21** (1959), 110.
（6） O. Klein, Archiv Swed. Acad. Sci. **16** (1959), 209.
（7） M. Ikeda, S. Ogawa and Y. Ohnuki, Prog. Theor. Phys. **22** (1959), 715 ; **23** (1960), 1067.
（8） M. Gell-Mann, Phys. Rev. **125** (1962), 1067.
（9） Y. Ne'eman, Nucl. Phys. **26** (1961), 222.
（10） 坂田昌一，素粒子論研究 **28** (1963), 110.
（11） Z. Maki, Prog. Theor. Phys. **31** (1964), 331, 333 ; Z. Maki and Y. Ohnuki, Prog. Theor. Phys. **32** (1964), 114 ; Y. Hara, Phys. Rev. **134** (1964), B 701.
（12） M. Gell-Mann, Phys. Letters **8** (1964), 214.
（13） G. Zweig, CERN, preprint.
（14） H. Bacry, J. Nuyts and L. Van Hove, Phys. Letters **9** (1964), 279.
（15） A. Gamba, R. E. Marshak and S. Okubo, Proc. Nat. Acad. Sci. **45** (1959), 881.
（16） Z. Maki, M. Nakagawa and S. Sakata, Prog. Theor. Phys. **28** (1962), 870 ; Y. Katayama, K. Matumoto, S. Tanaka and E. Yamada, Prog. Theor. Phys. **28** (1962), 675.

(17) N. Cabibbo, Phys. Rev. Letters **10** (1963), 531.

(18) B. Sakita, Phys. Rev. **136** (1964), B 1756 ; F. Gürsey and L. A. Radicati, Phys. Rev. Letters **13** (1964), 173.

(19) 大貫義郎，日本物理学会年会(仙台，1965)における特別講演。

(20) 藤本陽一，町田茂，並木美喜雄，『素粒子論研究』**31** (1965), 25. 井町昌弘，大槻昭一郎，安野愈，私信。

(21) Y. Katayama and M. Taketani, Prog. Theor. Phys. **33** (1965), 1141.

(22) O. W. Greenberg, Phys. Rev. Letters **13** (1964), 598.

(23) H. Yukawa, Prog. Theor. Phys. **31** (1964), 1167 ; Y. Katayama and H. Yukawa, Prog. Theor. Phys. **32** (1964), 366 ; Y. Katayama, Prog. Theor. Phys. **32** (1964), 368 ; Y. Katayama, E. Yamada and H. Yukawa, Prog. Theor. Phys. **33** (1965), 541 ; T. Takabayasi, Nuovo Cim. **33** (1964), 668.

(24) Y. Ohnuki and A. Toyoda, Nuovo Cim. **36** (1965), 1405.

(25) M. Nakagawa, preprint.

(26) P. Tarjanne and V. L. Teplitz, Phys. Rev. Letters **11** (1963), 447 ; W. Królikowski, Nucl. Phys. **52** (1964), 342.

群 SU_4 の応用については他にも多くの仕事がある。包括的な議論は論文，D. Amati, H. Bacry, J. Nuyts and J. Prentki, Nuovo Cim. **34** (1964), 1732. にみられる。

(27) F. Gürsey, T. D. Lee and M. Nauenberg, Phys. Rev. **135** (1964), B 467.

似たような描像はまた別の形で田中により示唆された。S. Tanaka, Prog. Theor. Phys. **32** (1964), 859 ; **33** (1965), 762.

(28) Y. Nambu, preprint.

(29) 湯川秀樹，『素粒子論研究』**31** (1965), 361.

(30) R. P. Feynman and M. Gell-Mann, Phys. Rev. **109** (1958), 193.

(31) J. H. Christensen, J. W. Cronin, V. L. Fitch and R. Turlay, Phys. Rev. Letters **13**(1964), 138.

(32) Y. Tanikawa and S. Watanabe, Phys. Rev. **110**(1958), 298; S. Machida, Prog. Theor. Phys. **33**(1963), 744.

(33) K. Matumoto, Prog. Theor. Phys. **33**(1965), 593; K. Fujii, Y. Ito, K. Iwata and O. Terazawa, Prog. Theor. Phys. **33**(1965), 692.

(34) K. Matumoto, M. Nakagawa and Y. Ohnuki, Prog. Theor. Phys. **32**(1964), 668.

(35) これは湯川教授により次のように訳された。"*Logos* inherent in all things is attained on the basis of beauty in Heaven and Earth."(第一回アテネ会議での講演一九六四年六月)

(36) 二種類のニュートリノの存在は、一九四二年に二中間子論(S. Sakata and T. Inoue, Prog. Theor. Phys. **1**(1964), 143)が提唱された際、井上および著者の一人(坂田)によりはじめて予言された。

(37) 新しい型の統計は、中間子論の初期における湯川教授の協力者であり戦後若くして死んだ岡山によって最初に研究された。この統計はしばしば「パラ統計」と呼ばれているが、武谷は彼の先駆的な仕事(T. Okayama, Prog. Theor. Phys. **7**(1952), 517)を記念して、むしろ「岡山統計」と命名すべきであると提案している。

(一九六五年)

23 素粒子論と哲学

自然科学者たちはいかに自己の欲するままに振舞おうとしても、彼らは哲学によって支配されているものである。

——エンゲルス『自然の弁証法』——

一 湯川理論と哲学

湯川秀樹博士が中間子論を発表されてから、三十年の歳月が流れた。今でこそπ中間子は最もありふれた素粒子の一つに数えられ、湯川理論は素粒子論の中核を占めているが、三十年前には中間子論を素直にうけ入れようとする雰囲気は全くなかったといってよい。今からふりかえってみると、中性子の発見と、これに続くイワネンコ＝ハイゼンベルクの原子核構造論の展開は、湯川理論の出現をもっとも自然なものとして要求していたかに想えるであろう。しかし、当時の学界を支配していた実証主義哲学は、湯川理論を貫くたくましい方法論——新粒子の導入——を真向から否定するものであった。湯川理論に先立つこと数年、パウリにより提唱された中性微子仮説がついに論文としてあらわれなかった事情は、実証主義哲学がいかにぬきがたいものであったかを有力に物語っている。第二次大戦後、π中間子は実際に発見され、また加速器によって人工的につくられるようになった。その結果、全世界の学者は湯川理論とその発展である二中間子論をうけいれざるをえなくなった。ところが、それにもかかわらず、なお学界の大勢を支配している哲学は依然として変わっていない。実証主義の霧は、今世紀の初頭以来、あらゆる学問の周辺にたちこめている。原子の構造がまさにあばきだされようとしていた前夜、原子の客観性を疑うような実りのない議論がオストワルトやマッハによりくりかえされたことはよく知られている。湯川理論があらわれた時期は、ちょうど原子核物理学が革命的な発展をとげつつあるさなかであったが、ボーアによって代表されるコペンハーゲン学派の実証主義哲学は、変革の方向を正しく見通すことができなかった。その後、原子核物理学は素粒子論へと発展し、さらに素粒子の内部構造をあばきだそうとしている。今もし歴史を忘却し、実証主義のとりこからのがれることができないとしたならば、これからもまた同じ失敗がくりかえされるにちがいない。

わが国では、湯川理論が提唱された直後、武谷三男博士によりその方法論的意義を正しくとらえた三段階論が展開され、実証主義の霧をとりのぞき、学問の正しい発展の方向を見通す努力がなされた。日本における素粒子論の伝統が、意識すると否とにかかわらず、武谷哲学を軸として形成されたことは、どんなに強調してもしすぎとはならないだろう。

二　弁証法的自然観と武谷三段階論(1)

二十世紀の物理学の特徴は、第一には自然の階層性を認識した点、とくに極微の世界において分子―原子―原子核―素粒子―といった一連の階層を発見したところにあり、第二の特徴はすべての法則が適用性の限界をもつという認識、とりわけニュートン力学が千古不易の大原則でないことをあきらかにした点にある。自然界には、大は星雲・太陽系から小は分子・原子・素粒子にいたるまで質的に異なった無限の階層が存在し、それぞれの階層にはそこに固有の法則が支配しているという見解、これらの階層は絶えず生成と消滅のなかにあり、互いに関連し、かつ依存しあって、一つの連結した自然をつくっているという観点――これは弁証法的自然観といわれ、すでに十九世紀の末エンゲルスにより唱えられたものである。二十世紀の原子物理学はこのような自然観を再発見したといってよいであろう。

科学が自然の新しい階層へ突入したとき、古い階層で形成された概念や法則はしばしば適用性を失なう。その際、私たちがなによりも頼りにできるのは経験事実であるから、新しい階層の研究がまず現象を記述する段階、すなわち現象論の段階からはじまるのは当然の順序である。ところが、もしこの段階で新しい現象の珍奇さに目がくらみ、古いものに対する信頼を根底から失なってしまうと、ついには対象の客観的実在までも疑い、ただ経験にのみしがみつこうとする経験主義的ないしは実証主義的観点におちいることになる。またもし古い概念や法則を固定化し、経験事実から強制されている新しい考え方を全くうけ入れないとすると、頑迷固陋な形而上学的観点に立つことになってしまう。今世紀の初頭、オストワルトのエネルゲティクやマッハの思惟経済説がはびこり、古いアトミスティックの立場にたつボルツマンやプランクとの間で激しい論争が行なわれたのも、また量子力学が形成される際、実証主義的傾向の強い行列力学派と実在論的傾向をもつ波動力学派が対立し、その後もボーアとアインシュタインの間のやりとりとして永く続いたのも、上に述べたところに原因がある。

現象論的段階の次には、現象の背後に横たわる新しい階層の実体をとらえる段階と、そこを支配する新しい法則を見つけだす段階とがある。武谷三男博士は前者を実体論的段階、後者を本質論的段階とよび、自然認識は現象論—実体論—本質論の環をえがきつつ螺旋的に前進する弁証法的過程であることを指摘したが、武谷三段階論は自然の弁証法、すなわち自然の累層的構造のなかにその客観的根拠をもっている。量子力学を例にとっていえば、原子スペクトルの規則性などがあばきだされたのが現象論的段階であり、ラザフォードの原子模型が確立し、ボーアの前期量子論が展開されたのが実体論的段階に対応している。量子力学が完成し、ついに本質論的段階に到達するのであるが、本質論のなかにはつねに新しい現象論的要素が芽生え、次の発展を準備していることに気づかねばならない。すでに一九三〇年ボーアが鋭く見抜いたごとく、陽子と電子の質量の比とか、電磁相互作用の強さをきめる微細構造常数などは、量子力学の体系のなかから必然的に導かれるものではなく、外から与えられた偶然的要素である。これらの要素が次第に拡大し、次の発展の契機となったことについては、次節でのべるであろう。

量子力学が成立した後に、これを支える哲学としてボーアの相補性の思想があらわれた。量子力学のコペンハーゲン解釈はこの思想を中核としている。相補性の哲学が量子力学を粒子性と波動性という矛盾した現象形態の背後にある本質的な関係として弁証法的にとらえたのはまことにみごとであった。ところがコペンハーゲン学派のなかに再び実証主義的傾向をはびこらす根源となったのは、実体論と本質論の間の弁証法的関係を正しくとらえていない点であった。またこれに拍車をかけたのはノイマンが数学的厳密さをもって証明した二つのテーゼを無批判に固定化したことであった。[2][3] コペンハーゲン解釈の特徴は、シュレディンガー方程式ははじめから与えられたものとみなし、これからいかにして現象が媒介されるかという問題だけを相補性の論理によって解釈する点にある。ところが、実際に量子力学を具体的な対象に適用しようとすれば、まずシュレディンガー方程式をつくる段階からはじめねばならない。そうすると、対象がどんなものからつくられ、その間にどんな力がはたらいているかという実体論的知識が必要となってくる。この点はボーアにより対応原理としてとらえられていたにもかかわらず、その後ボーア自身をふくめ、コペンハーゲン学派のなかで、実体の意識が次第にうすくなっていった。その原因は、コペンハーゲン解釈が「観賞の立場」にたつものであったからである。これに対し、「実践の立場」にたつ武谷三段階論においては、実体論的知識が理論の欠くべからざる要素であることが正しく認識され、実体論の重要性が強調されたのであった。さきにのべたごとく、一九三二年をピークとする原子核物理学の変革期において、コペンハーゲン学派が正しい見通しをもつことができなかったのも、実体の意識が欠けていたためであった。武谷三男博士が、三段階論の立場から当時の状況を分析し、「実体論的整理を行ないつつ、本質論へ高まる路を探している段階」と規定し、湯川理論の方法論的意義を強調したのは、まことに卓見であった。その後、私たちが中性中間子を導入したり、二中間子論を唱えたりしたのは、武谷三段階論にささえられ、勇気づけられた結果であった。

三　弁証法的素粒子観と「複合模型の方法(4)」

この十数年間に素粒子の種類はいちじるしく増加した。一九四七年ロチェスターとバトラーによりV粒子が発見されて以来、まず一群の「新粒子」の存在が明らかにされたが、近年また加速器により「共鳴粒子」とよばれる寿命の極端に短かい粒子が続々と見出されている。これら多種多様の素粒子はいったいどのようにとらえるべきであろうか。弁証法的自然観の立場にたつならば、素粒子はもはや古代ギリシアのアトムのように物質の窮極であると考えるべきではなく、分子、原子、原子核などと同じく物質の無限の階層の一つとみなさねばならない。また素粒子の多種多様な性質――質量スペクトル、相互作用の構造、対称性等々――は、「神の摂理」によって与えられた「形相」(Form)と考えるべきではなく、素粒子の背後にあるもっと奥深い階層のなかにその「形相因」(Formgrund)を求めねばならない。

筆者はこのような観点から、一九五五年、強い相互作用をもつ素粒子(hadron)にたいして、これらはすべて三種の基本粒子――陽子、中性子、Λ粒子――とその反粒子の複合系であるという仮説――複合模型を提唱した。複合模型は、素粒子反応の際見出された「中野＝西島＝ゲルマンの法則」を手掛りとし、これを基礎づけるために導入されたものである。この法則を支えるものが三種類の「基本粒子」であるという考え方は、化学反応における「定比例の法則」や「倍数比例の法則」を支えるものが「原子」であるという思想と対比される。複合模型の特徴は、素粒子の階層においていわば「形の論理」としてとらえられた「中野＝西島＝ゲルマンの法則」を、次の階層における「物の論理」としてとらえた点にある。基本粒子として陽子、中性子、Λ粒子をえらんだことは、むしろ偶然的なことであって、複合模型の真髄は、「形の論理」にもとづいて「物の論理」をとらえるというその方法論にある。湯川博士が好んで引用される荘子の言葉を使えば、「天地の美に原《もと》づき、万物の理に達する」ということもできよう。

素粒子が物質の窮極であるという観点がとられているかぎり、場の量子論は終局の理論であるから、素粒子の研究には場の理論的アプローチがほとんど唯一のものとなる。ところが複合模型の立場にたつと、素粒子は原子核と同様に多体系とみなされるので、核理論と類似した多面的なアプローチが可能になる。のみならず、複合模型の特徴は各種のアプローチ――群論的方法、S行列の方法、非局所場、非線型理論等々――を、互いに排他的なものとしてではなく、相補的なものとして、関連においてとらえうる点にある。

複合模型から出発したアプローチのうちで、これまでもっとも大きな成果を収めたものは群論的方法であり、素粒子の分類と予言にかなりの有効性を発揮した。一九五九年、小川とクラインは、三種類の基本粒子が、強い相互作用という面から眺めた際、同質性をもつことに注目し、これらが良い近似において完全対称性をみたすことを指摘したが、素粒子に対する群論的考察が始められたのはそれ以来のことであった。まず、池田・大貫・小川は、完全対称性の群が三次元ユニタリー群U_3であることを見出し、その既約表現によって素粒子の分類を試みた。たとえば、三種の基本粒子は三次元表現に属し、π中間子、K中間子のごとき粒子・反粒子の二体系は八次元表現に対応すると考える。その結果、K中間子、π中間子と同じ空間的性質(擬スカラー)をもち、アイソスピンが0である中間子の存在が予言されたが、このような粒子はのちに実験的に発見されて、η中間子と名づけられた。

その後、共鳴粒子についての多くの実験事実の集積と群論的方法の発展は、一方において複合模型の正当性を証明したが、他方において幾分の修正を要求した。とくにゲルマンとネーマンは、核子族の分類において、陽子、中性子、Λ粒子はΣ粒子、Ξ粒子とともに八次元表現に属すると考えた方がよいことを指摘した。もし、このような対応が正しいとするならば、複合模型の基本粒子として、現実の陽子、中性子、Λ粒子をえらぶのは適当でなく、これらの粒子と似かよった性質を備えたもっと「根源的な粒子」(ウルバリオン)が存在すると考えねばならないであろう。本当の基本粒子がなにであるかという問題については、現在のところ、いろいろな可能性があり、断定的な結論を示すことはできない(5)。しかし、いちばん簡単であり、しかももとの模型にもっとも近いものとしては、ゲルマンの提唱した「クォーク」を挙げることができる。クォークは荷電数が整数でないなど種々奇妙な性質をもつ粒子であるが、これが超量子力学的階層に属するものであることを考えるならば、それほど気にする必要はないかもしれない。むしろ、気になるのは群論的方法の流行とともに、対称性といった「形の論理」を終局の原理として固定化し、クォークのような実体を考えるのはこれを発見するための手段にすぎないといった逆立ちした観点がはびこっていることである。

一九五九年、私たちは「複合模型の方法」をさらに推し進め、ハドロンとレプトンを統一した模型——「名古屋模型」——を提唱した。また、これに続き、武谷＝片山は「中性微子一元模型」を唱えた。すなわち、三種の基本粒子は三種類のレプトン——中性微子、電子、μ中間子——に「B物質」という超量子力学的階層の物質が付着してつくられるというのが名古屋模型であり、三種のレプトンのなかでは中性微子がもとであり、これがε荷電を帯びると電子、あるいは、μ中間子になるというのが中性微子一元模型である。名古屋模型は「完全対称性」という「形の論理」を「B物質」という「物の論理」によってとらえ、また弱い相互作用という側面からみた場合のハドロン－レプトン間の対称性を基本粒子のなかのレプトンの存在という「物の論理」に帰着させた点に特徴がある。つまり、「形の論理」を「物の論理」へという「複合模型の方法」が忠実に適用されたのである。また中性微子一元模型も、三種のレプトンの同質性と異質性を中性微子とε荷電の帯び方とによってとらえた点で、同じ方法論にもとづいている。その後中性微子には二つの種類——ν_eとν_μ——があることがわかったため、B物質は二種類の中性微子の特定の混合状態——$\nu_1=\nu_e\cos\theta+\nu_\mu\sin\theta$——にのみ付着するという修正が行なわれた。

この修正された名古屋模型は、いわゆる「カビボの角度」を自然に説明する点で、もとのものより利点をもっている。

複合模型の基本粒子が何であるかという問題は非常に重要である。しかし、名古屋模型の観点からみれば、現在提出されているいろいろな模型はもとの模型とそれほどは変っておらず、その差異はすべてB物質の性質の相異に還元することができる。たとえば、クォークの場合には荷電数2/3、重粒子数1/3のB物質を考えればよく、また牧＝大貫の「四元模型」や、ファン・ホーヴの「二重三元模型」の場合ならば、通常の荷電B物質のほかに、中性B物質を導入すればよい。基本粒子がなぜ観測にかからないのかといった問題も、武谷＝片山の「中性微子芯模型」がその可能性を示唆しているごとく、B物質の性質として理解される路がひらかれている(6)。

複合模型に関連して、もう一つの重要な問題は、中間子族は核子族と異なった階層に属するものではないかという疑問である。中間子族については元の複合模型が大きな成果を収め、核子族の場合のような難点に遭遇しなかった。上に述べたごとく、そののち後者の困難と関連していろいろな修正が提案されているが、これらは中間子族についてはもとの模型とほとんど変りがない。しかし、原理的な問題としては、中間子族は核子族と同じ基本粒子から一重にくみたてられたものであるか、それともまた、あたかも分子と原子の関係のごとく、まず核子族が基本粒子からつくられ、次にこれらとその反粒子によって中間子族が複合的につくられたものであるかという疑問がのこっている。弁証法的素粒子観を意識しない人々の多くは、第一の観点にたつことしか考えていないようであるが、この疑問に答えることは素粒子論の将来にとって極めて重要である。現実の素粒子反応においてこれまで「基本粒子」らしきものが全然観測されていないという事実は第二の観点にとって有利であるように思われる。この点は、高エネルギー現象の分析と関連して次第に明確になるであろうと期待される[7]。

ともあれ、素粒子の模型は、実験の進展とともに、その具体的形態を次々に変えてゆくにちがいない。特定の形態を固定化し、これを頑迷に主張する立場は形而上学的観点であって、弁証法的観点とは無縁のものである。しかし、「形の論理」から「物の論理」へという「複合模型の方法」は、実証主義哲学と対決しつつ、今後も限りなく前進せねばならないであろう。その際、現在流行しつつある群論的考察の拡張という抽象化の道が役に立つのは、実験的発展のある段階でえられた特定の模型の固定化をふせぐという意味においてである。この点を忘れ、抽象化の道を無批判に歩むならば、対称性といった「神の摂理」を発見することが本来の目標であるかのような逆立ちした観点がはびこり、物理学は神学に転落することになるであろう。同じことは、素粒子の構造にふれることをさけ、もっぱら外側から素粒子を攻めようとしている「S行列の方法」についてもいえる。かつて筆者は、素粒子論の三害として、「歴史の忘却」、「経験主義」、「固定化」を挙げたが、本稿においてもこれをむすびとして筆をおきたい。

文　献

（1）　武谷三男『弁証法の諸問題』理論社（一九四八）〔勁草書房（一九六八）〕

(2) 坂田昌一「量子力学の解釈をめぐって」『科学』**29**(1959), 626
(3) 武谷三男「量子力学の観測問題」『科学』**34**(1964), 137
(4) 坂田昌一「新素粒子観対話」『物理』**16**(1961), 210
(5) 素粒子の模型に関する最近の研究は、牧二郎、大貫義郎両氏の稿〔『科学』**35**(1965), 212〕を参照されたい。
(6) また大貫氏が指摘しているごとく、最近崎田とギュルセイ=ラディカチィにより提唱されている「超多重子の理論」も名古屋模型の観点に立てばもっとも自然に基礎付けられる。
(7) この問題については、最近、藤本、町田、並木三氏の研究ならびに大槻グループの研究があり、いずれも第二の観点が有利であることを支持している。

(一九六五年)

付　歩みの中から

この二冊の論集の各編に収めることのできなかった坂田博士の論文、随筆、書簡等のなかから若干をえらび、執筆の年代順にここにまとめた。つねに強靱な論理によって事物の本質に迫ろうとされた博士は、かつて「自分には随筆は書けない」と洩らされたこともあったが、その文章はいずれも推敲に推敲を重ねた後に成るのが通例であった。実際、博士の書かれたものの中で随筆的な著述の数は極めてすくない。

「原子核ノ理論ニ就テ」は京都大学での卒業論文（一九三三年三月提出）であり、博士はこの中で原子核物理学の当時の状況について精細な分析を与えている。ここにはその第一章全文と全体の構想を示す目次とを収録するにとどめた（論文**24**）が、自然弁証法に裏付けられた博士の卓越した物質観の基礎が早くもこの時期に培われつつあったことがうかがわれる。事実、博士の思想に最も大きな影響を与えたものの一つはエンゲルスの『自然弁証法』であった。このことについて自らの物理学との関連のもとで歴史的に回顧した**35**は、世を去る前年、静養の身ながらラジオ放送を行なった際の草稿である。

25の書簡は、武谷三男博士らとの密接な協力の一端をつたえる資料であり、論文**29**は、招聘をうけながら旅券が発給されず渡欧できなかった博士自身の体験が背景の一つとなっている。また**32**では北京科学シンポジウム以後の中国の研究状況などが語られる。**33**の短文には、学問と平和の創造にその生涯を捧げた博士の、温厚な人柄の中に流れる「闘う精神」がいみじくもつたえられている。なお、**34**は病中に依頼をうけて筆をとった未定稿である。

24　原子核ノ理論ニ就テ

一九三三年三月提出

I　原子核物理学

1　緒論

N・ぼーあガ一九一三年水素スペクトルノばるまーノ公式ヲ説明スルタメニ、E・らざふぉーどノ核原子模型ノ基礎ノ上ニ定常状態及量子飛躍ニ関スル仮定ヲ提出シテ以来、分光学ヲ中心トスル原子物理学ノ分野ニ於テハ実験並ビニ理論ノ素晴ラシイ展開ガ数年間続イタノデハアッタガ、ぼーあノ仮定其自身ハ既ニ古典物理学内部ノ矛盾ヲ意味スルモノデ、新シイ物理学ノ発展ノ必然性ハ此所ニ胚胎シテ居タノデアル。実験技術ノ発達ガヨリ精密ナ実験事実ヲ蓄積スルニ従ヒ在来ノ形式ノ理論ノ不充分性ハ漸次明瞭ニナリ、新理論ノ発展ハモ早必然的ナ勢トナッタ。

斯クシテ一九二五年頃カラこぺんはーげんノN・ぼーあヲ中心トスルサークルニヨッテ物理学史上劃期的ナ革命ガ起サレ遂ニW・はいぜんべるく、P・A・M・でぃらっく等ノ合理的量子力学ノ建設ニ迄輝シク発展シテ行ッタノデアル。此新シイ物理学ノ全発展ニ於テ基礎ニ横タハリ常ニ方向ヲ指示シタ所ノカノ量子論ニオケル「こぺんはーげん精神」[1](Kopenhagener Geist der Quantentheorie)ハ自然描写ノ新シイ原理ヲ呈供スルモノデアッテ科学方法論ノ立場カラ分析シテモ亦興味アルテーマトナルデアロウ。

(1) N. BOHR, Atomtheorie und Naturbeschreibung, Julius Springer, p 931. W. HEISENBERG, Die Physikalischen Prinzipien der Quantentheorie, Hirzel, 1930.

新シイ力学ノ成立ニヨリ原子現象ノ合理的取扱ガ可能トナリ、理論ノ有力ナ事ハ各方面ニ於テ裏書サレタ。原子現象ノ研究ガホボ完成ニ近ヅイタ今日ニ於テハ量子力学ノ主ナ課題ハ次ノ三ツノ問題デアロウ。(一)分子構成ノ問題及金属ノ電気伝導ノ問題等原子ノ集合ヘノ量子力学ノ適用、(二)原子核ヘノ量子力学ノ適用、(三)量子力学ノ形式ノ一般化。即相対性量子力学及電磁量子力学ノ建設。吾々ノ取上ゲヨウトスルノハ(二)デアル。

量子力学ニ於テノ特徴ハ古典物理学ノ諸概念ヲ、原子現象ニ適用セントスル際ニハ根本的ナ制限ヲ受ケネバナラナイコトヲ認識シタ点デアッタ。発生論的ニ見テ電子殻ノ物理学デアル量子力学ヲ更ニディメンションノ小サイ原子核ニ適用セントスルニモ同様ナ批判ヲ必要トスルデアロウ。

2　原子核ノ量子力学的理論

今日デハ、原子核ハ陽子、電子、中性子、α粒子ヨリ構成サレテキルト考ヘラレテキル。吾々ノ問題ハ今迄発展シテヰル範囲内ノ(非相対論的)量子力学ノ法則ヲ此等ノ粒子ニ適用シテ原子核ノ構造及性質ヲ描写スルコトガ可能デアロウカト云フ点デアル。

はいぜんべるくノ不確定性原理ニヨレバ

$$\Delta p \Delta q \sim \hbar \qquad (2.1)$$

茲ニ Δp ハ粒子ノ運動量ノ不確定サ、Δq ハ座標ノ不確定サ、$\hbar=(1.0420\pm0.0013)\times10^{-27}$ エルグ/秒ナル量子常数デぷらんく常数ノ $1/2\pi$ 倍デアル。核内粒子ニ対シテハ座標ノ不確定サハ明カニ核ノ半径ヨリハ小サイカラ上ノ関係ヲ使用シテソノ運動量ノ大サヲ評価スル事ガ出来ル。核ノ半径ハ後ニ分ル様ニ 10^{-12} センチメートルノオーダーノ量デアルカラ此等ノ数値ヲ(2.1)ニ代入スルナラバ

$$\Delta p > \frac{\hbar}{r_0} \sim 10^{-15}\ \mathrm{erg{\cdot}sec{\cdot}cm^{-1}} \qquad (2.2)$$

ヲ得ル。ヨク知ラレテヰル様ニ、運動量ガ mc ニ比シ小サイナラバ非相対論的ナ力学ガ適用出来ル。コヽニ m ハ粒子ノ質量デ c ハ光速度デアル。陽子及電子ニ対シテ mc ノ値ハ夫々

$$m_p c = 4.95\cdot10^{-14}\ \mathrm{erg{\cdot}sec{\cdot}cm^{-1}}$$

$$m_e c = 1.8\cdot10^{-7}\ \mathrm{erg{\cdot}sec{\cdot}cm^{-1}}$$

デアルカラ陽子ニ対シテハ運動量ガ $m_p c$ ヨリ約五倍モ小サイガ、核電子ニ対シテハ上ノ関係カラ $v/c=0.9998$ ヲ得ル。

従テ原子核ノ重イ構成単位陽子、中性子、α粒子ニ対シテハ従来ノ量子力学ノ法則ガ適用出来ルデアロウト期待出来ル。此期待ハ事実α崩壊ノ理論ヤγ線ノ源ニ関スル研究等デ充サレテキルコトガ分ルケレドモ吾々ハ此等ノ粒子ガ10^{-13}センチメートル以内ニ於テ互ニ作用シ合フ力ノ法則ヲ知ラナイト云フ点ニ困難ガ存在スル。

一方核電子ハ当然相対性理論的ニ取扱ハネバナラナイカラ相対性量子力学ノ体系ヲ必要トシ、又ソノ様ナ速イ粒子ヲ取扱フ際ニハ粒子ノ交互作用ガ有限ノ速度デ伝ハルコトヲ勘定ニ入レネバナラナイカラ電磁量子力学ノ体系ガ要求サレル。従テ此ノ問題ハ1ニ述ベタ量子力学ノ課題(三)ト密接ニ関聯シテキルノデアッテ、此課題ニ於ケル現在ノ難点ヲ知ル事ガ必要デアル。

3　相対性量子力学及電磁量子力学ノ難点

従来ノ量子力学ノ形式論ノ相対性理論的一般化へ向ッテノ試ミハ種々ナサレタノデアルガ、其中最モ成功的デアッタノハP・A・M・でぃらっくノ電子論デアル。彼ハ一個ノ電子ニ対シテ、相対性理論的ニ不変ナソシテ変換理論ノ要求ヲモ満ス波動方程式ヲ求メルコトニ成功シタ。此ニヨッテしゅれでぃんがーノ式デハ説明出来ナカッタスペクトル線ノ微細構造ハ美シク説明サレ、電子ノスピンニ対スル特別ナ仮定ハ不要ニナッタ。ケレドモ此所ニ新シイ困難ガアラハレタ。ソレハ所謂「負エネルギーノ状態」ノ問題デアル。既ニ古典相対性力学ニ於テモソウデアッタガ、でぃらっくノ方程式ノ解トシテ得ラレルエネルギーノ固有値ハ自然ニ存在スルモノノ二倍アラハレルノデアル。静止エネルギー m_0c^2 ヨリ正ノ無限大マデノ任意ノ値及ソノ他ニ $-m_0c^2$ ヨリ負ノ無限大ニイタル任意ノ値ヲトリ得ルノデアル。古典力学ニ於テハ二ツノ解ハ完全ニ独立デ「負ノ固有値」ヲモツ解ハ何等物理的実在ニ対応シテキナイト仮定スルコトニヨリコノ困難ヲ簡単ニ避ケル事ガ出来ルガ、量子力学ニ於テハ一方カラ他方ヘノ転移ガ可能デアル。でぃらっくノ方程式カラソノ様ナ転移ノオコル確率ハ非常ニ大キク、普通ノ電子ハ 10^{-11} 秒ヨリ以上存在シ得ナイデアロウト云フ事ガ出来ル。でぃらっくハ此難点ヲ逆ニウマク利用シテ電子ノ性質カラ陽子ヲ導カウト試ミタ。即チ負エネルギー状態ハ殆ンドスベテ占有サレテオリ僅カニ占有サレテキナイ孔ガ存在シ此ガ陽子デアルト考ヘルノデアル。此ハ非常ニ興味ヲ唆ル考デハアルケレドモ陽子ト電子ノ質量ニ大キナ差ガアルト云フ点デ非難ヲ免レナイ。でぃらっく自身モ後ニハ「反電子」(Anti-Elektron)ト云フ言葉ヲ使用シテヰル。

此困難ハくらいんノ示シタ有名ナ例ニヨッテ一層明カニサレル。今運動エネルギー E ヲモッタ電子ガ E ノ値ヨリモ高イポテンシァル壁ニアタッタト考ヘル。古典理論ニヨレバ電子ハ此所デ反射サレルシ量子力学デハがもふガ α 崩壊ノ過程ノ説明ノ際考ヘタ様ニ壁ノ中ニ入ッテ行クアル確率ガアル。所ガでぃらっく方程式デ取扱フナラバ壁ノ高サガ $E+2mc^2$ ヨリ大ニナルト電子ハ負エネルギー状態ニ移ッテ、ポテンシァル壁ノ中ニ侵入シテ行ク確率ガ急激ニ増加スルト云フノデアル(くらいんノパラドックス)。此考察ヨリスレバ電子ハ原子核内部ニ滞リ得ナイ事ニナルデアロウ。

普通ノ量子力学ハ物質ノミヨリナル体系ニ対シソノ体系ノ出ス輻射ノ影響ヲ無視シタトキノミ成立スルノデアルガ、物質ト電磁場ノ交互作用ヲ論ズル量子力学即チ電磁量子力学ニ対シテモ従来多クノ人々ニヨリ努力サレテ来タノデアル。最モ体系的ニ纏メ上ゲラレタノハはいぜんべるく＝ぱうりノ理論デアッテ此理論ハ種々ナ領域デ非常ニ成功的結果ヲ収メタノデハアルガ、此所ニ於テモ亦根本的ナ困難ニ遭遇シタノデアル。其ノ最モ困難ナ点ハ電子ノ自己エネルギーガ無限大ニナルコトデアル。此困難ハ電子ヲ一点ト考ヘタ事ニ由来スルノデアッテ、古典電気力学ニ於テハ電子ノ半径ヲ考ヘル事ニヨリ避ケテキタノデアッタガ、量子力学ニ於テハソレニ相当シタ量ヲ矛盾ナク導入スル事ガ困難デアル。N・ぼーあハ、電子ノ半径ヲ導入スル事ガ出来タナラバ今日ノ電磁量子力学、相対性量子力学シタガッテ又原子核ノ理論ニ於テノ総テノ困難ハ解消シテシマフデアロウト云フ事ヲ最近述ベテヰル。

昨年春P・A・M・でぃらっく(1)ニヨリ新シイ電磁量子力学ガ提出サレタガ、ろーぜんふぇると(2)ハ此プログラムノ可能ナル実行ガはいぜんべるく＝ぱうりノ理論デアルコトヲ示シテヰル。ケレドモS・しゅーびん(3)ハ、でぃらっくノ示シタモノハ電磁場ノ量子化ノ正シイ方法デアルト反対ノ意見ヲ述ベテヰル。

(1) P. A. M. Dirac, Proc. Roy. Soc. **136** (1932) 453.
(2) L. Rosenfeld, ZS. f. Phys. **76** (1932) 729.
(3) S. Schubin, ZS. f. Phys. **78** (1932) 539.

4 原子核物理学発展ノ必然性

相対性量子力学ノ此等ノ形式的困難ニ附ケ加ヘテ、量子力学ノ普通ノ考ヘ方(idea)ガ核電子ノ行動ヲ描写スル際ニハ絶対的ニ破綻シテシマフ事ヲ示ス様ナ実験的事実ガ存在スル。例ヘバ窒素核ノ統計ヲ説明スルタメニハ電子ハ核内ニ於テハ一ツ一ツノ個性(individuality)ヲ失ナッテヰル様ニ見エ、β崩壊ノ連続スペクトルヲ説明スルタメニハエネルギーノ概念ハ意味ヲ失フノデハナイカト想ハレル。此等ノ事実ハ相対論的量子力学ヤ電磁量子力学ガ、波動方程式ノ簡単ナ修正ヤ単ナル形式論ノ一般化グライデハ到底成功シナイコトヲ物語ッテヰル様ニ思ハレル。此困難ハ単ナル形式的な困難デハナク、モット深イ吾々ノ物理的量或ハ法則ト云ッタ様ナ概念ニ於ケル根本的ナ欠陥ニ根ザシタ困難デアル事ヲ意味スルノデハナイデアロウカ。

シカラバ吾々ハ原子核ノ問題ノ解決ハ正シイ電磁量子力学完成ノ後マデ待タネバナラナイノデアロウカ。否！ 吾々ハ原子核ノ問題ヲ通ジテノミ正シイ電磁量子力学ノ完成ガ可能ナノデアル[1]。吾々ハ量子力学ノ輝シイ発展ノ裏デ分光学ノ努メタ役割ノ重要性ヲ見逃シテハナラナイ。分光学ノ与ヘタ豊富ナ実験的材料ヲ完全ニ取除イタトキナホ量子力学ハ古典的力学ノ形式的数学的一般化トシテ発展シ得タデアロウカ。断ジテ発展シ得ナカッタニ違ヒナイ。吾々ノ理論ハ自然ノ必然的連関ヲ把ヘルニ応ジテ建設サレルノデアッテ、此連関ヲ辿ルコトヲ止メタ瞬間カラハ既得ノ形式ノ中デ空ラマワリヲ始メネバナラナイ。はみるとんヤらぐらんじゅハ如何ニ難シイ数学ヲ使用スルコトニヨッテモ結局にゅーとん力学カラ一歩モ踏ミ出シ得ナカッタ。吾々ノ量子力学モ原子核ノ問題ヲ通シテノミ始メテ正シイ電磁量子力学ニマデ止揚(aufheben)サレ得ルノデアル。正シイ電磁量子力学ハ必ズ原子核物理学トシテ現ハレルニ違ヒナイ。

（1） 電磁量子力学ニ於ケル困難ガ原子核理論ニ於テノ難点ト密切ナ関聯ニアル事ヲ想起スベキデアル。

理論ノ発展ニハ実験技術ノ進歩ト正シイ思惟方法ノ獲得トガ絶対ニ必要デアル。実験ノ発達ガ豊富ナ事実材料ヲ堆積スルニツレ吾々ノ理論ハ自然ノ連関ヲ一層先ニ深ク辿ルコトガ可能ニナルノデアル。原子核ニ関スル実験的事実ハ近来トミニ増加シツツアル。きゃゔぇんでぃっしゅ研究所ノJ・D・こっくくろふと及E・T・S・わるとんガ高速度陽子ニヨル原子核ノ人為破壊ニ成功シタ事ハ、核物理学ノ実験的技術ノ劃期的進歩ヲ意味スルモノデ、近キ将来ニ豊富ナソシテ優秀な実験事実ヲ与ヘルデアロウ事ヲ約束スルモノデアル。又J・ちゃどうぃっくニヨル中性子ノ発見ハ、原子核ノ構成単位ニ関スル従来ノ吾々ノ考ヘヲ改メネバナラナイ事ヲ要求シソノ基礎ノ上ニ立ツ従来ノ核理論ハ再吟味サレネバナラナクナッタ。

いわねんこ、はいぜんべるく等ハ原子核ハ中性子、陽子及α粒子ノミヨリナリ、電子ハフクマレテ居ナイト考ヘテ此等ノ粒子ニ従来ノ量子力学ヲ適用スルナラバ上ニ述ベタ核物理学ノ困難点ハ無クナルデアロウト云フ事ヲ述ベテヰル。ケレドモソレハ困難ヲ中性子ノ性質ニ帰シタノミデ、中性子ノ存在ソノモノガ既ニ量子力学ト矛盾シテオリ、核内電子ノ困難点ハソノ儘中性子ニフクマレテヰルデアロウト考ヘラレル電子ニ適用サレルカラ困難ハ依然トシテ残ル。ナホでぃらっく、ばーとれっと等ハ Cl^{37} 以上デハ核電子ノ独立的存在ヲ許ソウトシテヰル。何レニシテモ原子核ノ問題ハ従来ノ量子力学ノ一段ノ飛躍ヲ強ク要求シテヰル。

原子核ノ物理学ハ余リニモ固イ胡桃デハアロウケレドモ、漸次蓄積サレテ行ク多クノ実験的事実ヲ通ジテ、近キ将来ニ建設サレルデアロウ所ノ原子核物理学コソ吾々ノ多年憧憬シツツアル正シイ電磁量子力学デアルニ相違ナイコトヲ想フトキ、原子核物理学建設ニ大キナ期待ト歓ビトヲ持ツコトが出来ル。

〔第二章以下略〕

目次

（一九三三年）

25 書簡抄

一

武谷兄

先日は大変失礼しました。又寄られるかと待っていました。二五日に加藤氏の病床を訪ねましたら割に元気で大した事は無い様ですから直ぐ恢復されるだらうと思ひます。加古氏の逝去と共に自然弁証法の訳者達の不運を気の毒に思ひます。

小林兄が一昨日帰阪されました。理研の Wilson chamber で primary のエネルギー・ロスを観測して大体 mass を決めてゐるそうです。(proton の 1/7 位とか)

この前御話の重粒子の 'magnetic moment' を 'heavy quantum' の理論から導く試みは余り容易でないと思ひます。その理由は anschaulich に云ふと heavy quantum が magnetic moment を有たぬためで〔場の理論による〕strict な計算でも大体当って見るとそうなる様です。従て heavy quantum 自身が magnetic moment を持ってゐる様な formulation(二次の式に Zusatzmoment を加へておくか或は適当な linealization を行なって)をして置かないと重粒子の Zusatzmoment は出て来ないと思ひますがそんな技巧を用ひては問題の解決になるかどうか疑問ですし、heavy quantum の理論の積極性の証明にはならないでせう。貴兄の御意見を伺ひ度思ひます。*

小林兄は来月廿日頃まで居られる様ですから其の中又皆で御話し出来る事と思ひます。私は来月始四、五日旅行に行くかも知れませんが直ぐ帰る積りです。酷しい暑さと都会の昨今の不気味な重圧から暫く逃れたいと思ひます。

何れ又、御身御大切に

三十日

坂田昌一

(一九三七年七月)

* 日中戦争開始直後に大阪の坂田博士から京都の武谷三男博士へ送られたこの手紙は、「不気味な重圧」の中で、日本の研究グループが、湯川博士の中間子論の第一論文からの展開を求めて突破口を開くべく協力して努力していた様子を示している。時はまさに中間子(この書簡の中では heavy quantum と書かれている）が発見された頃であり、理研における観測で、はじめて中間子らしいものが発見されたというホット・ニュースにもふれている。論文**6**も比較されたい。(編者)

二

武谷兄

その後御元気ですか？　先達ては御見送り出来ませんで大変失礼しました。貴兄のシャープな議論を聞くことの出来なくなったことは返すがへすも残念ですが、優れた科学者を遇する路を知らない関西を憾む許りです。併し学問をするには矢張理研の様な所の方が確かによいと思ひます。大学(殊に京都)には余り長く居ない方がよいとつくづく思ふことが有ります。貴兄の今後の御活躍を心から祈ります。

その後当方別に御知らせする様なニュースもありません。唯今年は今迄の様な行あたり式の研究方針は何とか改めて行きたいと思ってゐます。先日も御話した様に研究の企画化を是非断行する様湯川氏にも言ひましたが具体的にどうするかは仲々難しい問題です。阪大で貴兄と三人でやってゐた様なやり方になればよいのですが、メソン理論の困難が今日の如く深刻になった時代ではあの時代と同じ様には仲々行きません。併し今年からは研究者の数も増へましたので出来る丈協力するつもりです。貴兄も遠方になりましたけれど今迄通り御協力下さる様御願ひします。殊に東京にはいろいろ新しいニュースもあるでせうから、御暇な時に御知らせ下されば大変結構だと思ひます。東京の仁科研の理論家と地方の吾々との協力ももっと緊密化してもいいのではないでせうか？　問題の発見と研究の計画化を主題とした様な研究会議(今の学研も大体その様な目的もあるのでせうがモット小さいグループ)が時々あれば非常にいいと思ひます。

今年は三年生の輪講はパウリ(ソルベー会議)をやることにしました。ゆっくり読むと仲々面白いことが書いてあると感心します。素粒子の相互作用の項は、今迄仮定したものの他もっと種々な可能性を考へて見るべきだと思ひます。

この間御話しました様に擬スカラー理論が割にいいのではないかと思って少し考へています。Christy-Kusaka の計算の様に電磁場との相互作用もよく合ふし、force の方もいいよう(Rarita-Schwinger)ですし、又 life time の問題もこの場合丈が湯川氏の旧い考へ方でうまく行く唯一の場合ですから、scattering の問題丈解決すれば万事具合よく行きそうです。どうしても駄目ならば Heitler-Ma を援用しなくてはなりませんが、例へばスピン丈の excited state を考へることによって救はれるかも知れません。

又小林君の様に $g_1=0$ ととると僕達の前々計算した中性中間子の寿命に現はれる divergence がなくなります。g_2丈の項をもっと正かくに計算して見ようと思っていますが何分メンドーなので未だそのままにしてあります。併し清水トンネルの宇宙線を説明する位長い寿命が出る可能性はないと思ひます。*

貴兄の御健康と御奮闘をいのります。

坂田昌一

(一九四一・四・三〇)

＊　京都の坂田博士から、東京に移られた直後の武谷博士に送られたこの手紙から、困難の中で研究と組織について構想を練り、翌年実を結んだ二中間子論に向って模索を続けていた様子を読みとることができる。すなわち、観測結果が多くなって、「湯川理論の難点がもはやおおいがたいものとなり」、「これにたいしてはいろいろの解決法を提唱した」(論文**6**)二中間子論誕生直前の苦心の様子を伝えている。翌春の奈良のピクニックでの話が決して偶然の思いつきではなかったことがこれにより明らかである。(編者)

三

武谷学兄

昨日湯川氏の送別会があり京都へ行きましたとき、ランデの手紙のリプリントを御届けするよう依頼されましたので同封します。

昨夜井上君といろいろ討論した結果、C中間子論も一区ぎりつきましたので、一度ここらでこれまでの発展を回顧し、他の理論との比較(とくに繰り込み理論との対決)、パイスの理論との特徴的な差異(優越性)を論じ、将来の見透しを方法論的に検討したマニフェスト的なものをつくろうということになりました。

井上君が草稿を書いてくれるそうですから、貴兄と私でディスカッションを加えた上、秋の素粒子論分科会(一〇月中旬於東京)で発表しようと考えています。＊八月二〇日が申込みの締切ですので、三人の連名で出しておきたいと思います。是非御賛成下さいまして御協力頂きたいと切望しています。

われわれの方法論にたいする賛成者の中にも(反対者は勿論)C中間子論を固定化した形而上学的傾向があらわれつつあるように感ぜられますので、今ぜひこれをやっておく必要があると思います。

……

小生の鎌倉行、この間からこちらの家が追立てられていますためその問題の目鼻のつくまで延期しています。

御奥様へよろしく

八月一二日

Yours S. S.

（一九四八年）

＊ ここに述べられている日本物理学会素粒子論分科会の予稿集が『素粒子論研究』誌のいわゆる第0号で、その七六ページに次のごとく記されている。「30・素粒子論の方法について——井上健・坂田昌一・武谷三男（名大理）——。素粒子論の現段階を方法論的に分析し、その発展の方法について論じる。」その講演はその後再三考察が深められ、論文**14**となったものと推定される。（編者）

26　科学と哲学
――科学者の側から――

自然科学の研究には試験管とか顕微鏡とかその他いろいろな器械がいることはたれでも知っている。またむつかしい数字を必要とすることもよく知られている。ところが哲学が必要であるというと驚く人が多いかもしれない。しかし、現代の物理学が電波を発見したり、原子の存在を実証したのはただ精密な器械と高等な数学を用いたおかげであろうか。

目に映じたままの自然を忠実に記述し、沢山の経験事実をかきあつめることはたしかに科学的研究の第一歩として重要な仕事である。しかし、真に科学的研究の名に値するものは、目にみえるものの奥によこたわり、目にみえるものとして現象しているところの自然の本質的な構造と法則をえぐりだすことでなければならない。「現象と本質が一致しているならば、すべての科学は不要であろう」といったマルクスの言葉はまことに科学的研究の神髄をあらわしたものといえよう。

もし科学者が直接的経験の収集のみを仕事としていたならば、電波や原子は永久に発見されなかったであろう。いわんやこれらを利用してラジオや原子爆弾を製作するというようなことは、到底不可能であったにちがいない。目に見えない電波や原子は、器械と数学を用いただけでは決して発見することはできない。目に見えるものを通じて目にみえないものを探究するには、なによりも思惟の力をかりることが必要なのである。ところが思惟するためには思惟の諸規程を必要とし、これは哲学から借りてこなければならない。この意味において哲学の助けなしにはいかなる科学的研究も遂行できないのである。

しからば科学の発展にたいして有効に働く哲学はいかなるものであろうか。近代科学の巨大な成長はすでに自然の弁証法的構造をあきらかにし、そのゆえに科学の発展に真に寄与することのできる唯一の哲学が唯物弁証法であることはもはや疑う余地のないところとなっている。しかるに従来自然科学者の大部分はこの正しい哲学にむすびつくかわりに、聞きかじりの俗流哲学でまにあわせているため、しばしば、とんでもない悲喜劇を演じ、その度毎に科学の進歩をさまたげているのである。自然弁証法の必然性がすでに数十年も前から強調されているにもかかわらず、多くの自然科学者が今日においてもなおこれを無視しつづけているのは何故であろう。

現象の記述のみを唯一の仕事と考え、ぼう大な経験事実の集積のなかに埋れている科学者にとっては、いかなる哲学も無用の長物であろう。彼等にとっては哲学はたかだか自分の仕事を権威づけるための装飾にすぎない。飾りとしての哲学は、できるだけ荘厳な外観をもつことだけが大切であって、実際の研究に有効であるかないかはどうでもよいのである。

ところが現象の背後にかくされている自然の本質的な関係をえぐりだし、与えられたままの自然をわれわれのための自然へ変革することを第一義的な仕事と考える真の科学者にとっては、哲学なしには一歩の前進すら不可能なはずである。それにもかかわらずなお自然弁証法が意識されずにいるのは、一つには科学者の階級性によるものであり、他は近代科学の悪弊である過度の専門化に起因しているのである。

しかし、科学の限りなき前進はもはや第一線の科学者に唯物弁証法の必然性を意識させずにはおかない段階にまで発展している。とりわけ、最近の物理学のごとく非常にはやいテンポをもって何回となく革命的な発展を経験した領域の研究者にとっては、常識的な思惟はすでに何の価値ももたないのである。彼等に有効な哲学は革命的階級のもつ哲学でなければならないことが明かにされつつある。今世紀の初頭物理学のおちいった危機の本質を的確につきとめ、その正しい解決の方向を指し示したのは、ロシア革命の指導者レーニンその人であった。彼は革命の成功によってと同様に、物理学によっても唯物弁証法を発展させたのである。その後の物理学の著しい進展すなわち相対性理論の発見、量子力学の創設、核物理学の発達、素粒子論の展開等は唯物弁証法をますます強く鍛えあげ、内容的に発展せしめる豊沃な地盤を用意している。量子力学の形成においてコペンハーゲン精神として指導的役割を演じたボーアの対応原理や、素粒子論の展開にあたって現在ハイゼンベルクの説いている理論の適用限界を規定する普遍常数の存在に関する議論などは、いずれも唯物弁証法の部分的意識であり、いかに第一線の科学者が正しい世界観の獲得を自然から強要されつつあるかを有力に物語るものであろう。しかしながら、唯物弁証法はそれの完全な意識にまで到達したとき、はじめて完全に有効な方法として働く。部分的意識はそれを信条として徹底せしめられると古くからしられた弁証法の法則によって反対物に転化してしまう。量子論の発展において大きな役割を演じたボーアの方法が、原子核理論の展開においては、しばしばマイナスの方向へ作用したのは全くそのためである。筆者は同じ意味においてハイゼンベルクの方法の限界性を強調しておきたい。これにたいして畏友武谷三男氏のとく物理学的理論の発展に関する三段階説はこの地盤においてなされた自然弁証法の内容的な発展としてもっとも高く評価さるべきものであろう。

久しきにわたりわが国にふきすさんだ軍国主義とファシズムの嵐は唯物論哲学者の活躍を全く封鎖していた。そのため科学者が真の研究を行なうためには自ら哲学することを余儀なくされていたのである。しかし武谷氏のごとく一人で科学者と哲学者を兼ねることのできる人は全く例外的であって、大多数の科学者の研究は唯物論哲学者との協力によって一層能率的に進行するであろう。また哲学者は科学者との協業において自己の哲学を一層具体的に展開しうるに相違ない。このような協業はわれわれ自然科学者の心からのぞんでやまないところであるがその実践には非常な困難が伴うことを覚悟せねばならない。ソビエトの哲学者コールマンはいっている。「物理学の急激な発展は弁証法的唯物論を擁護し発展せしめようと真面目に欲する哲学者に、古典的自然観の破壊へとみちびいたぼう大な実験的事実や科学的理論のすべてを深く研究することを要求する。材料が広汎であり、これが極度に抽象的な数学的形式にまとまっていることはこの研究の任務を異常に困難ならしめている。だがこの困難を克服することなしにはマルクス主義哲学にとっていかなる前進運動もあり得ないのである」と。

筆者はわが国の唯物論哲学者へこの言葉を捧げたい。

（一九四七年）

27　わが師を語る

私はつねによき師友をもちえたことを誇りとしている。私は高校時代から理論物理学を志していたが、今はなき石原純博士が大阪へ講演にこられた際偶然にも博士を知る機会を得、それ以来ずっと教えをうけることができた。日本では今日でもどうかすると理論物理学というと、数学を使って計算をするのが商売で、数学者の親類のように扱われがちであるが、この学問の本質は思索によって自然の内奥へ食い入る点にある。この意味において、石原博士は日本で最初の理論物理学者ということができる。彼のような偉大な学者を研究室から追い出した日本の学界の封建性は世界の物理学のためにまことに遺憾なことであった。

仁科芳雄博士は私の大叔母の義弟であるが、私の中学時代や高校時代にはちょうどデンマークのボーア博士のもとへ遊学中であったため、親しくお会いして指導をうけるようになったのは京都大学に入学する前後からである。日本の学問は、その大半が官学育ちであるため、今日でもなおぬくべからざる官僚性がしみつき、自由なる発展が妨げられている。ところが仁科博士は八年のヨーロッパ留学から帰朝後、日本ではじめての原子核研究室を帝国大学の中でなく、民間の財団法人である理化学研究所につくられ、いわゆるコペンハーゲン精神の伝統をつぐ近代的研究方法によって、各地から集った若い研究者たちを指導されたので、博士を中心としてこれまでの官僚主義的傾向から解放された新しいグループが生みだされた。私は大学卒業後、直ちに仁科研究室に入り、朝永振一郎博士の指導の下に研究生活をはじめたのであるが、そのころの楽しい思い出は永久に忘れることができない。

湯川秀樹博士は、私がもっとも永い期間、もっとも近い場所で、直接の指導をうけた恩師である。湯川博士もやはり仁科博士によってかもし出された新しいふんい気のなかで育った学者であるが、石原博士を草分けとする日本の理論物理学をますます本格的なものへと仕上げ、ついに世界的水準をぬくに至った功績はすべて博士のものといえるのである。博士の展開された新しい研究方法はその後、畏友武谷三男博士の三段階論により、その骨格があばきだされ、あらゆる分野で威力を発揮しようとしている。私の書斎に掛けてある「天地もよりて立つらんケシの実もそこに凝るらんことわりの道」という短歌は、あくまでも合理主義を貫こうとされる博士の性格をよくあらわしている。

私は昨春日本学術会議の会員にえらばれたため、各方面のすぐれた学者と接する機会に恵まれた。私はここで多くの尊敬すべき学者を知ったが、なかでも最も尊敬しているのは日本の誇るべき歴史学者羽仁五郎氏である。学術会議の発足は新しい日本の大きな社会的進歩の一つであって、科学者が自分の住む社会に対して主体的態度をとるようになったことを示している。羽仁氏はその名著『歴史』において、まず「歴史とはわれわれの生きかたである。歴史学とは、われわれの歴史的な生き方の理論である」といっている。過去の日本の学者は歴史の中で無意識に生きた人が多かった。しかし、今や歴史との対決において学問の自由を自らの手でたたかいとるためには、理論的な見通しをもって生きてゆかねばならなくなった。日本学術会議における羽仁氏の役割はきわめて大きい。彼は私の属する「学問・思想の自由保障委員会」の委員長であるが、私は彼に接するようになってから実に多くのものを学びとることができた。学者が学者としての節操を守りとおすためには、これまでのように政治から全く遊離し、そのため逆に政治の奴隷となるような愚をくりかえしてはならない。われわれは学問を進歩させるためにも、また学者として社会の進歩に貢献するためにも、学問が政治の奴隷となることをふせぎ、政治が学問の上にきずかれるよう努力すべきであろう。私はこの点において彼を尊敬し、彼からさらに多くのものを学びたいのである。

（一九五〇年）

28　現代科学の課題

旧版『物理学と方法』(一九五一年、岩波書店)のために書かれた序文の前半の部分である。(編者)

今日科学の性格は著しい変革をとげつつある。これまで、科学の方法とか、研究の組織とか、科学と社会の関連といった問題について、多くの科学者は余り深く考えようとしなかった。彼等は伝統と自己流の混り合った方法を用い、大学や研究所でいわば自然発生的に形成された組織の中で、主として自己の趣味により選んだテーマを研究していた。彼等はただひたすら研究に没頭し、自己の研究成果が如何なる社会的影響をもたらそうとそれに対して何の責任をもとろうとしなかった。又科学が社会から如何に不当な取扱いをうけようとも、これに対して自己の立場を正しく主張しようとしなかった。

今はしかし、事態が変りつつある。今世紀における科学の著しい発展は、自己に固有な方法を意識せずにはおかなかった。とくに、相対性理論と量子力学を生み出し、今日さらに素粒子論の形成にむかって急テンポの前進をつづけている二十世紀の理論物理学は方法論的反省をその最も著しい特徴としている。アインシュタイン、ボーア、ハイゼンベルク、ユカワと続いたこの傾向は自然弁証法を基盤とする武谷三男博士の科学的方法論「三段階論」の展開として結実した。十九世紀的方法に郷愁をいだく多くの科学者はいまなおこの科学的方法論を曲解し、偏狭な教義ででもあるかのようにうけとっている。例えば渡辺慧博士は富士山に登るには御殿場口もあり、大宮口もあるのに、武谷博士の方法論は「御殿場口から登るべし」という命令のようなものだといっている。たしかに十九世紀的な自己流の方法論はこのような偏狭なものであった。しかし、科学的方法論は従来の伝統や自己流の方法論の限界を明確にし、その批判の上に形成されたものであって、もはや決してそのような偏狭なものではない。これは登山に欠くことの出来ない地図とコンパスの役割を果すものである。今後は地図とコンパスをもたずに登山を試みる科学者はだんだん減って行くであろう。

研究の組織化が重要な課題となってきたのも、最近の科学の著しい成長の結果である。従来の自然発生的な組織は現代科学の研究組織としては驚くほど非能率な構造をもち、新しい科学の芽生えを妨げる桎梏とさえなっている。この事情は原子核物理学のごとく多数の科学者の協業を必要とする研究においてとくに顕著である。科学が今後さらに成長してゆくためには、従来の組織の批判の上に立つ新しい組織化が要求されるのである。

科学者が科学の社会的役割を反省し、自らの住む社会にたいして主体的な立場をとろうとしてきたことも最近の著しい傾向である。これまでの科学者は「科学のための科学」という空虚な言葉の中に逃避し、科学のもたらす社会的影響にたいして目を閉じていた。ところが、原子爆弾の出現は彼等にその社会的責任を自覚せしめずにはおかなかった。今日各国の科学者が世界の平和と人類の幸福の問題を真剣に考えるようになったのはまことに注目すべき傾向といえよう。科学者は、政治家と異なり、真理以外の何物にも忠誠を誓わぬ真に公正無私な立場に立つものであるから、科学者の発言は、たとえその内容が政治的な問題にふれていようとも、それは決して政治的な背景をもつ見解と見做してはならない。科学が人類の幸福のために自由に発展するには、社会がかかる科学者の立場を正しく認識し、その公正な見解を充分に尊重するようにならねばならない。現代の科学者は社会に対してこのような主体性を要求しはじめたのである。〔以下略〕

（一九五一年）

29　狭ばまる自由の広場

すでに報道されているように、来年九月京都の湯川記念館で国際理論物理学会議がひらかれることになった。数名のノーベル賞受賞者をふくむ多数の著名な欧米科学者が一堂に会し、日本の学者を混えて討論するのであるから、わが国の学問の進歩のためまことに記念すべき出来事となるにちがいない。かつて相対性理論で著名なアインシュタインや原子物理学の大御所ボーアが来朝したとき、日本の学界がどんなに大きな刺激をうけたかをかえりみるならば、来年の学界の成功を祈らずにはいられない。

ただ、それにつけて私共が今から頭痛にやんでいるのは、日本の科学者の生活があまりにもみじめなことであって、折角やってきた外国の学者を十分にもてなしえないのではないかと心配している。先日も滞英中の永宮健夫阪大教授が毎日新聞へ寄稿された記事を読むと、日本の大学教授の俸給はソビエトやアメリカの十分の一以下であり、これらの国に比べるとはるかに待遇の悪いフランスの助手と同程度だということであった。現在日本の学問を実際に担い、研究の中核となっている助教授や助手級の待遇にいたってはさらにひどく、全く人間らしい生活を営むことさえできない状態である。これではうっかり遠来の客と食事でも共にしようものなら、家族もろともひあがってしまうというのが日本の大半の科学者の実状ではあるまいか。

もう一つの心配は非常に大きな問題であるが、世界の平和である。第二次大戦の直前、ポーランドのワルシャワでひらかれた国際理論物理学会議がドイツとソビエトの学者の参加なしに寂しく行なわれたことや、一九三九年秋ブリュッセルでひらかれる予定の第八回ソルヴェイ物理学会議が大戦の勃発で流会となり、この会合に出席のため渡欧された湯川博士が空しく引き返えされたことなどを想い起すと、私たちは来年の会議を何とか平和の中に楽しく迎えたいものと心から願うのである。

それにも拘わらず、世界の現実は冷酷に進行しているかの如くであって、まことに憂鬱である。たとえ、戦争が起らないにしても、世界が現在のような武装平和による対立の状態を続けているかぎり、自由の広場はますます狭くなり、学問の国際的交流にたいしてもますます多くの障害があらわれるのではないかと懸念される。ソ連圏のことは分らないが、自由の国アメリカでさえ、すでに今日外国科学者の入国にたいして旅券の査証が拒否される場合が増えつつある。

近着のアメリカ雑誌の記事によると、問題がおこる率は素人目に「原子力」学者とみえる物理学者において最も高く、五〇パーセントに達している由で、フランスの科学者の間ではウラニュウム・カーテンという言葉が流行しているそうだ。また最近には有名な化学物理学者ポーリング教授が、イギリスでひらかれた学術的会合へ出席するため申請した旅券の発給が政府により拒否された事件が起った。この事件の皮肉な点はちょうどそのころ、ソビエトで彼の化学結合の理論が非科学的な観念論として排撃されていたことであった。

いずれにしても、今日の世界情勢が学問の自由をおびやかしていることはまことに困ったことであり、一日も早くこのような緊張がとけて、各国の科学者が自由に睦び合える日のくることを願ってやまない。

（一九五二年）

30 ただ一度の幸

昨秋国際理論物理学会議第二日の夜湯川記念館の庭でビヤ・パーティが催された。宴たけなわとなるや、ここかしこで外国学者をとり囲み日本の若い連中が盛んに談笑したり、合唱したりして大いに国際交歓の絵巻物をくりひろげていたが、ビールの本場ミュンヘンから来たボップ教授を中心としたグループは「ただ一度、二度とない我が生命の幸」という映画「会議は踊る」のテーマ・ソングを高らかに歌っていた。この歌詞はそこに出席していた日本の大多数の学者にとってまことに実感のこもった叫びであって、私はあのときの歌声をいつまでも忘れることが出来ない。この会議を開くに当っては幸にして国の内外から絶大な援助をうけることができた。おかげで私達は外国の賓客を接待するのに恥かしい思いをしないですみ、また昨夏は各地で合宿などをして会議で発表する研究報告をまとめること等も出来た。然し私達のいつも受けている待遇は余りにもみじめであり、また平素もらっている研究費は余りにもわずかであって、こんどの国際会議の経験はまことにただ一度、そして二度と来ないものに違いないという気がしてならなかったのである。

私とボップは三週間の間にすっかり意気投合し、非常に親しい友人になることが出来た。私が彼ととくに親しくなれた理由は研究上のこともあるが、彼が私と同年輩であり、お互いに気楽に話が出来たためである。こんどの会議の際発見した面白い事実は外国の学者には私共と同年輩の四十代前半の人が比較的少ない点であった。これは恐らく一九三〇年代の初期ナチスが多くの優秀なユダヤ人学者を追放したことの結果であるらしい。ボップの先生であったマックス・ボルンも彼が大学を出ると間もなく追放され、彼はドイツにおけるボルンの最後の弟子となった由である。

ビヤ・パーティの後ホテルに帰る途中ボップは私に自分は先程の歌を知らなかったと語ったので、私は不思議に思い、後でデンマークのメラーにその話をしたところ彼は直ちに「それは当然だ。〝会議は踊る〟の映画はナチスにより上演を禁止され、ドイツ人には見る機会がなかったのだ」と教えてくれた。私はナチスの文化破壊の影響がいかに広くかつ深いものであるかを痛切に感ぜずにはおられなかった。

ナチスの暴挙により理論物理学の中心は一時ヨーロッパからアメリカに移ってしまった感があったが、こんど来朝したヨーロッパの学者とアメリカの学者の印象を比較してみるとやはり伝統の貴いことを深く感ぜずにはおられなかった。相対性理論を発見し、量子力学をつくり出したあの創造的精神と歴史的観点を正しくうけついでいるのはやはりヨーロッパに住む学者たちであり、アメリカの学者には現象の表面をなでまわし、既成の理論をこねまわすことだけで足れりとする実証主義的保守的傾向が強いように見うけられた。本会議が終了した翌日未来の理論について語ることを目的とした非公式の会合が行なわれたが、これに出席したアメリカの学者はわずか二名にすぎなかった。これは彼等が現在の理論のワクを打破る仕事に余り興味を抱いていないことを示す証拠ではあるまいか。
これに対しヨーロッパの学者は私共と同じく理論の革命について強い関心を持っており、ほとんどすべての人が出席して熱心に意見をのべてくれた。デンマークのメラー教授のごときはすっかり興奮して閉会の際とくに発言を求め「東は東、西は西、両者はついに会わざるべし」という古い詩の文句は全然誤っていたという強い確信を抱いて自分はこの国を去ると感謝のあいさつをのべた。後でボップがいったことであるが、ヨーロッパ人と私たちの間には欧亜感情(ユーラシア・フィーリング)ともいうべき共通の感情があるようである。然し最近日本の学界でもアメリカ流のイージーな方法が瀰漫《びまん》しようとする危険が見られていたので、こんどの国際会議が契機となり、このような偏向が取除かれるならば、まことに大きな幸であったといえよう。

(一九五四年)

31　京都から名古屋に移って

私が名古屋に住むようになったのは、今から十六年前当地に帝大が出来理学部が創設されたときからであります。東京で生れ、阪神沿線で育ち、京都大学で研究生活に入った私にとっては、名古屋は全く縁のない土地で、東海道線を往復する度に車窓から有名な城を眺めていた程度の関係しかありませんでした。したがって名古屋に住むことには最初なんとなく抵抗を感じました。ことに当時戦時中であったにも拘らず平和な静けさがなお残っていた京都の南禅寺の畔から、軍需工場の煙突が林立しているのを真西に望む瑞穂区の高台に引越した時には、何だか戦場に一歩近づいたような嫌な心持がしてなりませんでした。実際昭和二〇年三月名古屋が最初の夜間空襲をうけた時には、私の家も戦災にあい、戦禍の巷にいることを痛感せしめられたのでした。

その後信州に疎開し、戦後も当分木曾川から通っていましたが、千種区の徳川山に居を構えることとなったのは昭和二四年の春からであります。平和の街となった名古屋に住んで九年、その間にこの街がすっかり好きになりました。最近では名古屋は東京、大阪、京都等にくらべずっと住みよく感じていますす。外国にいった際にもそう感じたのですが、一番住み易い都会は人口百万前後の街ではないかと思います。

数年前デンマークのコペンハーゲンに暫く滞在していたときロンドンやパリのような巨大都市を旅行して戻ってくるとほのぼのとした気持になりました。最近所用で東京や大阪へ行って名古屋へ戻ってきた時にも全く同じ気持になるのです。京都はたまに出かけて古い寺の静かな庭などを散歩するには良いところですが、実際に住んでみると、なんとなく街全体にみなぎる封鎖的な沈滞した空気におしひしがれ、窒息しそうになります。その点で名古屋の街にただよう開放的で、フレッシュな空気は私たちの気持をいつも清新に保ちたえず勇気付けてくれます。

他所から訪ねてくる人々は名古屋の街に来る度に変貌していることに驚きますが、たえ間なく新しいものが創造されている中で生活することは、私たち創造的な学問にたずさわるものにとって非常に良い刺激を与えてくれるように感じます。日本ではめずらしく遠大な都市計画を立案された元助役の田淵さんは、美しい名古屋市が着々と建設されているのをみて、科学者としての創造の悦びに浸っておられるのではないでしょうか。

私達は大変羨しく思うのです。

（一九五八年）

32　中国の素粒子観と素粒子論
——科学の新しい風——

「層子模型」についての手紙

去る七月末、日本の新聞は、北京夏期物理討論会《コロキウム》において中国の物理学者が「毛沢東思想の輝かしい灯の下に行なわれた素粒子論の研究」という論文を発表し、層子模型《ストラトン》という新理論を提唱したことを伝えた。北京夏期物理討論会は一九六四年北京科学シンポジウムのコミュニケにもとづき開かれたアジア、アフリカ、ラテン・アメリカ、オセアニア四大州の国際学術会議で、日本からは野上茂吉郎東大教授を団長とする代表団が参加した。

この会議において、中国の科学者が素粒子論についての野心的な研究成果を発表するであろうということは、少し前から予想されていた。というのは、七月初旬たまたま東京で科学者京都会議がひらかれていた際、北京大学の周培源教授より湯川、朝永両先生と筆者にあて特別招待の電報が届き、中国の科学者が素粒子の内部構造論を展開し、欧米で流行している対称性理論の積極面を包含し、その難点を除去した興味ある成果をえたという知らせをうけとっていたからである。会期が切迫していたので、私たちは招待に応ずることが出来なかったが、新しい理論の内容がどのようなものであるかについては非常に大きな関心をもち、詳報を待っていた。そのうち、副団長の早川幸男名大教授から七月二八日付でかなり長文の手紙が到着し、中国の仕事が、けっして日本の一部の新聞や週刊誌などが中傷していたような無内容なものではなく、大変内容の充実した、水準の高い研究であることが分った。そればかりか、私たちをさらにおどろかせたのは、僅か一年たらずの間に、中国各地に高い方法論とすぐれた組織をもつ強力な研究グループが誕生していることであった。次に彼からの手紙の一節を引用してみよう。

「物理の中味についていえば、中国の力はぐっと厚味を増したように思えます。今まで北京グループの複合模型の仕事が報告されましたが、私の見たところでは、日本よりがっちりやっていると思います。並木氏(筆者注、早大教授)は日本でも同じくらいの成果を得ているといっていますが、若手の力倆の大きな差は認めています。中心的指導者は朱洪元氏ですが、報告者は皆二十五歳前後の若手です。朱氏は通訳を買って出ていますが、報告者の答より大分長い答が通訳から帰ってきます。きわどい質問には朱氏が自分で答えます。毛沢東思想云々という論文も、実は複合模型の仕事の綜合報告で、題名から予想されるものと内容はかなり違っていました。しかし、到る所に毛著作の引用があり、それに従って研究を進めたといっています。しかし、吾々の見るところでは、それは先生が六四年に報告されたものの改訂に近く、坂田思想、武谷方法論と内容的に変りありません。……中国を僅かばかり見たところでは、毛思想そのものよりその実績が大きいわけです。北京グループの仕事もその実績は立派なものです。……物理の中味はまだ完全には理解しておりませんが、大体次のようなものです。素粒子は層子からなり(これはサカトンと同じ)、SU_6を構成します。これが二個乃至三個で結合系をつくり、層子の遷移で素粒子の諸性質を記述します。従ってSU_6から期待される運動学的関係や質量公式が出る以外、崩壊率や形相因子などが内部波動関数で表わされます。内部自由度については、一応B-S方程式で書きますが、これでいろいろな量を共変的にあらわすだけで方程式を解くことはしません。……つまり一種のくりこみをやり、点模型で発散する積分を層子の波動関数でおきかえるわけです。この辺の取り扱い方は論理的に筋立っていて、『プログレス』にでる多くの論文のように天地の定まらないのとは趣を異にしています。この模型で電磁相互作用を中心にして素粒子の静的性質を徹底的に調べているのは、朱氏の軍配も見事なら、これを一年でやりとげた若手の精力と力倆には感心します。日本の若い人には爪のあかでもおみやげに持って行ってあげたい気がします。これに対して、並木氏が日本の仕事を引っ下げて一戦挑むと意気さかんですが、織田勢の鉄砲隊に向って槍の名手が攻めて行くような気がします。中国側の若さと共同研究の歩調は一九四五―一九五〇に吾々がやったのとよく似ているような気がします。あのとき吾々は槍と刀でやり、今まで槍一筋に生きようとしていますが、鉄砲隊がない戦争はどうなることでしょう。

このような仕事ぶりは原子核でもあるようです。O^{16}の励起準位の理論もそのようだったそうです。周氏は毛沢東のセンメツ戦の思想に学んだといっていますが、全くその通りです。それに対して日本はゲリラで行くと答えておきましたが、四十の坂を越した中年兵ばかりのゲリラでどこまで対抗できるでしょうか。早く若手が「生徒団」を卒業して戦列についてくれないと先が知れています。……」

早川氏の手紙は、日本の現状と対比しつつ、中国における素粒子論の急速な発展をヴィヴィドに伝えてくれた。そのうち、彼をはじめ、代表団の全員が帰国し、社会主義文化大革命のさなかで開かれた歴史的会合の全貌が伝えられるとともに、層子模型についても詳しい内容が明らかになった。

かつて、筆者は、一九六四年北京科学シンポジウムの開幕式において、現代科学を腐敗と堕落の道にひき入れつつある欧米の「実証主義」「実用主義」に反対し、これと対決できる正しい方法論をうちたてることの重要性を強調したが、文化大革命のなかで行なわれた中国の素粒子論研究はまさに私の期待した「科学の新しい風」ということができる。これまで日本の素粒子論は方法論と組織的研究を軸として発展したことを誇としてきた。一九六四年北京科学シンポジウムにおいても、私たちはその経験を語り、各国科学者の賞讃をうけた。ところが、いまや中国において、社会主義文化大革命の一環として、毛思想により武装した若手研究者を主体とする強力なグループが誕生し、日本のグループとその成果を競いあうようになった。早川氏が指摘されているごとく、こんどは、私たちが中国の経験を学び、若手研究者を勇気付けて日本の伝統をさらに発展させるよう努力せねばならぬ順番となった。代表団の土産話をきき、北京グループの層子模型に関する論文に目を通したところで、中国における素粒子論の発展についてのべてみたい。

中国の理論物理学と日本の方法論

中国の理論物理学は、他のあらゆる分野の研究と同様、解放直後においては零にひとしい状態から出発した。筆者は、一九五六年と一九六四年の二回中国を訪問したが、最初のとき北京で専門の話を交すことができたのは、北京大学の胡寧教授だけであった。層子模型の展開において指導的役割を果された中国科学院原子能研究所の朱洪元教授は、そのころ未だイギリスから帰国されていなかったか、或はソビエトに行かれて留守だったのではないかと思う。当時胡教授は、自分たちは教育の仕事で手一杯だと語られていたことを思い出す。その後、百家争鳴の方針にもとづく科学一二カ年計画が実施され、科学者が大量に養成されたので、理論物理学者の数も急速に増加した。実際、筆者が一九六四年北京科学シンポジウムに出席したときには、多数の若い理論家と出会い、彼らが高い水準の報告を行なうのをきくことができた。ただシンポジウムがはじまる前、筆者がちょっと心配したのは、中国の若手のなかにも、欧米で流行している問題を同じやり方で後から追かけてゆくような傾向が現われているのではないかという点であった。もし、そうだとするとせっかく私たちが方法論に関する論文を用意していても、話が一向に喰いあわないからである。ところが、実際に若い人たちの話をきき、討論に参加してみると、私たちの心配は全くの杞憂であり、中国の物理学者たちは、自己の路をきりひらくため、方法論の問題と真剣にとりくむ姿勢をとっていることを知った。今から考えてみると、理論物理学の分野では、すでにその頃から文化大革命が始まっていたといえる。

筆者は一九六一年『日本物理学会誌』に「新素粒子観対話」という論文をかいた。これは、筆者が提唱した「複合模型」の背景となる方法論について論じた論文で、素粒子は物質の窮極であるという一般通念に反対し、物質の階層だという唯物弁証法的観点を主張したものであった。一九六四年北京科学シンポジウムに出席した際、私が一番おどろいたことは、毛主席が人民大会堂の広間で各国の団長と握手してまわられた折、私にむかってあなたの論文を読みましたといわれたことであった。「新素粒子観対話」はロシア語に訳され、『哲学の諸問題』誌上に掲載されたことがある。毛主席が読まれたのは、おそらくその論文であろう。彼が非常な読書家であることは知っていたが、その範囲が素粒子観にまで及んでいるとは思わなかった。さすが現代最高の哲学者だとひどく感心した。

私たち日本の理論物理学者は、武谷三段階論を誇りとし、方法論の重要性をはやくから説いていたにもかかわらず、これまで欧米の科学者のなかには一人の友人さえ見出すことができなかった。ところが、一九六四年の北京科学シンポジウムにおいては、事情が全く異っており、中国の物理学者たちがこぞって日本の方法論に強い関心を寄せてくれた。なかでも、原子能研究所の銭三強所長、理論物理の指導者朱洪元教授、哲学研究所の于光遠氏らの熱意は大変なものであった。おそらく彼らはちょうどその頃から、正しい方法論——唯物弁証法を運用し、中国の科学に自己の道を歩ませようと、考えはじめていたのであろう。当時『人民日報』には毎日のように「一分為二」という『矛盾論』の根本問題についての議論が大きく掲載されていた。私たちは、ホテルの工作員までがこれらの論文を熱心に読んでいるのをみて、大変びっくりしたが、毛思想を大衆のものとする社会主義文化大革命がまさに始まろうとしていたのであろう。

昨年七月、私は周培源先生から手紙をもらい、またびっくりしてしまった。「新素粒子観対話」が『人民日報』や『紅旗』に掲載されたことを伝えてきたからであった。大衆路線が毛思想の中核であることは知っていたが、素粒子観までが大衆討議により鍛えられるとは思わなかった。その頃、中国では物理学者と哲学者の間で科学技術工作に唯物弁証法を運用する問題について非常に熱心な討議がくりかえされていたようである。当時行なわれた討論会の記録を読むと、朱洪元氏が次のような発言をしている。

「「新素粒子観対話」は非常に啓発される論文である。

日本の物理学者はおくれて発展したなかでとくにすぐれている。今世紀はじめの三〇年には、相対性理論が生まれ、量子力学が形成され発展して、理論物理学に飛躍的な変化がもたらされた。しかし、その時代には、日本の理論物理学者はそれほど大きな貢献をしたわけではなかった。ところが、今日日本の素粒子論はすでに世界の最前列にたっている。素粒子物理についての実験条件では、日本は一部の欧米諸国におくれている。日本には宇宙線についての実験の工作がいくらかあり、このほかには、一〇億電子ボルトの電子加速器一台があるだけである。ところが、日本の理論物理学は、核力の中間子論、場の量子論の超多時間理論、くりこみ理論、および、二種の中間子と二種中性微子の仮説、西島＝ゲルマン法則、SU_3群の素粒子分類法などを提唱して、一連の重要な貢献を行ない、実験条件のすぐれた一部の欧米をしのいでいる。

日本の素粒子論は、なぜこんな急速に発展して高度な水準にたっしたのであろうか。一九六四年の北京科学シンポジウムの期間、私は坂田昌一教授の談話から、彼が二〇年代の末期にエンゲルスの『自然弁証法』を読み、その後次第に唯物弁証法を意識的に運用して、自分の科学研究活動をみちびいてきたことを知った。彼とその同僚たちは、理論物理学のなかの方法論の問題をとくに研究した。コペンハーゲン学派の観点が理論物理学界を風靡していたとき、彼らはこれにまきこまれることなく、西側に盲目的に追従せず、あえて自分の路をつきすすんだ。これが彼らが上位にたつようになった重要な原因であると、私は考える。

われわれが科学工作で世界の先進水準に追いつこうとするには、どうしても唯物弁証法を学び、運用して、理論的思惟のうえで主動性をもつようにつとめ、枠を破って、自分の路をつきすすむのに勇敢でなければならない。ただ盲目的に外国に追従していくのでは、永遠に国際的な先進水準に追いつくことができない」

と。

中国における素粒子論の発展

自己の路を歩む

中国の素粒子論が「自己の路を歩む」ことを決意し、毛沢東思想を最高の方針として、若手研究者のエネルギーを結集し、精力的に展開されはじめたのは、方法論についての学習と討議が一段落した昨年九月ごろからであったらしい。それ以後僅か十カ月の間に北京をはじめ蘭州、南開などに素粒子論グループを形成し、層子模型に関する十篇ちかくの論文をつくり出した力は、まことにすばらしい。社会主義文化大革命のなかで毛思想を科学工作に運用した著しい成果といえよう。

北京グループは、彼らがいかにして研究をすすめたかについて、「毛沢東思想の輝かしい灯の下に行なわれた素粒子論の研究」のなかで、詳しく説明している。この論文の各節では、「走自己的路」、「破旧立新」、「不入虎穴、焉得虎子」、「依拠群衆、依拠新生力量」といった毛思想を表わした言葉が夫々の見出しとなっている。彼らはいう。「自己の道を歩む」というのは、なによりもまず正しい世界観にたち、正しい方法論を運用することを意味する。中国の科学者の多くは、この十数年間なお認識論と方法論の領域で、欧米流の形而上学的観点や観念論的思想にとらわれ、またソ連への盲信によって影響されていた。そのため、いくらかの失敗やまわり路をしたが、いまやそれらの経験のなかから教訓をくみとり、正しい世界観を打ち立てねばならないと。

新しいものを創り出すまえに旧思想を打破ろう

彼らは欧米で現在流行している素粒子論の二つの傾向——「靴紐《ブーツストラップ》理論」と「対称性理論」を詳しく検討し、鋭く批判する。これらの理論は、夫々一応積極的な面はもっていたが、欧米の理論物理学を風靡している形而上学的観点と実証主義的傾向の影響をうけ、いまや袋小路に迷いこんだ感じである。日本でも、湯川教授がかつてこれらの理論を評し、催眠術と手品だといわれたのは、実に名言であった。一九六四年の北京科学シンポジウムの際、筆者がその話をすると、朱洪元、胡寧教授らは手を打ってよろこんだ。科学の世界に新しい風を起すには、形而上学的観点と実証主義的思想を打ち破らねばならない。

最近まで欧米の物理学者の大半は、素粒子はデモクリトスのアトムのごとく、もはやそれ以上分割することのできない「物質の窮極」であるという形而上学的観点をとっていた。これに対し、一九五五年筆者は、分子——原子——原子核——素粒子といった原子論的諸概念はすべて物質の無限の階層の一つであるという弁証法的観点にたち、素粒子の背後には、これを構成しているより根源的な粒子——「基《ウ》本粒子《ルバリオン》」が存在しているという仮説、すなわち「複合模型」を提唱した。当時見出されていた素粒子の諸性質を説明するには、基本粒子として、陽子、中性子、ラムダ粒子の三つをえらぶのがよさそうであったが、その後巨大加速器を用いた実験研究の発展により「共鳴準位」とよばれる極めて短命な素粒子が数多く発見されるようになってから、基本粒子としては、これまでの素粒子のリストのなかに登録されていない、もっと質的にちがった粒子を考えねばならなくなった。現在のところ、基本粒子としてどんなものを仮定するかによって、いろいろな種類の複合模型が成り立ち、その優劣はなかなかつけがたいが、確実にいえることは、もとの模型に似た三つの基本粒子——「基本三重子《ファンダメンタル・トリプレット》」が主役を演じているらしいということだけである。可能な模型のうち、最も簡単なものは、もとの模型と同様、一組の三重子を仮定するゲルマンの「クォーク模型」であり、このほかに、新しい自由度を導入し、二組乃至三組の三重子を仮定した理論とか、三重子と一重子を基礎とした「四元模型」などが各国で詳しく検討されつつある。

中国の科学者が「層子《ストラトン》」とよんだのは、筆者たちが「基本粒子」と名付けたもののことで、主として一組の三重子を扱っているから、見掛けの上では、ゲルマンの「クォーク」と同じものだともいえる。しかし、クォークと本質的にことなっているのは、その背後にある素粒子観で、層子という名称は、物質の無限の階層の一つであるという観点を明確に打出すためだといっている。日本のなかには、名前などどうでもよいと考える人が多いかもしれないが、ゲルマンが「クォーク」などという冗談めいた名前をつけた裏には、基本粒子などというものは、現実には存在せず、物理学者が現象を説明するため便宜的に導入した概念に過ぎないという実証主義の哲学が顔を出している。実際、ゲルマンは、フランスの雉子料理を例にとり、雉肉を犢《こうし》の肉の間に挾んで焼き、あとで犢の肉の方はすててしまう調理法があるが、素粒子の背後にクォークを考えるのは、この場合の犢の肉のようなものだといっている。今世紀の初頭、オストワルトが、化学反応を原子によって説明するのは、蒸気機関車のはたらきを、そのなかに馬がかくされているといって説明するのと同じくらい馬鹿げているといったのと似ている。

弁証法的唯物論の立場では、自然は質的にことなる無限の階層からできており、原子論的概念はすべて物質の階層の一つだと考えられる。その意味からすれば、分子でも、原子でも、素粒子でも、すべて「層子」とよばれる資格を備えている。ところが彼らが基本粒子のことをことさらに、層子とよんだのは——あるいは中国では素粒子のことを偶然にも基本粒子と名付けていることが一つの理由かも知れないが——、おそらく層子といえども必ずいつの日にかその内部構造があばき出されるであろうということを忘れさせないためであろう。筆者は「層子」という言葉を新聞で読んだとき、さすが文字の国だけあって、うまいことをいうと思って感心した。もはやアトミズムとしての性格を失った現代の原子論《アトミズム》は、今後層子論《ストラトニズム》とよびかえられるべきではなかろうか。

虎穴に入らずんば虎子をえず

弁証法的素粒子観、すなわち層子論的観点にもとづき、層子模型を展開しようと決意した中国の物理学者たちは、まず研究に着手するにあたって、毛沢東の『実践論』と『矛盾論』を精読し、認識論と方法論の学習を行なったと書いている。日本では方法論にたいしてかなり理解をもった物理学者のなかにさえ、実際に仕事をする際——例えば計算を行なったり、実験を行なったりするときには、方法論は不要であると思っている人が多い。しかし、方法論は、あらゆる実践のなかを貫くものであって、ここまでが哲学、ここから先は科学だというような境界はない。これらの人々は、科学と哲学を別ものだと考える欧米の影響から抜けでていないのである。科学が哲学と無縁なものだと考える人こそ、もっとも俗悪な哲学——実証主義と形而上学——のとりことなっているのに気付いていない。『実践論』と『矛盾論』は、中国革命により鍛えられたすぐれた認識論と方法論であり、科学の研究においても必ず強力な武器となりうるにちがいない。層子模型の展開は、まさにこのことを見事に実証したといってよい。

中国の素粒子論に対し、日本の素粒子論は、湯川中間子論の発展によって鍛えられた方法論——武谷哲学を武器としてもっている。毛沢東思想と武谷三段階論の関係を論ずるのは現代唯物論哲学の最高の課題であろうが、私たち物理学者は、中国の物理学者と、素粒子論の研究を互いに競いあうことによって、この関係を明らかにできるのではあるまいか。

複合模型を展開するにあたり、まず直面する困難は、一つには、基本三重子がまだ実験的に発見されていないことであり、二つには、全く新しい力学法則により支配されているかも知れないということである。北京グループは、ここでまず『矛盾論』の知恵を借り、「一分為二」の方法を量子力学に適用し、層子の階層において成立つ知識と成り立たぬ知識を分離し、後者をそのままにして、前者を展開するというやり方をとった。具体的にいえば、早川氏の手紙にも書かれているごとく、素粒子の内部構造を記述する波動関数は導入するが、波動方程式を見出したり、解いたりする問題は将来にのこす。波動関数は、さしあたり実験結果を分析するためのパラメータとして用い、半現象論的な議論をすすめることによって、内部構造をあばき出す。以上が彼らのやり方であり、困難に出会ってもひるまず、「虎穴に入らずんば虎子をえず」という毛思想を武器として敢然と立ちむかい、新しい理論を展開して、大きな成果を挙げたのであった。

北京グループのやり方を読み、なにも『実践論』、『矛盾論』を引き合いに出さなくても、どこの物理学者でも、よくやるやり方に過ぎないのではないかという人があるかも知れない。しかし、そんな人は、かつてエンゲルスが辛辣に皮肉ったように、一生涯散文を語っていたにも拘らず、自分ではそれをちょっとも気付かなかったモリエールのジュルダン氏のことを思い出せばよい。

大衆に依拠し、新生力量に依拠する

最後に北京グループの報告は組織の問題にふれ、彼らが大きな成果を挙げえたのは、大衆に依拠し、新生力量に依拠するという毛主席の大衆路線の方式を用いたためだとのべている。北京グループの八〇パーセントは若手であり、彼らはグループに参加してから数カ月たてば、もう最前線に立てるようになったそうだ。大衆討議と相互啓発、そして「働きつつ学ぶ」というやり方、これらが、指導者と専門家と大衆の三者を結合し、若手の創意と専門家の技術を十二分に発揮させる力となったのであろう。なんといっても、おどろくべき事実といわねばなるまい。

（一九六六年）

33　闘う精神について

こんどの創美展が「闘う子どもの絵」というタイトルでひらかれるので、私になにか巻頭文を書いてくれとの御依頼である。私は芸術とはおよそ縁のない人間であるが、北川さん、安藤さん、滝本さんなど創美のメンバーの方々とは古くからのおつきあいであり、どういうものか妙に話がよくあう。おそらく、学問であれ、芸術であれ、新しいものを創造するという仕事にはなにか相通ずる精神があるからであろう。

ものごとにはすべて「正しい面」と「誤った面」、「美しい面」と「みにくい面」があって、人類の歴史は後者を打破り、前者を育成することによって進歩してきたのである。創造力の源泉は人類の進歩にむかって闘う精神であり、誤ったもの、みにくいものを打破る努力である。ヨーロッパ風にいえば「レジスタンスの精神」であり、中国のプロレタリア文化大革命の言葉を使えば「破旧立新」ということであろう。

戦争の悲惨な思い出をもつ私たち日本人には「闘う」という言葉はあまり快い響をもたないかも知れない。また「闘う精神」とか、「闘う子ども」などという言葉にも異様な感じをもつ人が多いであろう。

しかし、平和を創造するためにも、現に世界の歴史を動かしている「戦争の論理」とのたえまない闘いが必要なのである。

日本の学問についていえば、明治以来久しく日本人は模倣はうまいが独創性がないといわれてきた。ところが、湯川物理学の発展はこの迷信を見事に打破った。私は日本の科学者が創造力を発揮できるようになった主要な原因は、戦争の暗い谷間のなかで「レジスタンスの精神」を身につけたためだと確信している。創造にとって、なによりも大切なことは、旧いものを打破る「闘う精神」であろう。私は「闘う子どもの絵」に創造のたくましさを期待している。

（一九六七年）

34 わが道

私がなぜ今の専門をえらぶようになったかについて書いてくれとの注文である。何事にも必然性と偶然性の二面があり、とくに人生の道では偶然性の支配が大きいから、とてもうまく答えることはできない。私の幼年期には、父が内務省の官吏であったため広い官舎に住んでいた。また弟と年がはなれていたこともあって同年輩の子供と遊ぶことは殆んどなかった。現在帝国ホテルの一部になっている内相官邸のクローバーの生い茂った庭園、おしろいの花が咲き乱れた松山の知事官舎の裏庭などで積木や人形をもって、ひとり空想の世界をさまよった。小学時代には小波の『世界おとぎ話』に夢中になり、夜おそくまで読みふけった。私の物理学が空想的だといわれるのは、その影響かも知れない。

その後、御影に住み七年制の甲南高校に入学した。当時そこでは大変新しい教育が行なわれており、私は大きな影響をうけた。なかでも忘れられないのは、伏見義夫教授の「地理」であった。地球は円いという話にはじまる大づかみの講義が終ると、半年近くかかって、大阪の都市計画の話が、実地見学をもふくめて、詳しく行なわれる。試験はなかった。阪神沿線の都市計画をつくれというのが宿題で現代の教育がとかく綜合性と創造性を失わせがちであることを考えると、まことに良い教育をうけたと感謝している。

文科系へ進むことを全く考えなかったのは、父への反抗であったにちがいないが、物理学をえらぶことになったのは、石原純博士の著書にもっとも心をひかれたからである。のちに仁科、菊池博士らとともに日本の核物理学の創始者となられた荒勝文策教授(現学長)の影響もあったと思う。私は先生から直接の教えはうけなかったが、内容を十分に理解することはできなくても、当時変革の真只中にあった物理学の息吹が私の若い魂をゆすぶらずにはおかなかった。大学に進む前後母方の親類に当る仁科博士が原子物理学の揺籃の地、コペンハーゲンから帰国し、日本の物理学に新風をもたらした。私が彼からうけた影響はとうてい筆舌に尽しがたい。京大物理学科に入った私が理論物理学、とくに素粒子論を専攻することになったのは、もちろん彼の影響であるが、偶々特別講義にこられた彼を通じ、新進の研究者湯川、朝永両博士と知り合ったのが決定的であった。とりわけ湯川博士と御会いしたことは、私の全生涯の方向を決定した。またその後最良の友武谷三男君と知り合ったことは大きい。私はつねに、良き師、良き友をえたことを誇とし、感謝している。(未完)

(一九六八年)

35　私の古典――エンゲルスの『自然弁証法』

私の専門であります原子核物理学とか、素粒子論という学問は大変新しい分野でありまして、私が大学生であった頃からようやく始った学問であります。したがって、私たちには、いかにして古いものから抜けだすかということが最大の関心事でありまして、そういう意味では古典というものとはあまり縁がないようにみえるかも知れません。しかし、破旧立新といいますか、いかにして古いものから抜け出して、新しいものを創造して行くかという問題は「科学の方法」つまり方法論の問題でありまして、そういう点では古典というものが大変重要な意味をもってくるのであります。本日は、私の古典ということで、とくにエンゲルスの『自然弁証法』を挙げようと思うのであります。エンゲルスの『自然弁証法』は私の四〇年にわたる研究生活の中につねに珠玉のような貴い光を投げかけてくれたものであります。そこで、今日は私の『自然弁証法』との出会いと、これが私の学問研究に与えた影響についてのべてみようと思います。

まず、エンゲルスの『自然弁証法』についての簡単な紹介から始めます。御承知のように、エンゲルスはマルクスのもっとも親しい友人であり、マルクスとともに弁証法的唯物論、すなわちマルクス主義哲学の基礎をきずいた十九世紀最大の思想家・哲学者の一人であります。彼は、マルクスが唯物弁証法を方法論としてつくりあげた、新しい学問である『資本論』の完成に大きな力を貸したのでありますが、同じ方法論を、自然の研究、自然科学の研究へ適用しようということを早くから考えていたのであります。当時、自然科学の分野では、原子と分子の発見とか、細胞の発見とか、エネルギー保存則の確立とか、さらにダーウィンによる進化論の提唱など、古い自然観、いわゆる形而上学的自然観をゆすぶるような事実が次々にあらわれていたのでありますが、これらを正しく把えるような綜合的な自然観は、未だえられていなかったのであります。エンゲルスのやった仕事は、これらの新しい発見のなかで混迷におちいっていた自然科学者たちに光を与えることであったといってもよいかと思います。今日エンゲルスの『自然弁証法』または『自然の弁証法』という表題で出版されている書物は、エンゲルスの遺稿をまとめたものでありまして、その中に収められている文章が書かれたのは、大体一八七〇年代の始から一八八〇年代の始にかけて(一八七三―一八八二)であろうとみられています。彼は一八七八年に有名な『アンチ・デューリング論』を出版していますが、その中でも自然弁証法の基本的な問題についてのべているのであります。彼は一八八二年マルクスに手紙を書いて、近く彼の『自然弁証法』が出版のはこびになるだろうとのべていますが、そのご事情の急変により彼の生存中にはついに発表されませんでした。事情の急変というのはその翌年一八八三年マルクスが死んだことです。彼はマルクスの死後マルクスの『資本論』の完成に精魂を傾けなければならなくなったのです。しかも『資本論』第三巻が発行された翌年一八九五年には、彼自身がこの世をさったのであります。そんな訳でエンゲルスの『自然弁証法』は遺稿としてのこされました。さらに不幸なことは、この遺稿を保管したドイツ社会民主党のベルンシュタインが、『自然弁証法』の価値を認める能力を全くもたなかったことです。そのため以後三〇年という非常に永い年月の間この遺稿は埋れたままになっていたのでした。ようやく一九二五年ソ連のリヤザノフがフォト・コピーをとってきて彼の編集により原文のドイツ語とロシア語訳が同時に出版され、ここに始めて日の目をみることとなったのでした。

自然科学はエンゲルスの死後さらに大きな変革期をむかえ、いわゆる十九世紀末の三大発見――X線(一八九五)、放射能(一八九六)、電子(一八九七)――によりその基礎がゆすぶられました。新しい自然観、正しい方法論をもたない自然科学者たちがどんなにあわてふためいたかは、一九〇五年に書かれたポアンカレの『科学の価値』のなかの「数学的物理学の危機」という章を読めばよくわかります。ニュートン力学をはじめ古い理論にたいして確信を失った物理学者や、元素の不変性、原子の不可分割性にたいして確信を失った化学者たちは、もはや経験以外にはなにも信用できるものはないという経験主義・実証主義におちいるものが多かったのです。マッハ、オストワルトなどがその代表者であります。これに対しボルツマン、プランクのごとく古い自然観に固執しようとする立場の人たちもいて、両者の間で激しい論争が行なわれました。しかし、両者のいずれの観点も当時の科学の危機の本質をとらえるには、充分でなかったのです。これを正しく分析したのは、唯物弁証法の立場に立ったレーニンであり、一九〇八年に出版された『唯物論と経験批判論』は現代科学の方法論に関する古典として、エンゲルスの『自然弁証法』とともに今日ますます輝きをましています。

レーニンが『唯物論と経験批判論』において行なった現代科学の分析は、多くの点で、エンゲルスの分析と完全に一致しています。唯物弁証法という同じ立場で行なった分析が一致するのはおどろくに値しないともいえるかも知れませんが、レーニンがエンゲルスの遺稿の存在を全く知らなかったことは注目に値しましょう。さきにものべたように、エンゲルスの遺稿は三〇年間、その価値を認めない修正主義者の手元で埋れており、これが公表されたのはレーニンの死後であったのであります。

さて次に、私がどういう経緯で、エンゲルスの『自然弁証法』を知ったかということをお話ししましょう。私は阪神沿線の六甲山麓にあった七年制の旧制高等学校、甲南高校に学んだのち、京都大学で研究生活に入ったのですが、高校時代から理論物理学に大変ひかれておりまして、石原純とか桑木彧雄、また田辺元などの本をよく読んでいました。これらの書物は当時相対性理論や量子力学などの出現により混乱のさなかにあった理論物理学者の苦悩について論じており、科学方法論とか世界観をめぐる闘争、ことにマッハとプランクの論争などを詳しく紹介していました。その頃、私はマルキシズムには全く無知であったのですが、偶々エスペラントのクラブで知りあった先輩に、のちに『自然弁証法』の訳者となった加藤正がいたのです。当時彼は理論物理学を志していましたし、また家が近かったせいもあって、大変親しくつきあうことになったのです。彼は、非常に頭がよく、高校時代にすでにひとかどの学者のようにふるまっていました。ことに語学にかけては天才で、数カ国語をマスターしていたのではないかと思います。その後彼は理論物理学をやることを止め、京都大学の文学部に進んだのですが、彼がエンゲルスの『自然弁証法』の邦訳ととりくんだのはちょうどその頃だったのです。休暇でうちに帰った彼からエンゲルスの『自然弁証法』について話をきいたのが、私と自然弁証法との最初の出会いでありました。さきほども申しましたように、エンゲルスの『自然弁証法』がロシアで出版されたのは一九二五年でありました。ところが日本訳は四年後の一九二九年には刊行されたのですから、日本人は非常に早く自然弁証法に接することができたといえます。序でに申しますと、エンゲルスが多年住んでいたイギリスではやっと一九四〇年に英訳がでております。日本で非常に早く紹介されたのは、一つにはちょうどそのころマルキシズムが流行し、マルクス、エンゲルス、レーニン等の著書が相次いで訳されたことにもよりますが、二つには自然科学と社会科学の両分野に精通し、すぐれた語学力をもつ加藤正という天才に負うものといえます。『自然弁証法』の邦訳は加藤正とその友人加古祐二郎の共訳として発表され、岩波文庫に収められましたが、大半は加藤正によって行なわれたようでありました。共訳者加古は加藤と甲南でのクラス・メートで、そのご京大法学部の助教授になり、京大事件の際滝川教授らとともに辞職し、若年でこの世を去った人です。この邦訳がでたのは、ちょうど私が高校をでた年でありましたが、私はすでに高校時代に加藤正から直接内容をきかされていましたので、日本人としても非常に早く自然弁証法になじむことができたのです。

私はそのご京大の物理学科に学び、理論物理学の勉強を始めたのでありますが、二十世紀になって発見された二つの大きな理論、相対性理論と量子力学の意義をようやく把えうるようになるにつれ、弁証法的自然観というか、自然弁証法的観点の重要性が次第にはっきり分ってきました。ことに、レーニンの『唯物論と経験批判論』を読むことにより、今世紀の初頭に行なわれたマッハとプランクの論争がいかに不毛なものであったかを悟り、現代科学の方法論としての自然弁証法を、具体的な研究をすすめるなかで実践的に適用してみようという意欲が私の心の奥底を強くゆすぶるのを感じたのでした。

一九三二年、私は大学の三回生になり、専門の研究にとりくむことになりました。ところが、この年は現代物理学にとって大変な年でありまして、まことに画期的な発見が相ついであらわれたのでありました。なかでも、イギリスのチャドウィックによる中性子の発見は、その後の物理学の方向をきめるような大事件であり、原子核物理学とか、素粒子論といった新しい分野の研究は、これを契機として始まったといえます。

中性子が発見されるまでは、物質はすべて電子と陽子からでき上っていると見做されていました。すべての物質が原子からつくられていることは、十九世紀の初頭にドルトンにより明らかにされたわけですが、さきほどのべた十九世紀末の三大発見により、原子は物質の窮極ではなく、さらに複雑な構造をもつことが分ってきました。原子の構造は、今世紀に入るとともに一層明白になり、一九一一年、原子は原子核とそれをとりまく電子からできているということが分りました。原子のなかの電子の運動は、太陽系における惑星の運動と大変よく似ているのですが、電子にたいしてはニュートン力学の法則が全く成立っていません。十九世紀までニュートン力学は精密科学の典型とされ、大は天体から小は原子の運動にいたるまで自然界のすべての運動を支配する終局的な法則、絶対的な真理とみなされていました。ところが電子の世界、極微の世界にふみこんでみますと、この法則は神通力を失い、全く適用できないことが分りました。この事実は多くの物理学者に十九世紀末の三大発見が与えた衝撃と同じくらい大きな衝撃を与えました。しかし、一九二五年には極微の世界を支配する新しい力学が発見されました。すなわち量子力学の発見であります。量子力学の成立により、原子物理学は非常に短期間の中に大きな進展を経験しました。私たちは巨視的な世界を支配しているのと同じように微視的世界をも支配できるようになったのです。

ところが、原子よりさらに小さい原子核の世界にふみこむことは一九三二年ごろまではできなかったのです。多くの物理学者は原子核は陽子と電子からできていると想像し、これらに量子力学の法則を適用しようと考えたのですが、そうするととても理解しがたい奇妙なことがたくさんでてきました。量子力学をつくり上げたニールス・ボーアは、原子核のなかでは、量子力学にかわってさらに新しい力学が支配しているのではないかと考えましたが、柳の下にドジョウはいませんでした。

原子核の問題は、一九三二年の中性子の発見により解決の緒が見出されたのです。原子核は、陽子と中性子の集団であったのです。私たちが原子核を理解できなかったのは、その中で未知の素粒子——中性子が重要な役割を果していることを知らなかったためでした。以後現在に至る原子核物理学の急速な発展はこの陽子－中性子模型を基礎として行なわれたのであります。

ここで注目に価することは、「量子力学の成立」と「原子核物理学の展開」においてそれぞれ典型的な形であらわれている方法論的な特徴であります。私はこれらの問題を自然弁証法の観点に立って分析することの重要性を感じ、非常に不十分ではありましたけれども、私の卒業論文のなかでとりあげたのでありました。

大学をでてから、大阪大学で湯川先生の助手をしていましたとき、湯川先生は有名な中間子論を発表されました。中間子論は、原子核のなかで、陽子と中性子を密着させている力、いわゆる核力の成因をさぐったものであり、陽子と中性子が中間子という未知の素粒子をキャッチ・ボールしているということを仮定されたのでした。

ところが、当時の物理学界は、マッハ以来の実証主義の傾向がつよく、未知の素粒子を導入した湯川理論をうけ入れることをためらっていました。そのとき、湯川理論を勇気づける形で展開されたのが、武谷三男君の三段階論とよばれる方法論でありました。彼は、京大で私より一年の後輩でありましたが、学生時代には全然話をしたこともなかったのです。卒業後、私が理化学研究所の仁科研究室にいたとき、訪ねてきたのが縁でだんだん親しく付合うようになりました。その後私が阪大で湯川先生の下で研究していたころ、屢と訪れ、その中、彼もまた私たちと協同して研究をすすめることとなったのです。彼は、科学、哲学、芸術などあらゆる分野に造詣が深く、非常に独創的な意見をもっていたので、私たちは彼の訪ねてくる日を楽しみにしていました。そのころ京大の副手をしていた彼は、中井正一、新村猛など京大文学部関係の進歩的な学者たちとも親しく交っており、彼らの編集していた雑誌『世界文化』に関係をもっていました。彼は一九三六年この雑誌に「自然の弁証法――量子力学について」という論文を載せたのですが、これは唯物弁証法の立体的論理を用いて、量子力学を徹底的に分析した画期的な仕事で、実証主義的傾向のつよいボーア等のコペンハーゲン解釈の一面性を鋭くつくものでありました。彼は、この仕事を通じて、自然弁証法のもっとも高い段階とみなされる「三段階論」に到達したのですが、これがその後の私共の研究に対して羅針盤のような重要な役割を果したのであります。

武谷三段階論によりますと、自然の認識は、現象論―実体論―本質論の三段階をへて行なわれるというのであります。現象論というのは、現象をありのままにとらえる段階、実体論というのは対象がいかなる構造にあるかを明らかにする段階、本質論というのは対象の運動法則をつかむ段階であります。量子力学も、ニュートン力学も、これらの段階をへて認識されたのであります。実証主義者はしばしば、第二の段階の重要性を忘れがちですが、武谷君は当時の原子核物理学の状況を、まさに第二段階の分析を行ないつつ第三段階への路を探ろうとしているところだと規定したのでした。中性子の発見や中間子の導入の重要性は、このことを示すものといえます。

一九三七年宇宙線中で中間子が実際に発見されたことは、湯川理論の正当性を証明すると同時に、武谷方法論の強さをも証明したのでした。以後、日本において、素粒子論がたくましい成長をとげることができたのは、武谷方法論に負うところが大きいのです。

私自身の研究について申しますと、一九四二年湯川理論を発展させた二中間子論をつくったのも、また一九四六年混合場理論を提唱して朝永くりこみ理論への路を切開いたのも、さらにまた一九五五年素粒子の複合模型を提唱したのも、すべて自然弁証法にもとづく武谷方法論を背景としたものでありました。

エンゲルスが『自然弁証法』でのべているところによりますと、自然界には質のことなる種々な階層があり、これらの階層にはそれぞれ固有の運動法則が支配している。これらの階層はけっして互に孤立し、独立したものではなく、互に依存し、関連し、たえず生成と消滅の中にあり、相互に移行しあっている。そしてこれが一つの連結した自然をつくっているというのです。武谷三段階論は、このような自然観を基礎におき、個々の階層を認識する方法論を展開したものといえます。弁証法的自然観の正しさは、エンゲルスの死後急速に行なわれた科学の発展とともに益々明らかになってきました。エンゲルス以前の化石化した形而上学的自然観では、自然は窮極的には不変にして不可分な原子からできており、その運動は世界のすみずみまでを支配している終局的な法則——ニュートン力学に従っているとみなされていました。しかし、このような観点は科学の発展とともにすてさらねばならなくなったのです。今日でもなお素粒子が原子にかわって物質の窮極であると考え、形而上学的自然観を復活させようとしている物理学者や、素粒子という概念はマッハのいう便利な作業仮説にすぎないという経験主義の立場に立つ物理学者がなお大勢のこっています。彼らはエンゲルス以後の科学の発展に全く目をつむり、素粒子の階層をもって自然の認識にストップをかけようとしているものといえるでありましょう。

私は、エンゲルスが、『自然弁証法』のなかで「現代の原子論の特徴は、物質が単に不連続だと主張するのではなく、これらの不連続部分、原子—分子—物体—天体などが一般的な物質の諸々の質的な存在様式を制約する結節点だと主張している点にある」とのべている個所を抜き書きして永く机の上においておいたことがあります。またレーニンが『唯物論と経験批判論』のなかで、「電子といえどもくみつくすことはできない」とのべた言葉をけっして忘れることができません。現在、私が素粒子を「物質の窮極」と考える立場と対決し、「物質の階層」という立場に立つ複合模型の研究ととりくんでいるのは、これらの言葉にはげまされているからであります。

さいごに私の古典ということで、エンゲルスの『自然弁証法』と関連して一言ふれておきたいのは、マルクスの学位論文についてであります。マルクスの学位論文は「デモクリトスの原子論とエピクロスの原子論の差異について」という表題でありますが、私にはマルクスがここで指摘している差異は極めて重要な意味をもつと思われるのです。デモクリトスの原子は、神の創造した極めて完全なもので、「物質の窮極」ということができますが、エピクロスの原子は「物質の階層」とみなしうるような不完全な偶然的要素をもつものであります。マルクスの学位論文はエピクロスをデモクリトスのエピゴーネンとみなす通説をうち破り、エピクロスを正しく位置付けることにより弁証法的自然観への路をひらいたものとして、極めて高く評価すべきではないかというのが私の考えであります。

（一九六九年）

付録

坂田昌一著作リスト

ここでは、その存在が確認された著作とあわせて、座談会・対談・談話などの主なものを掲げ、これら博士の諸活動の順を追えるよう、原則としてその日付に従って配列した。ただし欧文論文は各年度の末尾に掲げた。各行の記述は、「表題」(執筆日、講演日など)『掲載紙誌名(収録書名)』同掲載号、その発行日、または『書名』発行日、発行所の順である。

一九三三

「原子核ノ理論ニ就テ」(一九三三年三月提出)京都帝国大学理学部物理学科卒業論文(第I章のみを論集1・**24**に収めた)

一九三四

On the Photo-Electric Creation of Positive and Negative Electrons (with Y. Nishina and S. Tomonaga) Sci. Papers of the Inst. Phys.-Chem. Res., **24**, Supplement **18**, 7 (1934)

一九三五

On the Theory of Internal Pair Production (with H. Yukawa) Proc. Phys.-Math. Soc. Japan, **17**, 397 (1935)

On the Theory of β-Disintegration and Allied Phenomenon (with H. Yukawa) Proc. Phys.-Math. Soc. Japan, **17**, 467 (1935) (Read July 6, 1935)

Supplement to "On the Theory of β-Disintegration and Allied Phenomenon" (with H. Yukawa) Proc. Phys.-Math. Soc. Japan, **18**, 128 (1936) (Received Dec. 26, 1935)

一九三六

Note on Dirac's Generalized Wave Equations (with H. Yukawa) Proc. Phys.-Math. Soc. Japan., **19**, 91 (1937) (Read Sept. 26, 1936)

一九三七

「湯川氏の理論に於ける同種重粒子の交互作用に就て」(一九三七・一〇・一一)『科学』一九三七年一一月号

On the Nuclear Transformation with the Absorption of the Orbital Electron (with H. Yukawa) Phys. Rev., **51**, 677 (1937) (Feb. 18, 1937)

On the Theory of Collision of Neutrons with Deuterons (with H. Yukawa) Proc. Phys.-Math. Soc. Japan, **19**, 542 (1937) (Read March 13, 1937)

On the Interaction of Elementary Particles II (with H. Yukawa) Proc. Phys.-Math, Soc. Japan, **19**, 1084 (1937) (Read Sept. 25, 1937)

On the Interaction of Elementary Particles III (with H. Yukawa and M. Taketani) Proc. Phys.-Math. Soc. Japan, **20**, 319 (1938) (Read Sept. 25, 1937 and Jan. 22, 1938)

On the Efficiency of the γ-ray Counter (with H. Yukawa) Sci. Papers of the Inst. Phys.-Chem. Res. **31**, 187 (1937)

一九三八

「宇宙線の理論(I)――A 宇宙線基本過程――」『科学』一九三八年七月号

「β崩壊理論とU粒子の寿命」(湯川秀樹・谷川安孝と共著)(一九三八・七・一一)『科学』一九三八年八月号

「U粒子の寿命について」(湯川秀樹・谷川安孝と共著)(一九三八・八・八)『科学』一九三八年九月号

On the Interaction of Elementary Particles IV (with H. Yukawa, M. Kobayashi and M. Taketani) Proc. Phys.-Math. Soc. Japan, **20**, 720 (1938) (Read May 28, 1938)

Versuch einer Theorie des β-Zerfalls (mit M. Taketani) Proc. Phys.-Math. Soc. Japan, **20**, 962 (1938) (Eingegangen am 18, Oct., 1938)

On the Capture of the Mesotron by the Atomic Nucleus (with Y. Tanikawa) Proc. Phys.-Math. Soc. Japan, **21**, 58 (1939) (Read Nov. 26, 1938)

一九三九

「素粒子の相互作用の理論」『日本数学物理学会誌』第一三巻一頁、一九三九年刊(論集1・8-1)

「物質理論の最近の展開――湯川粒子の発見迄――」(一九三九・六・一〇)『新聞甲南』一九三九年六月二九日号

The Mass and the Life Time of the Mesotron (with H. Yukawa) Proc. Phys.-Math. Soc. Japan, **21**, 138 (1939) (Received March 4,1939)

Mass and Mean Life-Time of the Meson (with H.Yukawa) Nature Vol. **143**, No. 3627, 761 (1939) (March 9, 1939)

一九四〇

The Spontaneous Disintegration of the Neutral Mesotron (Neutretto) (with Y. Tanikawa) Phys. Rev., **57**, 548 (1940) (Jan. 26, 1940)

On the Wave Equation of Meson (with M. Taketani) Proc. Phys.-Math. Soc. Japan, **22**, 757 (1940) (Read April 4, and July 13, 1940)

Note on Casimir's Method of the Spin Summation in the Case of the Meson (with M. Taketani) Sci. Pap. Inst. Phys.-Chem. Res., **38**, 1 (1940) (Received July 30, 1940)

Connection between the Meson Decay and the Beta-Decay, Phys. Rev., **58**, 576 (1940) (July 30, 1940)

一九四一

「原子核及び宇宙線の理論」(湯川秀樹と共著)(一九四〇年九月)岩波講座『物理学』第22巻、一九四一年一月刊、岩波書店

「中間子の寿命」、学術研究会議編『物理学講演集(1)』八三頁、一九四一年三月三〇日刊、丸善

On the Theory of the Meson Decay, Proc. Phys.-Math. Soc. Japan, **23**, 283 (1941) (Read July 6, 1940)

On Yukawa's Theory of the Beta-Disintegration and the Lifetime of the Meson, Proc. Phys.-Math. Soc. Japan, **23**, 291 (1941) (Read Jan. 18, 1941)

一九四二

「中間子と湯川粒子の関係に就て」(井上健と共著)(一九四二・七・一一)『日本数学物理学会誌』第一六巻二三二頁(論集1・8-2)

『原子核及宇宙線の理論』(湯川秀樹と共著)一九四二年一一月二一日刊、岩波書店

On the Lifetime of the Pseudoscalar Mesons, Proc. Phys.-Math. Soc. Japan, **24**, 843 (1942) (Received Aug. 13, 1942)

一九四三

「擬スカラー中間子の自然崩壊」(平野稔と共著)『日本数学物理学会誌』第一七巻三五七頁

「素粒子論における模型の問題」(一九四三年九月、中間子討論会の資料)、『素粒子論の研究I――中間子討論会報告――』(一九四九年九月一五日発行、岩波書店)に収録

一九四六

「第一回研究室会議挨拶」(草稿、一九四六・一・二四)(論集2・**1**)

「民主主義科学者協会に就いて――名大理学部職員組合結成式にて」(草稿、一九四六・二・二三)

「科学の再建――名大理学部・物理学教室談話会」(草稿、一九四六・三・二八)(論集2・**2**)

「素粒子論の方法――素粒子の相互作用の理論I――」(日本物理学会第一回年会講演、一九四六・五・一)、『科学』一九四六年一二月号に再録(論集1・**9**)

「研究の民主化――現下に於ける物理学者の任務」(草稿、前記物理学会期間中四月三〇日に東大で開かれた民主主義科学者協会物理学者懇談会で博士が行なった報告、同懇談会記録は『自然科学』第一巻第二号(一九四六年七月一日刊)に掲載。

「M・K・N(民主主義科学者協会名古屋支部)抗議文(八高坂井喚三校長宛)」(草稿、一九四六・五・一三)

「科学の徹底的民主化――愛知地方民主戦線聯盟結成大会提出議案ノ説明」(草稿、一九四六・六・二)

「研究の民主化――理学部職員組合大学制度研究会講演」(草稿、一九四六・六・一七)

「湯川理論発展の背景」(一九四六・七・七)『自然』一九四六年八月号(論集1・**5**)

「研究室会議の確立へ――研究民主化の方向」『学生新聞』一九四六年七月二〇日号

「量子論」(民科夏期大学草稿)、一九四六年七月二二―二六日講演
「近代物理学の発展とその方法」(一九四六・八・六)『自然科学』一九四七年二月号(論集1・**2**)
「科学と民主主義(上)科学を人民の手に、同(下)科学者の政治性」『中京新聞』一九四六年九月一一、一二日号
「愛知県教育労働組合結成式祝詞」(草稿、一九四六年九月)
「研究の民主化――民科阪神支部・自然科学者技術者懇談会にて」(草稿、一九四六・一〇・五)(論集2・**3**)
「派閥性を廃せ――研究組織の民主化について」『帝国大学新聞』一九四六年一一月一三日号
「電子の自己エネルギーと核子の質量差」(原治と共著)(一九四六・一二・六)『科学』一九四七年二月号
On the Correlation between Mesons and Yukawa Particles (with T. Inoue) Prog. Theor. Phys., **1**, 143 (1946) (Received Sept. 18, 1946)

一九四七

「夢の実現へ――エネルギー源から燃料」『中部日本新聞』一九四七年一月六日号
「素粒子論の発展と唯物弁証法――武谷三男氏著『弁証法の諸問題』書評」(一九四七・一・二三)『帝国大学新聞』一九四七年二月一二日号
「認識論と自然科学(名古屋帝国大学第一回文化講演、要旨)」『新東海』一九四七年三月一九日号
「科学と哲学――科学者から(上)、同(下)」『夕刊新大阪』一九四七年三月一九、二〇日号(論集1・**26**)
「理論物理学と自然弁証法」(一九四七・六・二)『潮流』一九四七年九、一〇月号(論集1・**1**)
「素粒子論の現段階」(一九四七・六・二三)『科学年鑑』一九四七年版(論集1・**10**)
「研究と組織」(一九四七・七・一七)『自然』一九四七年九月号(論集2・**4**)

「現代物理学の父、プランク博士を憶う(上)、同(下)」(一九四七・一〇・一二)『中京新聞』一九四七年一〇月一七、一九日号

「湯川粒子説に新展開」(談)『大阪毎日新聞』一九四七年一一月二二日号

『物理学と方法』一九四七年一二月一〇日刊、白東書館(後に、収録論文が少し変更されて第二版が同社より一九四八年六月五日に刊行)(「序」が論集2・**5**)

「メソン会」(未定稿、一九四七年)

The Self-Energy of the Electron and the Mass Difference of the Nucleons (with O. Hara) Prog. Theor. Phys., **2**, 30 (1947) (April 8, 1947)

The Theory of the Interaction of Elementary Particles, Prog. Theor. Phys., **2**, 145 (1947) (Received April 12, 1947)

一九四八

「原子力時代の夢」(談)『新東海』一九四八年一月

「荒廃と困窮とを救うもの」『読書新聞』一九四八年一月一日号

「湯川博士と和歌(上)、同(下)」『中京新聞』一九四八年五月七、八日号

「素粒子論の発展」(談)『中部日本新聞』一九四八年五月一七日号

「現代物理学の主流――素粒子を追う人々――」(一九四八・七・二)湯川秀樹・武谷三男・伏見康治・朝永振一郎・坂田昌一・木庭二郎・井上健と共著、『物理学の方向』一九四九年九月一〇日刊、三一書房(論集1・**7**)

「現代物理学の最先端――偉大な飛躍への序曲――」『朝日新聞』一九四八年八月一日号

「湯川理論展開の径路(I)」(一九四八・一二・三)『自然』一九四九年三月号
「素粒子論の進歩(一九四八年の世界・世界文化)」『朝日年鑑』一九四九年版、一九四八年一二月一五日刊、朝日新聞社(論集1・11)

一九四九

「ファシズムの芽をつみとれ」『アカハタ』「国を救う私の一票」欄、一九四九年一月
「第一回学術会議総会に出席して」『東京大学新聞』一九四九年二月四日号(論集2・6)
「科学の社会的役割」『社会と教育』一九四九年六月一七日号(論集2・26)
「湯川博士と私」(談)『朝日新聞』一九四九年一一月五日号
「素粒子の構造」(一九四九・一二・一〇)『基礎科学』第三巻四四七頁一九四九年(論集1・12)
「混合場の方法の成果と限界」(素粒子論討論会(一九四九・一二・八—九)の講演をもとにしたもの、梅沢博臣・河辺六男と共著)『素粒子論の研究II——場の理論——』一九五〇年一一月一日刊岩波書店、『物理学と方法』一九五〇年五月一日刊岩波書店に加筆されて収録(論集1・14)
座談会「中間子理論研究の回顧」(出席者は他に小林稔・武谷三男・富山小太郎・谷川安孝・中村誠太郎・井上健)(一九四九・一二・一〇)『科学』一九五〇年四月号
「朝の訪問」NHKラジオ、一九四九年一二月三〇日放送

一九五〇

「日本科学の希望と反省——研究の自由得ん——」『石川新聞』一九五〇年一月一日号(論集2・7)
「原子時代の後半世紀」(湯川秀樹と国際電話)『中部日本新聞』一九五〇年一月五日号

座談会「新しい世界観」(出席者は他に伏見康治・関戸弥太郎)『夕刊新東海』一九五〇年一月五日号
「学問と思想の自由を守る」(講演要旨)『アカハタ』一九五〇年二月二三日号
「素粒子論の新展開」『読売新聞』一九五〇年二月二五日号(論集1・13)
「現代物理学の発展とその環境」『毎日新聞』一九五〇年二月二八日号
「湯川理論発展の環境」『日本女子大学新聞』一九五〇年三月一〇日号
「共同研究の力」(談)『朝日新聞』一九五〇年三月一四日号
「学士院賞受賞にさいして」(談)『中部日本新聞』一九五〇年三月一四日号
「学士院賞に想う」(談)『夕刊新東海』一九五〇年三月一五日号
「近代科学を正視せよ——「恩賜賞」をうけるに際して」『読売新聞』一九五〇年三月一九日号(論集2・11)
「現代物理学の発展とその環境」羽仁五郎編『学問と思想の自由のために』一九五〇年四月二五日刊、北隆館(論集2・9)
「科学者と平和」『中部日本新聞』一九五〇年五月二二日号(論集2・8)
「自然の内奥へ」『夕刊新東海』一九五〇年五月一一日号(論集1・27)
「平和と原子科学」『国際新聞』一九五〇年五月二八日号
「中間子理論の形成と現代の歴史」(科学史学会主催湯川理論発表十五周年記念公開学術講演会記録)『夕刊新東海』一九五〇年五月二五日号
「原子力への迷信」(新村猛と対談、一九五〇・五・二五)『中央公論』一九五〇年七月号
「馬鹿騒ぎはやめたい——湯川博士の帰国に際して」『毎日新聞』一九五〇年八月七日号

座談会「湯川博士を囲んで」(出席者は他に仁科芳雄、湯川秀樹)『朝日新聞』一九五〇年八月一三、一四日号

「帰ってきた湯川博士」(談)『中部日本新聞』一九五〇年八月一四日号

「湯川博士と素粒子論」(湯川博士お別れ講演会における講演、一九五〇・八・二六、要旨)『中部日本新聞』一九五〇年八月二七日号

座談会「さよなら日本」(出席者は他に湯川秀樹・朝永振一郎・伏見康治・武谷三男・小林稔)『読売新聞』一九五〇年九月一、二、三日号

「研究制度の確立」『中部日本新聞』一九五〇年一〇月二日号

「原子物理学の発展と平和」(講演草稿、一九五〇年)

座談会「日本学術会議を語る」(出席者は他に工藤好美・酒井正兵衛・有山兼孝・田淵寿郎)『中部日本新聞』一九五〇年一二月一八日号

On the Applicability of the Method of Mixed Fields in the Theory of Elementary Particles (with H. Umezawa) Prog. Theor. Phys. **5**, 682 (1950) (Received Aug. 3, 1950)

一九五一

「湯川理論展開の径路Ⅱ」(一九五一・一・九)『自然』一九五一年五月号

「仁科先生の死を悼む」『名古屋タイムズ』一九五一年一月一三日号

座談会「仁科先生を偲んで」(出席者は他に朝永振一郎・山崎文男・竹内柾・中山弘美・玉木英彦、一九五一・一・二三)『自然』一九五一年四月号

座談会「科学よもやま談義」(出席者は他に菅井準一・朝永振一郎・伏見康治)『中部日本新聞』一九五一年二月一一日号

『真理の場に立ちて』(湯川秀樹・武谷三男と共著、「中間子理論研究の回顧」(論集1・6)を所収)一九五一年三月一〇日刊、毎日新聞社

「原子物理学の現状」(講演記録パンフレット、一九五一・三・一八)佐賀県立武雄高校物理研究班作製

「二〇年を回顧して」『科学』一九五一年四月号(創刊二十周年特集号)

「相互作用の構造」(梅沢博臣・亀淵廸と共著)『素粒子論研究』第三巻四号一〇五頁、一九五一年九月刊

『物理学と方法——素粒子論の背景』一九五一年一〇月一〇日刊、岩波書店(「序」が論集1・28)

「学術会議の反省」『中部日本新聞』一九五一年一一月五日号(論集2・10)

座談会「科学と方法」(出席者は他に朝永振一郎・田宮博・伏見康治)『現代自然科学講座』第四巻、一九五一年一一月二五日刊、弘文堂

『科学の社会的機能』(J・D・バーナル著、星野芳郎・竜岡誠と共訳)第一部、一九五一年五月一五日、第二部、同年一一月一五日刊、創元社

「量子論五〇年の回顧(2)素粒子論」(日本科学史学会名古屋支部例会講演、一九五一年一一月)『科学史研究』第二一号、一九五二年二月刊

「躍進の理論物理学——輝く湯川・朝永博士の業績」『朝日新聞』一九五一年一二月一九日号

Applicability of the Renormalization Theory and the Structure of Elementary Particles (with H. Umezawa and S. Kamefuchi) Phys. Rev., **84**, 154 (1951) (Received July 23, 1951)

一九五二

「朝永さんとノーベル賞」『図書』一九五二年一月号

「日本にも原子炉を」『中部日本新聞』一九五二年五月一二日号（論集2・**18**）

「狭ばまる自由の広場——国際理論物理学会議に寄せて——」『社会タイムス』一九五二年九月一〇日号（論集1・**29**）

「科学者が願う平和——原子炉は日本に必要か——」『毎日新聞』一九五二年十月一九日号

「平和憲法の擁護を（来るべき総選挙に対するアンケートの答）」『世界』一九五二年一〇月号（論集2・**28**）

「原子力問題についてのその後の経過」『素粒子論グループ事務局報』一九五二年一〇月三〇日号

「日本学術会議原子核特別委員会委員選考の件」『素粒子論グループ事務局報』一九五二年一〇月三〇日号

「日本における原子力の問題」『朝日新聞』一九五二年一一月五日号

座談会「日本の原子核・原子力研究のあり方」（出席者は他に菊池正士・武谷三男・朝永振一郎・井上健・武田栄一・藤本陽一・伏見康治・富山小太郎、一九五二・一一・二四）『科学』一九五三年一月号

On the Structure of the Interaction of the Elementary Particles I —— The Renomalizability of the Interactions (with H. Umezawa and S. Kamefuchi) Prog. Theor. Phys. **7**, 377 (1952) (Received Feb. 28, 1952)

一九五三

「原子力問題と取組む——学術会議第十三回総会から——」『自然』一九五三年一月号（論集2・**19**）

「日本における原子力研究の問題」『中部日本新聞』一九五三年一月一七日号

「相互作用の構造——シンポジウム報告——」（一九五三・二・九—一一）『素粒子論研究』第五巻第三号三〇五頁、一九五三年三—四月刊（論集1・**15**）

「科学の現代的性格」『改造』一九五三年二月号

「理論物理学会の収穫」『中部日本新聞』一九五三年二月一七日号

「科学放談、原子と生活」『街のパンフレット』第一六号、一九五三年二月刊

「広い観点に立って」季刊『理論』別冊学習版・第Ⅱ集・日本の原子力問題、民主主義科学者協会物理部会監修、一九五三年四月二五日刊、理論社(論集2・**20**)

座談会「湯川博士を囲んで」(出席者は他に湯川秀樹・藤岡由夫)『北国新聞』一九五三年七月一九、二〇日号

「国際理論物理学会議に望む(上)目標を明確にしたい、同(下)会議の偏向に留意を」『朝日新聞』一九五三年八月一四、一五日号(論集2・**44**)

座談会「国際理論物理学会六日間をおえて」(出席者は他に武谷三男、吉川幸次郎、W・ハイトラー、豊田利幸)新聞名不詳、一九五三年九月二三日号

討論会「場の理論の未来像を求めて――国際理論物理学会本会議終了後の非公式会合――(I)、同(II)」(出席者は他にC・メラー、A・プロカ、湯川秀樹、W・ハイトラー、E・ウイグナー、朝永振一郎、F・ボップ、K・ブリュックナー、C・ブロック、武谷三男、谷川安孝、H・ザレッカー、渡辺慧、一九五三・九・四)『自然』一九五四年三、四月号

「デンマークのメラー博士――国際理論物理学会議にむかえて――」『毎日新聞』一九五三年九月七日号

「国際理論物理学会議を終えて――違う米、欧の行き方――」(一九五三・九・二三)『中部日本新聞』一九五三年九月二四日号(論集2・**45**)

「訪問・二人の作家(一)」(北川民次と対談)『美術手帖』一九五三年九月号

「書斎拝見――見当らぬ装飾品――」『朝日新聞』一九五三年一〇月二二日号

一九五四

「ただ一度の幸」『朝日新聞』一九五四年一月六日号（論集1・30）
「私たちは政府への御意見番」（談）『朝日新聞』一九五四年一月八日号
『新しい時代の科学——原子科学のもたらしたもの』（教養の書35）一九五四年三月一五日刊、郵政弘済会（その一部が論集2・12に収録）
「フリッツ・ボップ」『自然』一九五四年四月号
「私の憲法観」（『世界』一九五四年四月号掲載予定原稿）（論集2・29）
「大量殺りく兵器の出現による人類と文明の危機を全世界の民衆に知らせるための提案」（世界平和者名古屋会議における講演、一九五四・四・一七、要旨）『毎日新聞』および『中部日本新聞』一九五四年四月一八日号
座談会「活かせ原子力！」（出席者は他に菊池正士・湯川秀樹・佐治淑夫）『文芸春秋』一九五四年五月号
「原子力委のない原子王国——コペンハーゲンにて——」『京都新聞』一九五四年六月二五日号
「海外通信、坂田→武谷、バーミンガム七月二〇日、坂田→湯川、ロンドン七月二五日」『素粒子論研究』第六巻第一二号一四一六頁、一四一八頁、一九五四年九月刊（論集2・46）
座談会「原子力と国際平和」（ロンドンにて、出席者は他に菊池正士・加藤周一）『毎日新聞』一九五四年八月六日号
「海外通信、坂田→谷川、コペンハーゲン八月八日」『素粒子論研究』第七巻第一号九五頁、一九五四年九月刊（論集2・46）
『近代物理学概論』（有山兼孝と共編）一九五四年九月二〇日刊、朝倉書店
「デンマークとボーア博士」『毎日新聞』一九五四年九月二一日号
「ハムレットの城」新聞名、発刊日不詳

「ボーア博士の横顔」『毎日新聞』一九五四年九月二三日号
「おとぎと科学の国デンマーク」『毎日新聞』一九五四年一一月二一日号
「ヨーロッパを旅して」『朝日新聞』一九五四年一二月六日号
「世界の大学・コペンハーゲン・オーフースの両大学」『毎日新聞』一九五四年一二月一二日号
On the Structure of Interactions Containing the Neutrino, Report. Inst. for Theoretical Physics, Copenhagen (1954)

一九五五

座談会「原子力の平和的な利用」(出席者は他に山田英二・亀淵廸・湯川二郎・河辺六男・田中正・小此木久一郎)『朝日新聞』一九五五年一月一〇日号
「科学者の社会的自覚」『河北新報』一九五五年一月二六日号(論集2・**30**)
「アンデルセンの国を旅して」『図書』一九五五年二月号
「マヨラナ・ニュートリノにまつわる迷信」『素粒子論研究』第七巻第九号九二五頁、一九五五年三月刊(論集1・**16**)
「ヨーロッパを旅して――CERNと北欧の原子核研究」『科学』一九五五年五月号
「デンマーク」(写真とその説明)『世界文化地理大系』第一四巻、一九五五年五月三〇日刊、平凡社
「アンデルセンの国デンマーク」『婦人之友』一九五五年五月号
「濃縮ウラン受入れについて」(公聴会公述記録)『外務委員会議録第九号』一九五五年五月二五日
「陰に政治問題がひそむ――原子力協定への反響――」(談)『朝日新聞』一九五五年六月二二日号
「基研における秋の研究計画(場の理論の部)について」『素粒子論研究』第八巻第三号三一八頁、一九五五年六月刊

（論集1・17—1）

「相補性をめぐる争い」Ⅰ、Ⅱ（ローゼンフェルト著、後藤邦夫・小此木久一郎と共訳）『科学』一九五五年六、七月号

「三原則と濃縮ウラニウム――日本学術会議第一九回総会の論議に寄せて――」『自然』一九五五年七月号（論集2・21）

「現代の原子論」（長野県諏訪郡富士見村富士見小学校における講演記録）一九五五年夏

『原子物理学入門』一九五五年八月―九月ＪＯＣＫにて九回放送、「ＮＨＫ教養大学」双書の一冊として一九五六年二月二五日刊、宝文館

「原子力時代から素粒子時代へ――反陽子の発見――」『中部日本新聞』一九五五年一〇月二一日号

「ボーア先生の周辺」（一九五五・一一・一〇）『自然』一九五六年二月号

「岩波講座『現代物理学』完結に寄せて」『図書』一九五五年一二月号

「原子物理学者のひととき」『愛知県文化会館美術館ニュース』一九五五年一二月二五日号

一九五六

「「逆物質」を利用、宇宙の改造も――原子力時代に続く「素粒子」反応の研究」『日本経済新聞』一九五六年一月三日号

「三原則を守り抜け」（談）『朝日新聞』一九五六年一月一四日号

「科学亡国論――原子力に名を借りて研究費をかせぐな」『朝日新聞』一九五六年一月一九日号（論集2・22）

「日本の原子力問題」（一九五六年一月二〇日名古屋大学理学部・工学部職員組合・理学部大学院生研究生の会・理学

部学生会共催講演会講演、一九五六・一・二〇、要旨)『毎日新聞』一九五六年一月二七日号
座談会「研究費と研究体制」(出席者は他に江上不二夫・久保亮五・曾田範宗・富山小太郎・稲沼瑞穂)(一九五六・二・一八)『科学』一九五六年四月号
「パウエル博士を迎えて」『日本文化人会議月報』一九五六年三月号
「原子力と人類の将来――パウエル博士の書簡に寄せて」『世界』一九五六年四月号(論集2・**31**)
「原子能必須用于和平目的」(談)中国『光明日報』一九五六年五月一九日号
「研究宇宙綫中国水平高」(談)中国『文匯報』一九六五年五月三一日号
「場の理論シンポジウム講演記録」(一九五六・三・一九)『素粒子論研究』第一一巻第三号二九六頁、一九五六年七月刊(論集1・**17**-2)
「報告1、日本における原子力の平和利用について」「報告2、日本の科学者の原水爆反対運動について」一九五六年四月にストックホルムで開かれた世界平和評議会特別総会に対する報告の草稿(論集2・**32**)
「挨拶」(モスクワ大学で開かれたピエール・キュリー死後五十年記念会合における挨拶草稿、一九五六・四・一九)
「ソ連の原子力を見る」『朝日新聞』一九五六年五月一〇日号
「海外通信、坂田↓名大E研、一九五六年四月二〇日、モスクワにて、坂田↓名大E研五月、北京にて」『素粒子論研究』第一二巻第二号二〇一頁、一九五六年六月刊(論集2・**46**)
「北京日記――一九五六年――」(一九五六年五月二日―二三日)『科学と平和の創造』(一九六二年岩波書店刊)に収録
「基礎科学を尊ぶ――中国での印象――」『アカハタ』一九五六年五月三一日号
「平和の旅から」『不二タイムス』(豊橋における土曜講座百回記念講演)一九五六年六月二六、二七日号

「日本理論物理学的発展与現況」中国『科学通報』一九五六年七月号

「科学——二十世紀に於ける科学の進歩と特色——」一九五六年七月ＮＨＫ放送、ＮＨＫ新書２『二十世紀の思潮』一九五六年一一月一日刊、日本放送協会

「ソヴェトの原子核物理学」『科学』一九五六年九月号

「流動研究員制度について」『日本学術会議長期研究計画調査委員会資料』一九五六年九月（論集２・**14**）

「議論の前提となるべきこと」『素粒子論グループ風雲の書』素粒子論グループ事務局一九五六年一〇月刊（論集２・**15**）

「〝三反運動〟の提唱」『各地から寄せられた意見』素粒子論グループ事務局一九五六年一二月二五日刊（論集２・**16**）

On a Composite Model for the New Particles, Prog. Theor. Phys., **16** 686 (1956) (Received Sept. 3, 1956); Bulletin de l'Academie Polonaise des Sciences Cl. III, Vol. IV, No. 6, 343; 353 (1956); Suppl. Prog. Theor. Phys., No. **19**, 203 (1961).（訳文が論集１・**18**）

一九五七

「新春に想う」『中部日本新聞』一九五七年一月二日号

「科学の社会的役割」現代学生講座６、玉虫文一編『学生と科学』一九五七年一月一五日刊、河出書房

「基礎科学小委員会の報告」学術会議物理学研究連絡委員会・同原子核特別委員会主催『共同利用研究所にかんする懇談会記録』（一九五七・二・二）

「科学者」岩波講座『現代思想』第七巻『科学と科学者』一九五七年二月二五日刊、岩波書店（論集２・**27**）

「人類への影響判明まで中止は義務——原水爆実験なぜやめぬ（シリーズ）——」（談）『毎日新聞』一九五七年四月二

一日号
「原子核特別委員会報告」(同委員会委員長として)(一九五七・四・二四)日本学術会議第二十四回総会資料、以後一九六九年四月五日作成の第五十三回総会資料まで各総会毎に同委員会報告がある。
「原子力問題委員会報告」(同委員会委員長として)(一九五七年五月)日本学術会議第二十四回総会資料、以後一九六〇年一〇月の第三十二回総会資料より「原子力特別委員会報告」となり、一九六九年四月五日作成の第五十三回総会資料まで各総会毎に同委員会報告がある。
「動力炉の輸入と学界の態度」『朝日新聞』一九五七年五月四日号
「日本の原子力開発——三原則に立って慎重に——」『平和日本』一九五七年六月一五日号
「一つの観点」『育英通信』第七号、一九五七年一〇月一〇日刊(論集2・13)
座談会「基礎物理学研究所をめぐって」(出席者は他に小林稔・朝永振一郎・湯川秀樹・藤本陽一・木庭二郎・小谷正雄・松原武生)(一九五七・一〇・一六)『自然』一九五八年二月号
「国連主催「第二回原子力平和利用国際会議」について」『日本学術会議ニュース』一九五七年一一月号
座談会「科学と人類の幸福」(出席者は他に真下信一、本田喜代治)『中部日本新聞』一九五七年一二月九日号
「原子の世界を語る」(志度高校第四回文化祭講演、要旨)『志高新聞』一九五七年一二月二八日号

一九五八

「パウエル博士との往復書簡」『中部日本新聞』一九五八年一月三日号
「原子力の将来」『郵政』一九五八年一月号
「嵐の中の自己改造(武谷三男・星野芳郎著『原子力と科学者』書評)」『日本読書新聞』一九五八年三月一七日号

「コールダーホール改良型発電炉について」『衆議院科学技術振興特別委員会会議録』一九五八年三月一八日号
「科学者の責任と自覚」『週刊読書人』一九五八年五月五日号
「無題」『ちくさ』第二三号、一九五八年六月二五日刊（論集1・**31**）
「科学技術会議の設置と原子力の安全性をめぐって――日本学術会議第二十六回総会から――」『思想』一九五八年七月号（論集2・**23**）
「原子炉の安全性」『日本学術会議ニュース』一九五八年七月号
「原子力協定への危惧」『世界』一九五八年八月号
「第四回原水爆禁止世界大会総会基調報告第四議題」（一九五八・八・一二）『第四回原水爆禁止世界大会議事速報』
「ジョリオ－キュリーの死」『週刊読書人』一九五八年八月二五日号
「理論物理学の大御所タム博士」『毎日新聞』一九五八年一〇月三〇日号

一九五九

座談会「パグウォッシュ会議をめぐって」（出席者は他に朝永振一郎・粟田賢三・富山小太郎）『科学』一九五九年一月号
「原子科学者とウイーン宣言」『科学朝日』一九五九年二月号（論集2・**33**）
「科学者の心の故郷」『朝日新聞』一九五九年五月二〇日号
「物質観」『人間の研究』I（人間と自然）一九五九年七月刊、有斐閣
「兄弟対談――明るい茶の間――」（静間良次と対談）NHKラジオ、一九五九年八月一二日放送
座談会「世界平和を願う科学者」（出席者は他に高林武彦、J・P・ヴィジェ）『中部日本新聞』八月一七日号

「古びた幻想からの解放――ポーリング著『ノー・モア・ウォー』の書評」『週刊読書人』一九五九年八月二四日号
「答申に責任もてぬ」(談)『朝日新聞』一九五九年一一月一一日号
「量子力学の解釈をめぐって」『科学』一九五九年一二月号(論集1・**3**)
Quelques précisions sur la nature et les propriétés des retombées radioactives résultant des explosions atomiques depuis 1945(avec L. Pauling, S. Tomonaga, J.-P. Vigier et H. Yukawa)des Comptes rendus des séances de l'Academie des Sciences, t. 249, p. 982-984, séance du 14 septembre 1959

一九六〇

座談会「宇宙時代に生きる」(出席者は他に谷川徹三・上原専禄・宮地政司)『中部日本新聞』一九六〇年一月一日号
「中国との国交回復を」『愛知平和新聞』一九六〇年一月一日号
「展望一九六〇年、平和共存実現の年、万国の科学者団結せよ」『名古屋大学新聞』一九六〇年一月八日号
「原子炉安全審査委員を何故やめたか――コールダーホール改良型原子炉の安全性をめぐって――」『中央公論』一九六〇年一月号(論集2・**24**)
座談会「宇宙時代と人間」(出席者は他に中野好夫・畑中武夫・山本信・渡辺一夫)『世界』一九六〇年一月号
「科学時代と人類」(日教組第九次、日高教第六次合同教育研究全国集会全体会議記念講演、一九六〇・一・二七)『教育評論』一九六〇年三月号
「原子炉の安全審査機構はこれでよいか」『日本学術会議ニュース』一九六〇年二月号(論集2・**25**)
「原子力時代のものの見方――それは物理学を中心に展開する――」(武谷三男と対談)『自由』一九六〇年二月号
「科学時代と人類」『中央公論』一九六〇年三月号

「素粒子の統一模型」(大貫義郎と共著)『科学』一九六〇年三月号

「日本物理学会の脱皮をのぞむ」『日本物理学会誌』一九六〇年六月号(論集2・**17**)

「原水爆禁止を要求する科学者の運動」(牧二郎・広川俊吉と共著)日本原水協科学委員会編『放射能——原子戦争の脅威』(三一新書)一九六〇年八月二二日刊、三一書房

「湯川秀樹について——その業績を中心として——」沢田謙『湯川秀樹』世界偉人伝全集21、一九六〇年一〇月一五日刊、偕成社

「ローゼンフェルト博士をむかえて」『中部日本新聞』一九六〇年一〇月七日号

A Unified Model for Elementary Particles (with Z. Maki, M. Nakagawa and Y. Ohnuki) Prog. Theor. Phys., **23**, 1174 (1960) (Received March 2, 1960); Suppl. Prog. Theor. Phys., No. **19**, 165 (1961)

一九六一

「科学における国際協力——「平和の論理」をもとめて——」(牧二郎と共著)『思想』一九六一年一月号(論集2・**47**)

座談会「切り開いてきた路(I)」(出席者は他に湯川秀樹・武谷三男・中村誠太郎)(一九六一年一月)『素粒子の本質』(一九六三年刊、岩波書店)に収録

座談会「切り開いてきた路(II)」(出席者は他に朝永振一郎・武谷三男・中村誠太郎)(一九六一年二月)『素粒子の本質』(一九六三年刊、岩波書店)に収録

「原子核研究将来計画について」『科学』一九六一年三月号

座談会「素粒子論開拓の道」(出席者は他に朝永振一郎・湯川秀樹・武谷三男・藤本陽一)『科学』一九六一年四月号

「新素粒子観対話」『日本物理学会誌』一九六一年四月号(論集1・**4**)

「原子力と人類の将来」(講演、一九六一・四・二四)『時代の跫音』一九六一年六月八日刊、通運業務研究会

座談会「物理学と文学の間――学者の涼み話――(上)、同(下)」(出席者は他に湯川秀樹・武谷三男・高木市之助)『中部日本新聞』一九六一年七月二九日、八月二日号

「新しい平和のプログラムを――ソ連の核実験声明について――」『愛知平和新聞』一九六一年九月一日号

「科学者の願い――基礎科学の将来計画によせて――」(牧二郎と共著)『中央公論』一九六一年九月号

「核戦争防止と科学者」(牧二郎と共著)『思想』一九六一年一〇月号

「新しい文盲をつく」(千田勘太郎と対談)『北陸中日新聞』一九六一年一〇月一八日号

「放射能の下で科学者は何をなすべきか」『科学朝日』一九六一年一一月号(論集2・**34**)

「科学技術基本法より科学研究基本法を」(一九六一年一一月衆議院科学技術振興特別委員会公述)(論集2・**39**)

Toward a New Concept of Elementary Particles, Suppl. Prog. Theor. Phys., No. **19**, 3 (1961) (訳文が論集1・**19**)

一九六二

「私の周辺」『毎日新聞』一九六二年二月二一日号

「シェルフ大統領の姿――私がいちばん興奮したとき――」『朝日新聞』一九六二年三月一四日号

「科学者京都会議――現代の顔――」TBSテレビインタビュー、一九六二年五月一五日放送

「現代の物質観」(愛知淑徳高校における講演、一九六二・七・一一)

「思想の言葉――正気の科学技術政策を――」『思想』一九六二年七月号(論集2・**40**)

座談会「これからの方向について(I)」(出席者は他に湯川秀樹、片山泰久、一九六二・七・二九)『素粒子の本質』(岩波書店)に収録

座談会「これからの方向について(II)」(出席者は他に朝永振一郎・中村誠太郎、一九六二・七・三一)『素粒子の本質』(岩波書店)に収録

「会議が開かれるまで」(科学者京都会議の記録1)『世界』一九六二年八月号

「朝の訪問」(勝沼精蔵と対談)NHKラジオ、一九六二年九月一四日放送

「ボーア先生をおもう」『朝日新聞』一九六二年一一月二一日号

「素粒子論の哲学的諸問題」日本唯物論研究会編『唯物論研究』一九六二年冬号(一二月刊)、青木書店

「科学と歴史」(広島大学物理学教室ニュートン祭の講演、一九六二・一二・一八、要旨)『中国新聞』夕刊一九六二年一二月二四日号

Remarks on the Unified Model of Elementary Particles(with Z. Maki and M. Nakagawa)Prog. Theor. Phys., **28**, 870(1962),(Received June 25, 1962)Proceedings of 1962 International Conference on High Energy Physics at CERN,663(1962)

Новые представления об элементарных частицах, Вопросы Философии, **6**, 129(1962)

К вопросу об истолковании квантово-механической теории, Вопросы Философии, **9** 132(1962)

一九六三

「文明における現代科学の位置」(大槻昭一郎と共著)『思想』一九六三年一月号

「基礎科学と学術会議――二つの柱の尊重を――」『社会新報』一九六三年一月九日号

『平和時代を創造するために――科学者は訴える――』(湯川秀樹・朝永振一郎と共編著)岩波新書、一九六三年一月二五日刊、岩波書店(「原子科学者の平和運動――反ファシズム運動からパグウォッシュ運動へ――」を執筆)

『科学と平和の創造――原子科学者の記録』一九六三年二月二八日刊、岩波書店

「素粒子の模型と構造から」(「素粒子の模型と構造」研究会、一九六三年三月)『素粒子論研究』第二八巻第二号一一〇頁、一九六三年一〇月刊(論集1・**20**-1)

「世界の学者の反対を」(談)『名古屋大学新聞』一九六三年五月八日号

「組織の問題について」(第二回科学者京都会議(於竹原)報告、一九六三・五・八)

「Neutrino with Mass and the Langer Effect」(小此木久一郎・中川昌美と共同)、「Possible Existence of a Neutrino with Mass and Partial Conservation of Muon Charge」(中川昌美・小此木久一郎と共同)「Modified Nagoya Model と Langer Effect」「K^0 の decay について」(「ベータ崩壊とミューメソン捕獲」研究会(一九六三年六月三―六日)における総合報告)『素粒子論研究』第二七巻第五号四一五頁、四一七頁、四二〇頁、四五六頁、一九六三年七月刊

座談会「現代に生きる科学者の責任」(出席者は他に湯川秀樹・朝永振一郎・豊田利幸)『中部日本新聞』一九六三年六月一四日号

「歴史の歯車を平和の方向にまわそう――第二回科学者京都会議を終えて――」『科学朝日』一九六三年七月号

「嵐の中の科学者――A・F・ヨッフェ著玉木英彦訳『ヨッフェ回想記』書評」『朝日ジャーナル』一九六三年八月二五日号

『素粒子の本質』(武谷三男・中村誠太郎と共編)一九六三年九月二七日刊、(現代科学選書)岩波書店

「将来計画のめざすもの――基礎科学の全面的振興の一環」『日本の原子核』一九六三年一〇月、日本学術会議原子核特別委員会将来計画小委員会刊(論集2・**41**)

『科学・技術と現代』(岩波講座『現代』第二巻)一九六三年一一月五日刊、岩波書店、(「まえがき」と第一論文「現代科学・技術の人類史的意義」を執筆)

「中国学術代表団をむかえて」『朝日新聞』一九六三年一二月一〇日号(論集2・**48**)

「おわりに」(「ミュー中間子捕獲の理論」研究会、一九六三・一二・一三―一四)『素粒子論研究』第二八巻第六号五二〇頁、一九六四年二月刊

Possible Existence of a Neutrino with Mass and Partial Conservation of Muon Charge (with M. Nakagawa, H. Okonogi and A. Toyoda) Prog. Theor. Phys., **30**, 727 (1963) (Received Aug. 17, 1963)

一九六四

「長篇小説論――兼せ聴けば明るく、偏り信ずれば暗し――」(「素粒子の模型と構造」研究会、一九六四・二・三―四)『素粒子論研究』第二九巻第一号六〇頁、一九六四年三月刊

「中間子論の三〇年」(中部日本放送、日本科学史学会講演会、一九六四・五・四)『自然』一九七一年一月号

「まとめ」(「中間子論による弱い相互作用」研究会、一九六四・五・一三―一四)『素粒子論研究』第二九巻第四号三〇〇頁、一九六四年六月刊

「科学史をゆさぶる北京科学シンポジウム」『自然』一九六四年六月号(論集2・**49**)

「現代物理学の精神」『数学セミナー』一九六四年八月号

「北京シンポジウムから帰国して」(談)『中部日本新聞』一九六四年九月四日号

「北京シンポジウムから帰って――時の人――」NHKラジオ一九六四年九月八日放送

「窓を開けて、英雄たちの息吹きを吸いなさい――欲窮千里目更上一層楼――」(「素粒子の模型と構造」研究会、一九

六四・一〇・一五―一七)『素粒子論研究』第三〇巻第四号四〇六頁、一九六四年一二月刊
「北京科学シンポジウムの印象――科学史をゆるがした一一日――(1)、同(2)」『自然』一九六四年一一、一二月号(論集2・50はこの中に掲載されている)
「科学に新しい風を――「北京科学シンポジウム」雑記――」『思想』一九六四年一二月号(論集2・51)

一九六五

「大学生活一〇〇冊の本」(湯川秀樹著『現代科学と人間』岩波書店刊他九冊を紹介)『カレッジライフ』二号四〇頁、一九六五年一月一五日刊
「やまとたにはてしもなく」(「素粒子の模型と構造」研究会、一九六五・三・二二―二四)『素粒子論研究』第三一巻第四号四八四頁、一九六五年六月刊(論集1・20-2)
「いま何をなすべきか」(ヴェトナム戦争に対するアンケートへの回答)『世界』一九六五年四月号(論集2・35)
「素粒子論と哲学」『科学』一九六五年四月号(論集1・23)
『素粒子の探究』(湯川秀樹・武谷三男と共著)(科学論・技術論双書6)、一九六五年五月三〇日刊、勁草書房、(「中間子理論研究の回顧」(論集1・6)および座談会「戦後の発展を語る」(出席者は他に湯川秀樹・武谷三男・小川修三・藤本陽一)を所収)
「关于新基本粒子观的对话」『人民日報』一九六五年五月三一日、『紅旗』一九六五年六月号
「しめくくり」、(「素粒子の模型と構造」研究会、一九六五・七・一九―二一)『素粒子論研究』第三一巻第六号A一五頁、一九六五年八月刊
「湯川理論の成立をめぐって」(講演、一九六五・九・二三)『日本物理学会誌』一九六六年四月号

「一九六四年北京科学シンポジウムの意義」『地球科学』第七七巻一頁一九六六年三月刊

「現代科学の性格」(東京理科大学大学祭における講演、一九六五・一一・二〇)『日本の科学者』第一巻第一号、一九六六年三月刊

Remarks on a New Concept of Elementary Particles and the Method of the Composite Model (with Z. Maki and Y. Ohnuki), Commemoration Issue for the 30th Anniversary of the Meson Theory by Dr. H. Yukawa, Prog. Theor. Phys. Suppl. Extra Number (1965) (訳文が論集1・**22**)

一九六六

「湯川博士と朝永博士」『PHP』一九六六年一月号

『科学に新しい風を』(新日本新書) 一九六六年二月一日刊、新日本出版社

座談会「科学の現代的性格と『現代国語』」(出席者は他に中根道幸・竹本友水・益田勝実)『国語通信』一九六六年四月号、筑摩書房

「ウイーン宣言のこと」ラッセル平和財団日本協力委員会『ニュースレター』一九六六年四月一五日号

「米の核政策が原因――中国核実験――」(談)『朝日新聞』一九六六年五月一〇日号

「着実な積上げでスピード化」(談)『毎日新聞』一九六六年五月一〇日号

「新原子論の思想」『日本読書新聞』一九六六年七月一八日号(論集1・**21**)

「平和の論理の創造と科学者の責任」『世界』一九六六年九月号(論集2・**38**)

「仏教と物理学の接点――この人に聞く」『同朋新聞』一九六六年九月一日号

「現代科学と人間」『名古屋御坊』一九六六年九月一〇日号

「中国の素粒子観と素粒子論――科学の新しい風――」『世界』一九六六年一一月号（論集1・32）

「現代物理学における自然観」（名古屋大学農学部科学史及科学論研究会における講演、一九六六・一二・一七）

一九六七

「断章」（「素粒子の模型と構造」研究会拡大世話人会、一九六七・六・一五―一六）『素粒子論研究』第三六巻第六号、一九六七年八月刊（論集1・20―3）

「無題」（サントリー広告文）『毎日新聞』一九六七年七月三日号

「歴史の忘却・英智の退廃を克服せよ」『東風新聞』一九六七年七月三日号（論集2・37）

「闘う精神について」『創美』第一二回、一九六七年一月刊、創造美育協会（論集1・33）

「初心忘るべからず」『日本物理学会誌』一九六七年一〇月号（論集2・42）

「この人と」対談『中部日本新聞』一九六七年七月一七日号

「原子」『原色現代新百科辞典』第三巻一九六七年一〇月一〇日刊、学習研究社

「原子力時代」『原色現代新百科辞典』第三巻一九六七年一〇月一〇日刊、学習研究社

「私の自然観」（甲南大学講演、一九六七・一二・七）甲南大学学生部『学生部だより』第七号、一九六八年一月一九日刊

一九六八

「最近の科学行政をめぐる問題」（講演、一九六八・三・一九）『有山兼孝教授退官記念、理学部将来計画第六回シンポジウム記録』

「科学の論理と政治の論理――学術会議二十年（上）」『朝日新聞』一九六八年四月八日号（論集2・53）

「一九六八年北京シンポジウム日本準備会結成総会に寄せたメッセージ」(一九六八・三・一九)『北京シンポジウム日本準備会通信』一九六八年四月一〇日号

「自然科学の立場から」(一九六八・五・一一)『人文・社会科学と自然科学との調和ある発展についてのシンポジウム報告』日本学術会議(論集2・**43**)

「湯川理論の成立をめぐって」『つきあい――湯川博士還暦記念文集』一九六八年三月一〇日刊、講談社

「科学と現代」(第一四回富山大学祭における講演、一九六八・六・一)

「現代科学の方法」(名古屋大学新聞三〇〇号記念講演、一九六八・六・一二)『名古屋大学新聞』一九六八年六月一三日号

『核時代を超える――平和の創造をめざして』(湯川秀樹・朝永振一郎と共編著)岩波新書、一九六八年八月二〇日刊、岩波書店

『核時代と人間』一九六八年九月五日刊、雄渾社、(坂田編、「まえがき」と第一論文「核のなかの人間」(牧二郎・小沼通二と共著)を執筆)

「野尻とスイス」大学村だより『のじり』第三号、一九六八年八月刊、野尻高原大学村建設委員会

「わが道」(新聞連載予定未定稿、一九六八年)(論集1・**34**)

『自然の哲学』(近藤洋逸と共編)岩波講座『哲学』第六巻、一九六八年一二月二三日刊(シンポジウム「自然の発見」(発言者は他に羽仁五郎・武谷三男)と論文「現代科学の現代性」(論集2・**54**)を執筆)

『平和の訴え』(末川博・山田無文と共編)一九六八年一一月一一日刊、雄渾社、(「平和と科学者」を執筆)

On the Establishment of the Yukawa Theory, Suppl. Prog. Theor. Phys. No. **41**, C8 (1968)

一九六九

「結びにかえて」名古屋大学理学部『理学部将来計画第七回シンポジュウム――大学および学部運営のあり方――（一九六九・五・九）記録』一九六九年七月刊（論集2・**55**）

「私の古典――エンゲルスの『自然弁証法』」ＮＨＫ・ＦＭ、一九六九年七月三〇日放送、『科学』一九七一年三月号（論集1・**35**）

「平和の論理の創造と科学者の責任――科学者京都会議とパグウォッシュ会議」日本平和委員会編『平和運動二〇年記念論文集』一九六九年一一月二二日刊、大月書店

「量子力学入門」竹中繁雄編集『生理学・生化学研究のための物理学基礎』第二巻、一九六九年一二月一〇日刊、医学書院

一九七〇

「中国の友人の厚意」『日中文化交流』一九七〇年六月一日号

「第十四回ソルヴェイ会議の想い出」（一九七〇年六月）『学士会会報』一九七〇-Ⅳ号、一九七〇年一〇月一五日刊（論集2・**52**）

「現代学問論」（湯川秀樹・武谷三男と連載対話）『毎日新聞』一九七〇年一月一日―二月二〇日号

『現代学問論』（湯川秀樹・武谷三男と鼎談・毎日新聞社編）一九七〇年一二月五日刊、勁草書房

一九七二

「物理学」（牧二郎と共著）『現代世界百科大事典』第三巻一九七二年四月刊、講談社

Philosophical and Methodological Problems in Physics (with M. Taketani) Suppl. Prog. Theor. Phys. No. **50**

■岩波オンデマンドブックス■

物理学と方法　論集 1

1972 年 11 月 30 日　第 1 刷発行
1979 年 4 月 20 日　第 4 刷発行
2015 年 9 月 10 日　オンデマンド版発行

著　者　坂田《さかた》昌一《しょういち》

発行者　岡本　厚

発行所　株式会社　岩波書店
〒 101-8002 東京都千代田区一ツ橋 2-5-5
電話案内 03-5210-4000
http://www.iwanami.co.jp/

印刷／製本・法令印刷

ISBN 978-4-00-730269-5　　Printed in Japan